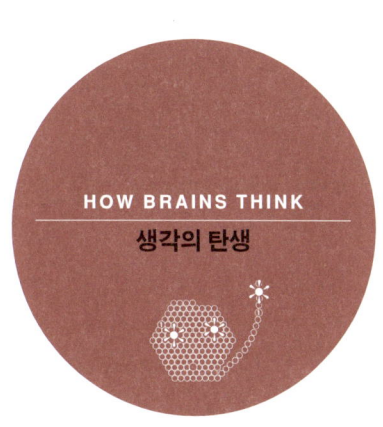

HOW BRAINS THINK
생각의 탄생

SCIENCE MASTERS
HOW BRAINS THINK
Evolving Intelligence, Then and Now
by William H. Calvin

Copyright ⓒ 1996 by William H. Calvin
All rights reserved.
First published in Great Britain by Orion Publishing Group Ltd..
The 'Science Masters' name and marks are owned and licensed by Brockman, Inc..
Korean Translation Copyright ⓒ 2006 by ScienceBooks Co., Ltd.
Korean translation edition is published by arrangement with Brockman, Inc..

이 책의 한국어판 저작권은 Brockman, Inc.과 독점 계약한
㈜사이언스북스에 있습니다.
저작권법에 의해 한국 내에서 보호를 받는 저작물이므로
무단 전재와 무단 복제를 금합니다.

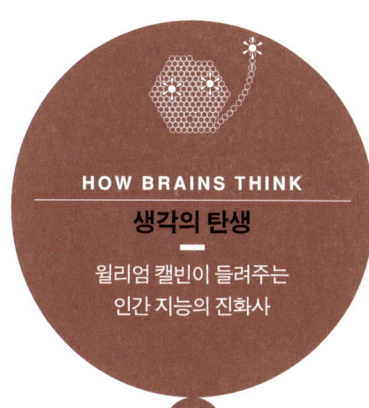

HOW BRAINS THINK
생각의 탄생
—
월리엄 캘빈이 들려주는
인간 지능의 진화사

윌리엄 캘빈

윤소영 옮김

옮긴이의 말

'생각'은 끊임없는
질문 속에서 탄생한다

며칠 전 유치원에 다니는 아이가 말했다.

"엄마, 눈도 중요하고, 코도 중요하고, 입도 중요하고, 귀도 중요하지요?"

"물론 그렇지."

"나, 그런데 뭐가 제일 중요한지 알아요."

눈을 다칠 뻔한 직후에 나눈 이야기라서, 눈이 제일 중요하다고 하려나 보다 하면서 다음 말을 기다렸다.

"엄마, 머리가 제일 중요해요. 생각 주머니가 들어 있으니까."

'그래 맞아, 생각 주머니……'

회의하는 존재를 진리로 본 철학자 데카르트의 말 "나는 생각한다. 그러므로 존재한다(cogito, ergo sum.)."를 빌리지 않더라도, 나를 나답게 만드는 것이 생각 주머니, 즉 뇌라는 데에는 모두 동의할 것이다. 뇌는 사유에만 관여하는 것이 아니다. 감각하고, 움직이고, 숨쉬고, 대사하는 등의 일을 통해서 생존 자체를 가능하게 하기 때문이다. 하지만 이 부분은 이 책에서 다루는 내용이 아니다.

이 책은 뇌에서도 특히 대뇌 반구와 관련이 있는 생각 그리고 지능이 어떻게 기능하는가 하는 문제를 이야기하고 있다. 그 출발은 사뭇 도전적이다. 정신이 물질로 환원되며 인간의 동기 부여가 기계를 움직이는 태엽 장치와 같은 것이라고 주장하는 라메트리의 '인간 기계론', 생각이 마음속에서 일어나는 다윈적 과정이라는 윌리엄 제임스의 주장을 처음부터 던져 놓기 때문이다. 그러고 나서 저자는 이런 주장을 확대, 발전, 심화시키고 있다. 인류가 지능을 갖게 된 것도, 우리가 생각을 하게 되는 과정도 모두 다윈적 과정 때문이라는 것이다.

사람에 따라서는 매우 불쾌하게 느낄 수도 있는 이런 이야기를 저자는 매우 우아하고 고급스럽고 설득력 있게 전개하고 있다. 이 책을 읽는 동안 독자 여러분은 여러 분야의 세계적인 석학들이 편안한 옷을 입고 토론하고 있는, 인테리어가 멋진 방에 함께 앉아 있는 듯한 느낌을 받게 될지도 모른다. 많은 언어학자와 기호학자, 철학자, 작가, 심리학자 그리고 여러 분야의 생물학자들이 등장하는 인용문이 그런 느낌을 더욱 키워 줄 것이다.

과학책 하면 으레 어떤 사실에 대한 확인 진술로 일관되어 있으리라는 선입견을 가진 독자에게는, 이 책에 등장하는 여러 논점에 대한 풍부한 은유가 생소할 수도 있겠고, 너무 어렵게 느껴질지도 모른다. 그러나 그 '어려운 듯함'에서 오히려 즐거움을 찾는 사람들이 더 많을 것으로 믿는다.

개인적으로 이 책에서 가장 마음에 드는 점은, 독자들에게 끊임없이 '큰 질문'을 던져 생각하도록 만든다는 것이다. 애초에 많은 사람들을 과학에 대한 경이로 이끄는 것은 진화, 우주, 생명의 기원과 같은 커다란 의문들일 것이다. 그러나 시간이 흐르고 전문 분야의 작은 질문들에 파고들면서, 우리가 이런 의문들에서 멀어지게 된 것이 사실이다.

이 책은 끊임없이 큰 질문들을 던진다. 지능은 무엇인가? 유인원에서 호미니드로 진화하는 과정에서 무슨 일이 일어났는가? 생각은 무엇인가? 기억은 무엇인가? 진화의 방향을 결정하는 것은 무엇인가? 그리고 인간은 어떤 존재인가? 인간을 인간답게 만드는 것은 무엇인가?

생물학이나 다른 분야의 과학을 공부하는 사람들은 말할 것도 없고 인류학, 심리학, 철학, 언어학을 공부하는 사람들도 이 책에서 많은 흥미로운 부분들을 발견할 수 있을 것이다.

끝으로 한 가지 당부하고 싶은 것이 있다. 생물학과 관계가 먼 사람들도 쉽게 읽을 수 있도록 번역하는 데 신경을 썼으나, 신경계의 세부 사항, 특히 7장에서 이해하지 못하는 부분이 나온다고 해서 실망하지 말기 바란다. 이 부분을 완전히 이해하지 못한다고 해도 이 책에는 다른 많은 보물들이 숨어 있기 때문이다.

물론 노력을 기울여 저자의 가설(물론 진리로 밝혀지지 않았으며 논란의 여지가 많은)을 이해하는 기쁨을 함께 하게 된다면 더 이상 바랄 것이 없을 것이다.

윤소영

HOW BRAINS THINK
생각의 탄생

차례

| 옮긴이의 말 | 생각은 끊임없는 질문 속에서 탄생한다 | 4 |

- 1 | **다음에는 무엇을 할까** — 11
- 2 | **만족스러운 추측의 전개** — 27
- 3 | **문지기의 꿈** — 63
- 4 | **지능을 갖춘 동물의 진화** — 99
- 5 | **지능의 토대로서의 통사론** — 127
- 6 | **끊임없이 진행되는 진화** — 179
- 7 | **지적 행동의 진화** — 223
- 8 | **지능의 미래** — 283

참고 문헌 — 321

주(註) — 325

찾아보기 — 344

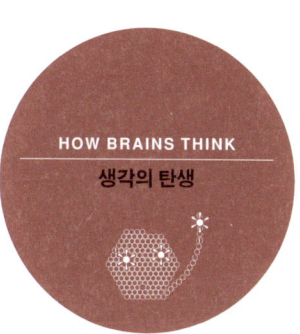

1
다음에는 무엇을 할까

철학자들이 말하듯이, 인생은 분명 뒤를 돌아보아야만 이해할 수 있는 것이다. 그러나 그들은 다른 명제를 잊고 있다. 인생은 앞을 바라보고 살아야만 한다는 것이다.

—쇠렌 키르케고르, 1843

복잡한 신경계를 지닌 모든 생물은 매 순간 삶이 내놓은 문제에 직면하게 된다. '다음에는 무엇을 할까' 하는 것이다.

—수새비지 럼보, 로저 르윈, 1994

피아제는 지능을 가리켜 우리가 무엇을 해야 할지 모를 때 사용하는 것이라고 정의했다(지금 나의 상황, 즉 지능에 대한 글을 쓰려는 상황에 딱 들어맞는 정의가 아닐 수 없다.). 생활과 관련된 객관식 문제의 정답을 너무나 잘 찾아내는 누군가가 있다면, 그는 분명 영리하다고 할 수 있다. 그러나 지적이기 위해서는 그 이상의 것이 필요하다. 바로 창조성이다. 우리는 창조성을 통해 '쉴 새 없이' 새로운 무엇인가를 만들어 낸다. 그렇다, 우리의 뇌에는 여러 가지 답이 떠오르며, 그중 어떤 것들은 다른 것들보다 낫다.

저녁 식탁을 차리기 전에 냉장고에 남아 있는 것들을 죽 훑어보고 식료품점에 가서 무엇을 사와야 할지 판단하는 경우를 생각해 보자. 그때 우리는 어떤 똑똑한 원숭이에서도 결코 찾아볼 수 없는 지능의 한 측면을 사용하게 된다. 특히 일류 요리사는 문외한이 볼 때는 결코 좋은 재료라고 할 수 없는 음식 재료들을 절묘하게 배합해서 우리를 놀라게 한다. 그리고 시인은 우리의 심금을 울리도록 단어를 배치하는 데 특히 뛰어난 재능이 있다. 우리도 하루에도 수백 번씩 새로운 용건을 전달하기 위해 여러 가지 단어와 몸짓을 섞어 전혀 새로운 말들을 만들어 낸다. 한번도 사용한 적이 없는 문장을 입 밖에 낼 때마다 우리 역시 요리사나 시인처럼 창조성의 문제에 직면한다. 나아가 우리가 소리 내어 말하기 직전의 마지막 순간에도 우리의 뇌에서는 모든 시행착오가 되풀이된다.

최근 들어 뇌의 일정한 영역에 어떤 의미론을 부여하는 일에 많은 진전이 있었다. 뇌의 전두엽(이마엽)에서는 동사가 자주 발견된다. 몇 가지 이유에서 고유 명사는 측두엽(관자엽, 대뇌 반구의 한 부분. 색과 도구의 개념은 좌반구 측두엽의 뒤쪽에서 발견되는 경향이 있다.)을 더 좋아하는 것으로 보인다. 그러나 지능은 이러저러한 위치가 아니라 과정이다. 지능은 그것을 통해 우리가 '의식적으로' 새로운 의미를 더듬는, 뇌의 여러 영역과 관계 있는 과정이다.

지능 지수(IQ) 연구자처럼 지능에 대한 경험이 풍부한 필자들은 어떻게든 의식이라는 단어를 비켜 간다. 나의 동료인 신경 과학자들 역시 의식의 문제를 회피한다(애통하여라! 이제껏 일부 자연 과학자들은 모두 자기 만족에 깊이 빠져 초보자의 시행착오로 공백을 메우려 하지 않았다.). 어떤 임상의들은 자기도 모르는 사이에 의식을 단순히 깨어 있는 상태로 새롭게 정의함으로써 의식을 평범한 것으로 바꾸어 버린다(뇌간(뇌에서 대뇌 반구와 소뇌를 제외한 간뇌, 중뇌, 연수, 뇌교를 말한다. 뇌줄기라고도 한다.—옮긴이)을 의식의 근원이라고 말하는 것은 전등 스위치와 불빛을 혼동하는 것과 같은데도 말이다!). 아니면 의식을 단순히 감지하고 있는 상태, 또는 선택적으로 주의를 기울이는 '탐조등' 정도로 정의하기도 한다.

지금까지 말한 것들이 모두 나름대로 유용한 측면이 있는 탐구 과정이라는 것은 사실이다. 하지만 그것들은 우리가 스스로를 창조할 때에 그리고 스스로를 수정하고 재창조할 때에 사용하는 정신세계의 적극적인 활동을 무시하고 있다. 우리의 지적인 정신세계는 내면세계와 외부세계를 끊임없이 오락가락하고 있다. 그 일부는 우리의 통제를 받고 있고, 일부는 자기 성찰의 대상이 아니며 심지어 급변하기도 한다(우리가 매일 밤 네다섯 편의 꿈을 꾸는 동안 그것은 우리의 통제 범위를 완전히 벗어나 있다.). 이 책에서는 우리가 화제를 바꿈에 따라 그리고 대안을 찾아내고 거부함에 따라, 이런 내면적인 삶이 어떻게 한순간에서 다음 순간으로 전개되는가를 알아보려고 한다. 그 내용은 심리학자들이 지능에 대해 연구한 결과로부터 끌어낸 것도 있지만, 동물 행동학, 진화 생물학, 언어학, 신경과학 등에서 이끌어 낸 것이 훨씬 더 많다.

여러 분야의 사람들이 의식과 지능에 대한 포괄적인 논의를 피하는 데에는 언제나 그만한 이유가 있었다. 과학에는, 기계론적인 설명이 불분명한 주제에 대한 접근법을 조직하는 데 도움이 되지 못할 때 사용하는 더할 나위 없는 전술이 하나 있다. 그것은 문제를 한입에 삼킬 수 있는 작은 조각들로, 어떻게 보면 지금까지 계속해 온 것들로 낱낱이 나누는 것이다.

두 번째 이유는 내부자를 제외한 모든 사람들에게는 실질적인 논점을 위장함으로써(최신 어법을 사용하자면, 진술 거부권을 행사함으로써), 귀찮은 일에 말려들지 않으려 한다는 것이다. 일상적인 의미와 함께 내부자 집단에서만 통용되는 특수한 함의를 지닌 단어를 대할 때마다, 나는 암호명이 떠오른다. 수백 년 전만해도 정신을 기계론적 방식으로 드러내 놓고 추론하는 일은, 관대한 서구에서조차 그 추론자를 커다란 곤경에 빠뜨리는 일이었다. 확실히 쥘리앵 오프루아 드 라메트리(Julien Offroy de La Mettrie, 1709~1751년)는 평상시의 대화에서 재미없는 이야기를 하는 데에서 그치지 않았다. 이 프랑스 의사는 인간의 동기 부여가 기계에서 에너지를 내는 태엽과 같은 것이라고 주장하는 팸플릿을 내놓았다.

라메트리가 프랑스에서 암스테르담으로 피신하기 바로 전 해인 1747년의 일이다. 그는 『영혼의 자연사(*The Natural History of the Soul*)』라는 제목을 달고 있었다고 추정되는 한 권의 책을 펴냈다. 파리 의회는 이 책을 문제 삼아 모든 사본을 불살라 버리라는 명령을 내렸을 정도로 가혹했다.

그러자 이번에는 라메트리도 조심성을 보여 『인간 기계론(*Man a Machine*)』이라는 팸플릿을 익명으로 발표했다. 그러자 유럽에서도 가장 아량이 넓은 사람들로 알려진 네덜란드 사람들조차 크게 분개해, 이 팸플릿의 저자가 누구인지를 집요하게 캐기 시작했다. 결국 네덜란드 사람들이 진원지를 거의 밝혀내기에 이르렀고, 라메트리는 다시 한 번 피신해야만 했다. 독일의 베를린으로 도주한 라메트리는 4년 뒤 그곳에서 42세의 나이로 세상을 떠났다.

라메트리는 분명 시대를 앞선 사람이었다. 그러나 기계의 은유(machine metaphor)를 처음 시작한 것은 그가 아니었다. 일반적으로는 르네 데카르트(1596~1650년)가 이 은유를 처음 만들어, 라메트리보다 1세기 앞서 『인간론(*De Hormine*)』이라는 책에서 이런 생각을 피력한 것으로 생각된다. 데카르트 역시 모국인 프랑스를 떠나 암스테르담으로 이주했다. 때는 갈릴레오가 과학적 방법론을 사용한 것만으로도 바티칸으로부터 핍박을 받던 시기였다. 그러나 데카르트는 라메트리처럼 네덜란드에서 다시 몸을 피할 필요는 없었다. 그는 라메트리보다 더 조심스러워 자신이 생을 마치고 12년 후에야 그 책이 발표되도록 해 두었던 것이다.

그렇다고 해서 데카르트와 그의 추종자들이 영혼에 관한 이야기를 모두 떨쳐 버리려 한 것은 아니었다. 그들이 특히 관심을 가졌던 것은 정확히 뇌의 어느 영역에 '영혼의 소재'가 있는가를 밝히는 것이었다. 스콜라 철학에서는 영혼의 소재를 뇌 내부의 빈 곳, 즉 수액(髓液)으로 차 있는 뇌실(腦室)로 보았고, 데카르트와 추종자들의 노력은 스콜라 철학의 맥을 잇는 것이었다. 500년 전의 신심(信心) 깊은 학자들은 영혼의 여러 부분들이 이 공동(空洞), 즉 뇌실에 들어 있다고 생각했다. 하나의 구획에는 기억이, 다른 구획에는 공상과 상식과 상상력이 그리고 제3의 구획에는 이성적 사고와 판단력이 들어 있다는 식이었다(뇌실은 모두 4개가 있으며 종류는 세 가지다. 양쪽 대뇌 반구에 좌우 측뇌실이 있으며, 간뇌 부분에 제3뇌실, 뇌교, 연수 그리고 소뇌 부분에 제4뇌실이 있다.—옮긴이). 요정이 들어 있는 호리병처럼, 뇌실은 영혼이 들어 있는 그릇이라고 생각했다. 데카르트는 여기에서 한 걸음 더 나아가, 송과체(제3 뇌실의 뒤쪽에 있는 작은 솔방울 모양의 내분비 기관—옮긴이)가 특이하게 쌍을 이루지 않는 구조를 보여 준다는 사실을 기초로 해서, 이 기관이 몸을 다스리는 일을 하기에 더 적절한 곳이라고 생각했다.

밀레니엄의 전환기인 오늘날에도 신의 대변자가 통치권을 행사하는 신정 국가(神政國家)들이 있기는 하다. 그러나 이제 우리는 정신을 기계로 은유하는 일을 훨씬 더 여유롭게 받아들일 수 있게 되었다. 심지어는 정신을 기계로 유추하는 일을 논박하기 위한 논거를 논의할 수 있게까지 되었다. 이런 논의에 따르면, 정신은 창조적이고 예측할 수 없는 것이다. 반면 우리가 알고 있는 기계들은 상상력이 없는 대신, 언제나 믿을 수 있다. 이런 이유로 처음에는 정신을 디지털 컴퓨터 같은 기계에 갖다 붙이는 것은 말도 되지 않는 억지처럼 느껴진다.

충분히 그럴 만하다. 그러나 데카르트가 도달한 결론은, 뇌를 하나의 기계처럼 보는 관점이 유용하다는 것이었다. 우리는 이런 식으로 나아가 양파 껍질을 하나하나 벗겨 내게 된다. 제일 위의 양파 껍질 밑에 '무언가 다른 것'이 숨어 있다고 해도, 과학자는 임시적으로 이렇게 가정한다. 근본적으로 '불가지한' 것은 없다고. 이는 대안이 될 수 있는 여러 가지 설명을 시험하기 위해서다. 이런 과학의 전술(이를 과학적인 결론과 혼동해서는 안 된다.)은 우리가 우리 스스로를 바라보는 관점에서 하나의 혁명을 낳았다.

정신에 대한 기계론적 접근법은 오랫동안 본질적인 요소를 빠뜨리고 있었다. 그것은 바로 부트스트랩(bootstrap, 프로그램 자체에 그 프로그램의 실행을 촉진하는 기능이 담겨 있는 것을 말함.—옮긴이) 메커니즘이다. 우리는 시계처럼 정밀한 물건은 훨씬 더 정밀한 시계 설계자를 필요로 한다는 식의 개념에 익숙하다. 이는 상식이다. 아리스토텔레스의 물리학이 (비록 옳지는 않지만) 아직도 상식으로 통하는 것과 마찬가지다.

그러나 찰스 다윈(1809~1882년) 시대 이래로 우리는 정교한 것이 보다 단순한 출발점에서 출현할(사실은 스스로를 조직할) 수도 있음을 알게 되었다. 철학자 대니얼 데닛(Daniel Dennet)이 『다윈의 위험한 생각(Darwin's Dangerous Idea)』의 서문에 쓴 것처럼, 고등 교육을 받은 사람조차도 이런 부트스트랩의 개념에 거부감을 느낄 수 있다.

> 다윈의 자연선택에 의한 진화론은 언제나 내 마음을 사로잡고 있었다. 그러나 오랜 세월 동안 나는 그의 위대한 사상에 불편한 심기를 감추지 못하는 사상가들을 발견하였다. 이들의 반응은 끈질긴 회의론에서부터 공공연한 적개심에 이르기까지 놀라울 정도로 다양했다. 나는 일반 대중 및 종교 사상가들은 물론, 비종교적인 철학자, 심리학자, 물리학자 그리고 심지어 생물학자 사이에서도 다윈이 틀렸으면 하고 바라는 것처럼 보이는 사람들을 발견할 수 있었다.

그러나 모두 그런 것은 아니었다. 1859년 다윈이 『종의 기원』을 발표하고 겨우 12년 뒤 심리학자 윌리엄 제임스(William James)는 친구들에게 보내는 편지에서, 생각은 마음속에서 일어나는 다원적 과정과 관계가 있다고 주장했다. 그리고 1세기 이상의 세월이 흐른 뒤에야 비로소 우리는 다윈론에 부합하는 뇌의 메커니즘으로 이런 개념에 살을 붙이기 시작했으며, 몇십 년 동안 우리는 과잉 생산된 시냅스(synapse)의 선택적인 생존에 대해 논의하고 있다. 그리고 그것은 나무 벽돌에 일정한 모양을 새기는 것과 비슷한 다원론의 평범한 변형판에 불과하다. 이제 우리는 수백 분의 1초에서 몇 분에 이르는 시간 규모를 갖는 의식의 문제에 대해, 확고한 다원적 과정을 일으킬 수 있는 뇌의 배선을 보고 있다.

이렇게 있음직하지 않은 것을 구체화하는 다원론의 변형판은 대뇌의 특수한 점화 패턴에 대한 수많은 복제물들을 만들어 낸다. 그리고 이 복제물들을 좀 더 다양화한 뒤에는 다양한 변형들이 작동 공간에서 우위를 차지하기 위해(새포아풀과 왕바랭이 같은 서로 다른 종류의 풀들이 우리 집 뒤뜰에서 서로 경쟁하는 것과 비슷한 방식으로) 경쟁하도록 하는 일을 모두 포함하고 있다. 이런 경쟁은 시공적인 점화 패턴이 '노면에 나 있는 튀어나오고 팬 자국'에 어떻게 공명하는가에 따라서 결정된다. 여기서 말하는 노면의 튀어나오고 팬 자국은 대뇌에 시냅스의 세기로 저장되어 있는 기억의 패턴을 의미한다. 여러분도 곧 알게 되겠지만 이런 다윈 기계들은 내가 즐겨 다루는 주제다. 그러나 여기서는 우선 지능이 무엇인가(그리고 무엇이 아닌가)에 대해 생각해 보도록 하자.

조급하게 정의 내리는 것을 피하면서 지능을 탐구할 수 있는 하나의 유용한 전술은 기자들이 흔히 사용하는 '누가, 언제, 어디서, 무엇을, 어떻게, 왜'의 육하원칙이다. 나는 '무엇'이 지능을 이루고 있는가 그리고 '언제' 지능이 필요한가에서부터 이야기를 시작할 것이다. 이유는 간단하다. 지능이라는 말이 너무 다양한 방식으로 사용되기 때문에 의식의 경우와 마찬가지로 자칫하면 동문서답이 되기 쉽기 때문이다. 우선 다음 장에서는 아기를 물가에 버려두지 않기 위해서 지능의 의미를 좁은 범위로 국한하는 일을 할 것이다. 그리고 나서 설명의 수준에 대해서 그리고 '의식'을 둘러싼 혼동의 문제에 대해서 이야기할 것이다.

빙기(氷期. 빙하 시대 중 특히 기후가 한랭하여 빙하가 확대되어 전 세계적으로 해수면이 저하된 시기—옮긴이)에 대한 조망은 지능의 진화론적인

'왜'의 측면을 탐구할 때, 특히 호미니드(hominid, 사람과(科)의 동물. 현대 인간과 원시 인류 모두—옮긴이)에 속하는 우리의 조상을 다룰 때 중요한 의미를 갖는 것으로 보인다. 알래스카의 해안선은 아직도 활동하고 있는 빙하 시대를 조망하기 위한 가장 적당한 장소다. 길이 약 80킬로미터의 글레이셔 만(Glacier Bay)은 200년 전만해도 완전히 얼음으로 뒤덮여 있었다. 그런데 지금 그곳은 바다표범, 카약, 관광 순항선 등이 넘쳐나 교통 정체를 일으킬 정도다. 글레이셔 만의 정황을 보면서 나는 이런 의문을 제기하게 된다. '효율성의 주장에 따르면, 일정한 기후 조건에서는 언제나 어느 한 측면에 뛰어난 능력을 발휘하는 전문가(경제학자들의 사랑을 받는 단순하고 평범한 기계)가 더 잘 기능할 수 있는데도 불구하고 어떻게 팔방미인 격의 능력이 진화할 수 있었는가' 하는 것이다. 답은 간단하다. 기후가 갑자기 그리고 예측할 수 없는 방향으로 계속 변화하면, 효율성이 더 이상 가장 중요한 측면으로 남아 있을 수 없다는 것이다.

5장에서 나는 통사론(문장을 기본 대상으로 하여 문장의 구조나 구성 요소 따위를 연구하는 학문. 언어의 한 분야)의 도움을 받아야 할 정도로 복잡한 문장을 분석하는 데 필요한 정신적 기계 장치에 대해 이야기할 것이다. 나 자신을 포함해서 많은 관찰자들이 문법에 맞는 언어를 구사하는 데 필요한 (그리고 다른 일을 위해서도 필요한) 그런 논리적인 구조가 호미니드로 진화하는 동안 지능에 커다란 비약을 일으킨 것이 아닌가 짐작하고 있다. 침팬지와 보노보('피그미침팬지'라고도 불리는 이 동물은 침팬지와는 분명히 다른 종의 유인원으로, 지금은 예전부터 원주민들이 사용했던 이름인 보노보로 불린다.)는 지능과 의식에서 언어가 담당하는 역할을 판단하기 위해 반드시 필요한 시사점을 제공한다. 우리의 실질적인 조상이 남겨 준 것은 돌과 뼈가 전부지만, 우리의 먼 친척뻘인 유인원(고릴라, 오랑우탄, 침팬지처럼 사람과 가장 가까운 원숭이들로 꼬리가 없고 뒷다리로만 걷는 것들을 가리킴.—옮긴이)들은 우리 조상이 어떻게 행동했을지를 보여 주고 있다.

6장에서는 다위니즘적인 맥락에서 수렴적 사고와 발산적 사고의 문제를 다루고 있다. 얼마 전 몬터레이 만에서 열린 것과 같은 소규모 신경 생물학회는 분명히 수렴적인 사고를 예증해 준다. 모든 전문가들이, 기억 메커니즘의 조사에 대한 요점에만 논의를 국한해 그 안에서만 하나의 정답을 찾으려 했던 것이다. 그러나 발산적 사고는 창조적인 사람들이 과학 이론을 발견하거나, 시를 쓰거나, 아니면 (보다 일반적인 수준에서) 수렴적 사고를 테스트하기 위한 객관식 시험을 출제하면서 틀린 답들을 생각할 때 필요한 것이다. 신경 과학자가 기억 저장 메커니즘에 대한 설명을 제시할 때면 언제나 청중에서 질문자들이 일어나 즉석에서 몇 가지 대안이 될 수 있는 설명들을 이야기한다. 이런 설명은 발산적인 사고를 통해서 즉각적으로 이끌어 낸 것이다. 그렇다면 우리는 어떤 방법으로, 진흙 덩어리로 항아리를 빚는 손이 없는 상황에서, 새로운 사고를 질적으로 우수한 무엇인가로 틀 잡아 가는 것일까? 이 의문에 대한 답은 6장의 제목, 「끊임없이 진행되는 진화」가 될 것이다. 오랜 세월 동안 새로운 종을 이루는 것과 같은, 아니면 몇 주 동안의 면역 반응으로 새로운 항체를 만들어 내는 것과 같은 다윈적 과정이, 사고와 행동의 시간 규모에서 일정한 생각들을 구체화할 수도 있다.

7장에서는 정신적 과정을 이미 알려져 있는 다윈적 과정으로 유추하는 데에서 한 걸음 더 나아가, 우리의 뇌가 '어떻게(생리학자들이 말하는 기계론적인 '어떻게')' 복제 경쟁을 유발하는 것 같은 방법을 통해서 표현을 다룰 수 있는가를 제안할 것이다. 이런 경쟁은 다윈적 과정이므로 무작위성을 훌륭한 추측으로 구체화할 수 있을 것이다. 대뇌 코드(이는 슈퍼마켓의 바코드처럼 실제 사물에 대응하는 추상적인 무늬다.)와 대뇌의 회로(특히 뇌의 각 부분 사이의 연락을 책임진 겉부분, 즉 대뇌 피질의 회로)로 이어지는 이런 과정은, 지금까지 나에게 보다 높은 지적 기능을 위한 메커니즘을 가장 잘 설명할 수 있는 시각을 제공해 주었다. 우리가 어떻게 추측하고, 전에는 한 번도 입 밖에 낸 적이 없는 문장을 말하고, 나아가 은유를 하는 수준까지 도달할 수 있는가를 시사해 주었다는 것이다.

내 생각에 다윈 기계의 이런 대뇌 변형판은 사람이 과연 어떤 존재인가 하는 물음에 대한 우리의 개념을 가장 근본적으로 뒤바꿔 놓을 것으로 보인다. 『이상한 나라의 앨리스』에 나오는 도도새가 게임은 설명하는 것보다 실제로 해 보이는 것이 더 낫다고 한 것을 교훈삼아, 나는 이 책에서 어떤 생각을 하고 결심을 하도록 해 주는 다윈적 과정을 한 부분 시연해 보일 것이다. 이렇게 이야기할 수 있어서 다행인데, 지능에 대해 묘사하는 것은 자전거 타는 법을 설명하는 것보다도 쉽다. 나아가 여러분이 만일 추상적인 이해(내가 가장 마음에 들어 하는 이 7장을 건너뛰는 경우, 6장과 8장에서 얻을 수 있는)에 만족하지 않고 그 과정에 대한 감각을 갖게 된다면, 그 묘사를 훨씬 더 잘 이해할 수 있을 것이다.

마지막 장에서는 다시 허공으로 돌아가, 앞의 여러 장에서 묘사한 고등한 지능의 결정적 요소를 요약할 것이다. 여기에서는 영리한 침팬지에서부터 음악에 천부적인 재능을 가진 인간에 이르기 까지 넓은 범위에서 작용하기 위해서 외계의 지적 존재나 인공지능이 필요로 할 메커니즘에 초점을 맞출 것이다. 나는 초인적인 지능으로 전환하는 것에 일정한 경고를 하면서 이 책을 마무리할 것이다. 이는 붉은 여왕이 앨리스에게 경고한 측면, 즉 "왜 같은 장소에 머물기 위해 계속 달려야 하는가" 하는 군비 확장 경쟁에 대한 경고다.

> 한 교리에서는 사람을 외압에 계속 떠밀리는 유도 기계로 묘사하여 사람에게서 독창성과 자발성을 모두 박탈한다. 또 다른 교리에서는 사람에게 활동 범위를 주어 여러 가지 생각을 하게 하고 그 생각들을 시험해 보도록 한다. 첫 번째 관점에 따르면 세계에 대해 배우는 것은 그것으로부터 조건지어지는 것이다. 반면 두 번째 관점에 따르면 세계에 대해 배우는 것은 그 속에서 모험하는 것을 뜻한다.
>
> ─J. W. N. 왓킨스, 1974

2
만족스러운 추측의 전개

선천적인 정보 처리 과정, 본능적 행동, 내적 동기와 본능저 욕구, 선천적으로 유도되는 학습, 이 모든 것은 분명 동물의 인식 능력 범위에서 가장 본질적이고도 중요한 요소다. 그러나 이런 것들이 생각이나 판단, 결심과 같은 우리 정신 활동의 보다 심원한 영역을 이루고 있다고는 볼 수 없다. 그렇다면 생각은 무엇일까? 우리는 어떻게 가장 비밀스러운 기관인 뇌에서 일어나는 작용을 인식할 수 있을까? 우리는 어떤 행동상의 기준으로, 우리가 언제나 심미적, 도덕적, 실천적 판단으로 통한다고 믿는 진정한 생각과, 적어도 몇몇 다른 동물들에서 보이는 생각으로 착각할 수도 있는 난해한 프로그래밍을 구별할 수 있을까? 그게 아니라면 인공 지능의 대변자가 추정하듯이, 우리의 생각을 포함한 모든 생각은 그저 교묘한 프로그래밍의 결과일 뿐일까?

——제임스 굴드, 캐럴 그랜트 굴드,

『동물의 마음(*The Animal Mind*)』, 1994

지능은 거의 언제나 놀라울 정도로 제한된 용법으로 쓰인다. 이는 야구 선수의 타율처럼, 어떤 사람에게 할당된 지능은 크면 클수록 좋다는 식으로 쓰인다. 지능은 언제나 공간 지각력, 언어 이해력, 단어 유창성, 숫자 유창성, 지각 속도, 귀납적 추리, 연역적 추리, 기계적인 기억력 등으로 측정되었다. 최근 몇십 년 동안에는 이런 다양한 하위 검사들을 '복합 지능'이라고 생각하는 경향이 있었다. 그렇다면 왜 이런 능력들을 지능이라는 하나의 숫자로 뭉뚱그려 버리는 것일까?

간단히 대답하자면, 단일한 숫자가 다른 많은 것을 이야기해 주는 것처럼 보이기 때문이다(과도하게 일반화하면 위험하겠지만, 이는 흥미로운 정보다.). 까닭은 이렇다. 한 가지 종류의 하위 지능 검사에서 좋은 점수를 얻었다는 사실이 다른 검사에서 좋지 못한 결과를 얻으리라는 예상을 낳는 일은 결코 없다. 다시 말해서 어느 하나의 능력이 다른 능력을 희생시키는 일은 결코 일어나지 않는 것처럼 보인다는 것이다. 어떤 검사에서 좋은 점수를 얻은 사람은 다른 하위 검사에서도 평균 이상의 점수를 얻는 경우가 많다.

검사를 받는 능력이라고도 할 수 있는 어떤 공통적인 요인이 작용하고 있는 것처럼 보이기도 한다. 소위 '일반 인자 g(지능의 모든 면에 공통되는 기본적인 일반 지능 인자를 말함.—옮긴이)'라는 것이 여러 하위 검사 사이의 이런 흥미로운 상관성을 표현해 준다. 심리학자 아서 젠슨(Arthur Jensen)은 일반 인자 g에 가장 커다란 영향을 미치는 두 가지는 (주어진 시간 내에 얼마나 많은 질문에 답할 수 있는가 하는 것과 같은) 속도 그리고 동시에 정신적으로 처리할 수 있는 항목의 수라고 지적했다. 유추 질문(A와 B의 관계는 C와 (D, E, F)의 관계와 같다.)은 대체로 최소한 여섯 개의 개념을 동시에 기억하면서 비교하는 능력을 필요로 한다.

이런 이야기를 들으면, 높은 지능 지수란 매시간 여섯 가지 다른 요리를 동시에 준비하는, 규모가 큰 즉석 음식점의 요리사가 하는 일을 가리키는 것처럼 느껴진다. 따라서 높은 지능 지수는 일상생활에서는 커다란 의미를 갖지 않고 신속한 융통성을 필요로 하는 경우에만 중요해진다. 높은 지능 지수는 대체로 매우 복잡하거나 유동적인 일(예를 들어 의사가 하는 일)을 잘 수행하는 데에 반드시 필요하며, 보통 정도로 복잡한 일(비서나 경찰의 일)을 하는 데에는 유리하다. 그러나 기계적인 일이나 급박한 결정을 내리지 않고 단순한 문제를 해결해야 할 때는 유리한 점이 거의 없다(예를 들어 매장의 판매원이나 경리 직원의 경우에는 지능보다는 신뢰도와 사회성이 훨씬 더 중요할 것이다.).

지능 지수는 분명 지능의 매혹적인 한 측면이지만, 나머지 부분까지 포함하지는 않는다. 우리는 지능의 문제를 평가 등급을 나타내는 숫자로 환원하는 잘못을 저질러서는 안 된다. 이런 일은 축구 경기를 하나의 통계값, 말하자면 패스의 성공률 같은 것으로 환산해서 묘사하는 일과 비슷하다고 할 수 있다. 사실 전체 리그전을 놓고 보면 승리가 그 통계값과 상당한 연관성을 나타내는 게 사실이지만, 축구에는 단순한 패스의 성공률 이외에도 승부를 좌우하는 다른 많은 요소들이 있다. 어떤 팀은 패스의 성공률은 별 볼 일 없지만 다른 강점을 살려서 경기를 승리로 이끌기도 한다. 물론 많은 환경에서 지능 지수가 경쟁에서 '이기는 일'과 관련이 있는 것이 사실이다. 그러나 성공적인 패스가 축구 경기의 전부가 아닌 것처럼, 지능 지수도 지능 게임의 전부가 아니다.

나는 지능을 신경 생리학의 정점에서 보는 풍경이라고 생각한다. 어떤 사람이 이전에는 한 번도 한 적이 없는 일을 하는 것과 관계가 있는, 한 개인 뇌 조직의 여러 측면이 작용한 결과라고 보는 것이다. 우리는 지능의 모든 측면을 설명할 수 없을지도 모른다. 그러나 이제 우리는 그 설명을 구성하는 몇 가지 요소를 알고 있다. 일부는 행동적인 과정이고, 다른 일부는 신경 생리학적인 과정이며, 또 다른 일부는 겨우 몇 초 동안 작용하는 진화와 비슷한 과정이다. 우리는 심지어 창발성을 이끌어 내는 자기 조직화의 원리에 대해서도 상당 부분을 알고 있다. 이는 (뒤에서 다룰 내용이지만) 여러 범주와 은유가 뇌의 영역을 두고 경쟁할 때와 같은, 형성 과정에 있는 수준들을 말한다.

지능을 이해하는 문제와 관련된 중요한 논점은 누가 더 높은 지능을 갖고 있느냐가 아니라, 지능은 무엇이며, 언제 지능이 필요하며, 어떻게 지능이 작용하는가 하는 점이다. 지능은 영리함, 통찰력, 속도, 창조성 그리고 동시에 얼마나 많은 것을 함께 처리할 수 있는가 하는 내용을 모두 포함한다. 그리고 이밖에도 많은 것과 관계가 있다.

인간의 지능이 다른 동물보다 높은 것은 뇌의 부피가 크기 때문일까? 뇌가 마치 멜론이라도 되는 것처럼, 뇌를 그 크기만으로 판단하는 것은 오해를 낳기 쉽다. 뇌에서는 대뇌 피질이라는 얇은 표면만이 새로운 연합을 만들어 내는 일과 뚜렷한 관련이 있다. 뇌 부피의 대부분은 뇌의 어느 한 부분을 다른 부분과 잇는 '전선(電線)'을 둘러싼 절연체(신경 세포의 섬유 부분을 이루는 축삭을 감싸고 있는 '수초'를 가리킴.—옮긴이)에서 비롯된 것이다. 이런 절연체가 많을수록 메시지는 더 빨리 전달된다. 동물의 몸집이 커지면서 메시지를 전달해야 하는 거리가 길어지면, 더 빨리 전달하고 반응 시간을 짧게 유지하기 위해서 더 많은 절연체가 필요하게 된다. 이 경우에는 대뇌 피질에 있는 뉴런의 수가 같을 때에도 절연체 때문에 뇌의 백질(고등 동물의 신경 중추부에서 신경 섬유의 집단을 이루는 희게 보이는 부분으로, 뇌의 피질 속에 있는 수질 부분에 해당한다.—옮긴이)의 부피가 증가한다.

오렌지 껍질은 전체 오렌지를 놓고 보면 적은 부분에 지나지 않는다. 우리의 대뇌 피질은 오렌지 껍질보다도 훨씬 더 얇아서 약 2밀리미터의 동전 두께밖에 되지 않는다. 그런데 대뇌 피질에는 주름이 많이 잡혀 있다. 이런 주름진 부분을 모두 벗겨 내 평평하게 펼치면 A4 용지 네 장을 덮을 정도가 된다. 침팬지의 대뇌 피질은 A4 용지 한 장, 꼬리 달린 원숭이의 것은 엽서 한 장, 쥐의 대뇌 피질은 우표 한 장에 해당한다. 이렇게 평평하게 편 것의 표면에 미세한 격자 눈금을 표시하면 모든 대뇌 피질의 영역에 대해 하나의 눈금에서 대략 같은 수의 뉴런을 발견할 수 있을 것이다(하지만 모든 두 눈을 가진 동물에서 작은 뉴런들이 더 많이 있는, 시각을 관장하는 대뇌 피질 부분은 제외된다.). 결국 특수한 기능을 담당할 수 있도록 더 많은 수의 뉴런이 필요하다면, 대뇌 피질의 표면적이 더 커져야 한다.

여기에 관해 우리는 원숭이를 자주 예로 든다. 시각을 사용해 먹이를 찾을 필요가 있으면, 다음 세대에서 시각을 관장하는 대뇌 피질은 '확대'되고 청각을 관장하는 대뇌 피질은 그대로 남는 방식의 진화가 일어나 그곳에 돌기 하나가 생긴다는 식으로 이야기하는 것이다. 그리고 그 후에는 다른 선택 압력이 작용해서 다른 곳에도 돌기가 생긴다는 것이다. 그러나 이제는 더 큰 뇌의 공간을 필요로 하는 후각 이외의 그 어떤 기능(말하자면 시각과 같은)에 대한 자연선택도 다른 모든 기능에 대해 똑같이 더 큰 뇌의 공간을 낳을 수 있다는 추측이 대두되고 있다. 이는 발생 과정에서 뇌를 부분적으로 확대하는 일이 쉽지 않기 때문이다. 따라서 '하나를 확대하려거든 모두 확대하라.'라는 것이 예외 아닌 일반 법칙이 될 수도 있다.

　무료 점심(음료수 값만 내면 무료로 간이식을 대접한다는 뜻으로, 여기에서는 어느 한 기능의 발달로 인해 다른 기능을 위한 뇌의 공간까지 '거저' 커지는 것을 비유함.—옮긴이)으로 가는 진화 경로만으로 충분하지 않다면, 여기 다른 것이 있다. 새로운 기능이 처음 나타나는 것은 뇌에 이미 존재하던 부분을 가외 시간 동안 사용한 결과인 경우가 많다는 것이다. 뇌의 여러 영역은 어느 정도는 복합적인 기능을 할 수 있기 때문에, 일정하게 각 영역이 이런 기능을 맡아서 한다고 확정짓기는 어렵다. 그렇다면 이전부터 존재한 기능 중에서 어떤 것이 유인원, 즉 꼬리 없는 원숭이에서 호미니드로 진화하는 동안 이루어진 영리함과 통찰력의 비약적 발전과 가장 큰 관련이 있는 것일까? 대부분은 언어라고 답할 것이다. 그러나 나는 언어 기능만을 위한 특수한 시설보다는, 언어와 손의 운동을 계획하는 일에 공통되는 (그리고 여가에는 음악과 춤을 위해 이용되기도 하는) 일종의 '공동 편의 시설'로 이야기할 때 훨씬 더 설명이 쉽다고 주장할 것이다.

　지능은 때때로 뇌에 있는 '어떻게' 그리고 '무엇'을 아는가의 영역을 짜깁기한 것으로 묘사되는데, 그 모든 지각 구조는 너무 민감해서 예상할 수 없는 것처럼 이야기되고는 한다. 이런 이야기는 틀림없는 사실이다. 그러나 지능에 대한 정의가 너무 광범위해서 뇌가 하는 거의 모든 일을 포함하게 된다면, 이런 공식화는 이해의 증진에 전혀 도움이 되지 못한다. 이는 식물까지 포괄하기 위해 의식의 범위를 확장하는 일이 전혀 도움이 되지 않는 것과 마찬가지다. 목록은 설명이 아니다. 그 목록이 아무리 흥미로워도 그리고 소개하는 과정에 많은 주제가 포함되어 있어도 그렇다. 내 의도는 지능에서 지각의 메커니즘을 제거하는 것이 아니라, 만족스러운 추측의 토대와 층을 이룬 안정성을 낳는 자기 조직화의 수준을 조명하는 것이다.

1575년 스페인의 의사 후안 우아르테(Juan Huarte)는, 지능이란 학습하고 판단하고 상상할 수 있는 능력이라고 정의했다. 현대의 문헌에서는 지능을 추상적으로 생각하고 추론하고 많은 양의 정보를 의미를 갖춘 체제로 조직할 수 있는 능력을 의미하는 경우가 많다. 이런 이야기를 들으면, 학자들이 그들 자신의 속성을 정의하려는 것처럼 느껴진다. 뿐만 아니라 이런 정의가 겨냥하는 내용은 너무 수준이 높아서 언제든 다른 동물까지 확대할 수가 없다. 지능의 '무엇'과 관련된 측면을 알아보기 위한, 좀 더 나은 출발점은 동물의 행동에 대한 문헌이다. 동물 행동학 분야에서는 문제 해결 과정에서 보이는 융통성에 중심을 두고 지능을 정의한다. 이런 정의는 활용하기가 좋다.

언젠가 버트런드 러셀(Bertrand Russell)이 비꼬는 말투로 이렇게 지적한 적이 있다. "미국인들이 연구하는 동물은 미친 듯이 이리저리 돌진하며 믿을 수 없을 정도로 원기 왕성한 것처럼 보이며, 결국 우연히 원하던 것을 얻는다. 독일인들이 관찰하는 동물은 가만히 앉아 숙고하다가 결국 내면의 자각으로부터 해결책을 찾아낸다." 이 이야기는 물론 1927년 당시 과학계의 풍조를 비꼰 영국인의 논평이다. 그런데 문제 해결 방식에 대한 러셀의 이런 이야기는, 사람들이 흔히 범하는 미래에 대한 통찰과 무작위적인 시행착오라는 그릇된 이분법을 보여 주고 있다. 통찰이 지적인 행동임은 두말할 필요도 없다. 일반적으로 어떤 일을 계획할 때 '순수한 무작위성'이란 있을 수 없다. 그러나 이런 이야기는 우리를 잘못된 길로 이끈다(이 부분에 대해서는 나중에 다시 이야기할 것이다.).

나는 장 피아제(Jean Piaget)가 강조한, 지능이란 여러분이 무엇을 해야 할지 모를 때 사용하는 것이라는 이야기가 마음에 든다. 이 이야기는 새로운 요소를 포착하고 있다. 그것은 '정답'이 없을 때 그리고 평상시처럼 하는 것만으로는 충분하지 않을 때 필요한 대처와 모색 능력이다. 지능은 즉흥성이 있다. 모차르트나 바흐의 협주곡처럼 지극히 세련된 작품이 아닌, 즉흥적인 재즈 연주를 생각하면 된다. 지능은 생각과 행동의 시간대에서 즉흥 연주를 하고 다듬는 과정에 가까운 것이다.

신경 생물학자 호러스 발로(Horace Barlow)는 논점을 좀 더 압축해서 지능이란 추측하는 일과 관련이 있는 모든 것이라고 이야기하면서, 실험적으로 시험해 볼 수 있는 측면을 지적하고 있다. 물론 여기서 말하는 추측이란 진부한 짐작이 아니라 새로운 근본 이치를 발견하는 것을 말한다. '잘 추측하기'는 여러 가지 전제 조건을 포괄한다. 어떤 문제의 해답이나 어떤 주장의 논리를 찾아내는 일, 적절한 유추를 생각해 내는 일, 유쾌한 조화나 재치 있는 대답을 만들어 내는 일, 다음에는 어떤 일이 일어날지 정확하게 예측하는 일 등이 그것이다.

사실 우리는 늘 다음에 일어날 일을 추측하고 있다. 이런 일은 심지어 잠재의식적으로도 일어난다. 어떤 이야기나 음악의 선율을 듣는 경우를 예로 들 수 있다. 아이가 울고 있을 때 노래를 불러 주면서 마지막 소절을 채우도록 하면, 놀랄 만큼 효과적으로 아이의 주의를 다른 곳으로 돌릴 수 있다. 이렇게 아이를 달래는 방법은 많은 문화권에서 공통적으로 나타난다. 잠재의식적인 예측은, 재담의 중요한 대목이나 즉흥적 바흐 음악 패러디(어떤 악곡의 가사나 악기 편성 등을 바꾸어 짓는 일—옮긴이)가 여러분의 주의를 끄는 이유이기도 한다. 여러분은 그 어긋남에 놀라는 것이다. 사소한 어긋남은 재미있을 수도 있다. 그러나 도를 넘어선 환경의 부조화는 불쾌감을 불러일으킨다. 불안정한 일자리, 소음, 무례한 운전자들 그리고 낯선 사람들이 너무 많은 곳에서 하루를 보내는 일 등이 좌절감을 갖게 하는 것과 마찬가지다. 이런 좌절감의 원인은 예상한 일과 실제로 일어난 일이 너무 많이 어긋나기 때문이다.

환경의 부조화에 대한 나만의 치료법이 있다. 어떤 일을 예측할 때 보다 '편안한 수준'으로 가늠하는 것이다. 이는 너무 확실해서 새로운 일이 하나도 없는 지루한 상태로 들어가라는 것이 아니라, 거의 언제나 자신이 옳을 거라고 생각할 수 있는 수준으로 가늠하라는 것이다. 그러면 스스로에 대해 아직도 제대로 예측할 수 있다는 자신감을 회복할 수 있을 것이다. 대부분의 사람들이 예측할 수 없는 일로 가득 찬 고달픈 하루를 보낸 뒤에, 종교적인 의식이나 음악, 시트콤 등에서 위안을 얻으려는 이유가 바로 여기에 있다. 이런 것들에서 앞으로 어떤 일이 일어날지 알아맞히는 즐거움을 되찾을 수 있는 것이다!

지능의 문제를 처음 접한 사람들이 저지르기 쉬운 잘못이 한 가지 있다. 지능을 복잡성과 같은 것으로 보는 일이다. 얼른 보기에 정교하고 복잡한 행동은 지능을 나타내는 신호를 찾기에 가장 적당한 곳으로 생각된다. 우리의 언어나 미래에 대비하는 행동은 분명 지적 행동의 측면들로, 상당히 복잡한 것이 사실이다.

그러나 동물이 보여 주는 많은 복잡한 행동은 선천적으로 타고난 것이다. 이런 행동들은 태어날 때부터 회로가 완성되어 있기 때문에 학습이 필요 없다. 이런 행동은 융통성이 없으며, 재채기를 하거나 얼굴이 붉어질 때처럼 의지로 상황을 바꿀 수 없는 경우도 많다. 이런 판에 박힌 행동 패턴은 컴퓨터 프로그램처럼 통찰력이나 목적에 대한 이해를 필요로 하지 않는다. 단지 하나의 틀에 박힌 작품일 뿐이다.

선천적인 행동과 학습 행동은 모두 길고 복잡한 양상을 나타낼 수 있다. 한 예로 이디오 사방(idiot savant, 천재 백치)을 들 수 있다. 이디오 사방은 상상할 수 없을 정도로 상세한 부분까지 기억하는 능력은 갖고 있지만, 그 패턴을 의미 있는 부분들로 나누고, 그것들을 다시 조합해서 새로운 상황에서 적절히 사용할 능력은 없는 사람을 말한다. 고래의 노래나 곤충의 보금자리 만들기를 지적이라 할 수 없는 것과 같은 이치다.

고래나 새들은 일정한 가락을 이어서 노래를 부른다. 그러나 이런 일도 융통성이 있다는 증거는 될 수 없다. 전혀 생각 없이 하는 행동도 한 가지 일을 마치면 다음 일을 불러내는 식으로 연속적으로 일어나는 경우가 많다. 보금자리를 만드는 일은 구애 행동으로 이어진다. 그 뒤에는 바로 알 낳기로 이어지고, 다시 알 품기로 그리고 판에 박힌 여러 가지 부모로서의 행동으로 이어진다. 사실 복잡하고 '용도가 분명한' 행동일수록, 지적인 행동과는 동떨어진 것이 많다. 이유는 간단하다. 자연선택은 우연이 개입할 여지를 거의 남겨 두지 않은 채, 그 일을 확실히 수행할 방법을 진화시켰기 때문이다. 결국 학습은 대부분 매우 중요한 행동의 복잡한 사슬보다는 훨씬 더 단순한 일들에 초점이 맞추어진다.

우리가 하품이나 껴안고 입을 맞추고 싶어 하는 경향성(보노보와 침팬지에서도 분명하게 나타난다.)을 이해하지 못하는 것처럼, 동물들도 자신의 행동을 이해하지 못할 것이다. 거의 모든 동물은 대부분의 상황에서 '이해(기초가 되는 것을 식별한다는 의미에서)'할 필요가 없어 보이며, 신중한 변화와 느린 학습 이외의 어떠한 개혁도 시도하지 않는다. 마치 생각은 거의 사용하지 않는 보완물에 불과하며, 또 그것이 너무 느리고 틀리기 쉬워서 정상적인 경로에서는 신뢰할 수 없다는 식이다.

지능을 나타내는 가장 훌륭한 지표는, 동물들이 더 단순하면서도 예측이 어려운 문제에 직면했을 때 발견할 수 있다. 이런 문제에는 진화 과정이 아직 표준적인 반응을 제공하지 않았으므로, 동물은 자신의 지능을 사용해서 즉각적으로 대처해야만 한다. 동물에게는 매우 드물고 새로운 상황인 것이다. 우리는 '지능'이라는 말을 사용해서 넓은 범위의 능력뿐만 아니라 우리가 일을 할 때의 효율성을 나타내기도 하는데, 이는 유연성과 창조성까지 포함한다. 동물 행동학자인 제임스 굴드와 캐럴 굴드의 말을 빌면, 이런 유연성과 창조성은 '본능의 굴레를 빠져나가서 문제에 대한 새로운 해답을 만들어 내는 능력'으로서, 이는 지능의 '무엇'이라는 영역을 상당히 좁혀 놓는다.

수렴적 사고의 시험에서는 거의 언제나 유일무이하게 여겨지는 하나의 결론 또는 정답이 있다. 그리고 모든 생각은 그 정답의 방향을 향해야 한다. …… 반면에 발산적 사고에서는 이리저리 탐색하거나 여러 방향으로 튀어나가는 것들이 많이 있다. 이런 일은 유일무이한 결론이 없는 경우에 가장 분명하게 나타난다. 발산적 사고는…… 거의 목적에 얽매이지 않는…… 특징이 있다. 발산적 사고에는 여러 방향으로 튀어나갈 자유가 있다. …… 낡은 해답을 거부하고 어떤 방향으로 힘차게 나아갈 필요가 있다. 그리고 융통성이 있는 생물은 성공할 가능성이 더 크다.

―조이 폴 길퍼드, 1959

어쩌다 화제가 지능의 문제로 넘어가면, 많은 사람들은 '그들이 얼마나 똑똑한데' 하는 식의 이야기를 꺼낸다. 그러면서 개는 분명히 지능을 갖춘 것 같다고 주장한다. 이런 주장은 대부분 개가 사람의 말을 얼마나 잘 알아듣는지, 주인의 마음을 얼마나 잘 이해하는지 하는 이야기에 뒤이어 나온다.

동물 행동학자와 동물 심리학자들은, 개는 매우 사회적인 동물이며 몸짓언어를 읽는 데에 특히 뛰어나다고 참을성 있게 대답할 것이다. 집에서 키우는 개들은, 들개가 우두머리를 따르면서

'두목, 다음에는 뭘 할까요?'라고 묻기라도 하듯 주인을 따른다. 아니면 주인의 자애로운 마음을 이끌어 내고자 응석을 부리면서 정서적 안정을 찾기도 한다. 길들인 개에게 말을 건다면, 비록 여러분이 내뱉은 단어 자체의 의미가 전달되지는 않는다고 해도, 그 말은 이런 타고난 경향성이 드러나도록 한다. 사람들은 우두머리를 대신하는 존재(바로 개의 주인인 여러분)가 내는 목소리의 높낮이와 몸짓언어가 얼마나 많은 정보를 전달하는지 깨닫지 못한다. 만일 슬리퍼를 가져오라고 시킬 때와 똑같은 눈짓과 자세, 말투로 개에게 신문 기사의 제목을 읽어 주면, 개는 슬리퍼를 가져오라는 말을 들었을 때처럼 행동할 것이다.

그러나 대부분의 경우 개에게 이런 혼란을 일으키는 것은 그리 많지 않다. 주위 환경 그 자체(그곳에 있는 사람, 장소, 상황, 물건들)가 개가 명령에 어울리는 반응을 나타내기에 필요한 거의 모든 정보를 제공한다. 대부분의 개는 제한된 행동만 할 수 있다. 따라서 개들이 올바른 추측을 하는 일은 별로 어렵지 않다. 개를 훈련시켜 명령에 따라 여남은 개의 서로 다른 물건을 가져오도록 하는 일은 매우 어려울 것이다. 이유는 간단하다. 개가 명령을 내리는 사람의 의도를 짐작하기 어렵기 때문이다.

만일 여러분이 키우는 개가 단어 자체를 이해할 수 있다고 확신한다면, 누군가 다른 사람을 시켜서 인터폰을 통해 다른 방에서 같은 단어를 이야기하도록 해 보자. 이렇게 하면 상황적 암시가 주는 힌트를 거의 다 제거할 수 있다. 많은 똑똑한 동물이, 단어의 이해력을 알아보는 이런 엄격한 시험에는 합격하지 못한다. 시각적인 상징에 언제든 반응할 준비가 되어 있는, 고도의 훈련을 받은 침팬지도 마찬가지다. 그러나 개의 경우, 바람직한 행동을 하도록 하는 단순한 시험에는 대부분 합격한다. 물론 이는 익숙한 상황이 주어지고 그 상황 속에서 어떤 것을 선택해야 할 것인가가 분명한 시험이다.

얼마나 다양한 반응을 나타낼 수 있는가 하는 것은 지능과 관련된 중요한 요소다. 개들은 양떼를 치거나 위급함을 알리기 위해 짖는 것 같은 많은 본능적 행동을 한다. 게다가 다른 많은 것을 배울 수도 있다. 개가 의사 전달을 할 수 있는 항목은 고도의 훈련을 통해서 매우 많아질 수 있다. 이와 관련해 심리학자 스탠리 코렌(Stanley Coren)은 다음과 같은 것을 관찰했다.

내가 키우는 애완견들은 약 65가지의 단어와 숙어 그리고 약 25가지의 신호와 몸짓언어를 알아들을 수 있으며, 그 결과 모두 합해서 약 90개의 어휘를 받아들일 수 있다. 또한 약 25가지 발성법과 약 35가지의 몸짓으로 모두 약 60항목의 어휘를 만들어 내는 의사 전달 능력이 있다. 이 개들은 구문론이나 문법에 대한 어떤 증거도 보여 주지 않는다. 사람과 비교하면, 생후 18~22개월의 아기의 언어 수준을 나타낸다고 볼 수 있다. 그리고 신호나 상징을 사용한 언어를 배운 보노보들은 생후 30개월 가량의 아이들과 맞먹는 이해 수준을 획득할 수 있다.

학습 속도도 지능과 관계가 있다. 개와 돌고래가 훈련에 의해 더 넓은 범위의 행동 양식을 습득하는 이유는 이들 대부분이 고양이보다 빨리 배우기 때문이다. 따라서 '지능'은 서로 다른 많은 것들이 복합되어 있으며, 많은 정신 능력과 연관을 맺고 있다고 할 수 있다. 이런 능력을 효과적으로 결합하면 지적 행동을 더 잘 구성하게 될 것이다.

동물들이 얼마나 적절한 행동을 선택하는가는, 동물의 지능에 대한 주장을 헤아려 볼 수 있는 좋은 열쇠가 될 것이다. '그들이 얼마나 똑똑한데' 하는 식의 이야기에 등장하는 동물은 대부분 스스로 생각하는 것이 아니라 단지 명령에 따르고 있을 뿐이다. 여기에는 대개 피아제가 말한, 어떻게 해야 할지 모를 때의 창조성이라는 측면은 빠져 있다. 동물이 장난을 치면서 익살스러운 몸짓을 하는 경우는 제외된다.

사람 이외의 지능을 다루는 과학 문헌은 무언가 혁신적인 내용을 다루려고 하지만, 지능이 있는 것으로 추정되는 동물의 행동은 대부분 되풀이되지 않으며, 따라서 대부분 일련의 일화(사실 원숭이에 대한 이런 일화들을 모은 훌륭한 책, 『마키아벨리의 지능(*Machiavellian Intelligence*)』이 있다.)로 끝나게 마련이다.

일화로나 남을 수 있는 증거가 가진 흔한 과학적 위험성은 여러 종을 비교한 결과를 강조함으로써 다소 줄일 수 있다. 예를 들어 개는 대부분 자신을 기둥에 묶어 둔 끈을 풀 수 없지만, 침팬지는 끈을 푸는 방법을 알고 있는 것처럼 보인다. 문에 가죽 끈을 묶고 똑딱단추를 채워 두면, 몸집이 작은 대부분의 원숭이는 얼마든지 우리 안에 가둘 수 있다. 원숭이의 손이 똑딱단추에 닿아 그것을 만지작거릴 수 있는 경우에도 그렇다. 그러나 대형 유인원(몸집이 큰 긴팔원숭이, 오랑우탄, 침팬지, 고릴라 등 꼬리 없는 원숭이 종류를 한꺼번에 일컫는 말—옮긴이)들은 이런 잠금장치의 원리를 이해할 수 있으므로, 여러분은 반드시 맹꽁이자물쇠를 사용해야 한다. 그리고 열쇠를 아무데나 버려두어서는 안 된다! 침팬지는 속임수를 쓰기도 한다. 침팬지는 다른 동물의 생각을 짐작할 수 있으며 이런 지식을 이용할 수도 있다. 그러나 대부분의 꼬리 달린 원숭이들은 서로를 속일 수 있는 정신적 기구는 갖지 않은 것으로 보인다.

많은 사람들에게 지능의 가장 중요한 측면은 이런 창조적인 영리함이다. 어떤 동물이 문제를 해결하거나 새로운 수단을 강구하는 데에 특별한 재능을 보일 때, 우리는 그들의 행동이 특별히 지적이라고 생각한다. 그러나 사람의 지능을 판단하는 기준에는 이밖에도 다른 것들이 더 있다.

내가 어떤 동료에게 지능에 대한 이런 '창조적인 영리함'의 정의를 이야기했을 때, 그는 의심쩍어하면서 구제 불능으로 약삭빠른 사람들의 예를 들기 시작했다.

누군가가 여러분에게, 어떤 사람이 얼마나 지적이냐고 물었을 때 이렇게 대답하는 경우가 있다. "글쎄요······. 그는 확실히 머리가 좋기는 해요." 이런 이야기를 통해서 여러분은 그 사람이 짧은 시간 동안 즉석에서 어떤 책략을 마련하는 데에는 소질이 있지만 계획을 끝까지 밀고 나가지는 못하며, 전략이나 인내심, 훌륭한 판단력 같은 보다 장기적인 미덕은 결여되어 있다는 뜻을 전한다.

좋다, 나 역시 진정으로 지적이기 위해서는 미래에 대비할 줄도 알아야 한다는 데 동의한다. 그리고 침팬지는 때때로 30분 정도의 시간대에서 몇 가지 계획을 세우기도 한다. 그러나 그들의 행동으로 판단하건대 내일 일은 별로 생각하지 않는다.

결국 미래의 일을 계획할 수 있다는 점이, 유인원의 지능에 대해 사람의 지능이 갖는 추가 요소라고 하겠다. 지능은 이밖에 상상력을 포함하기도 한다. 과거에 나는 지능 지수가 높은 사람들에게 식후 연설을 한 적이 있었다. 그리고 그들 중 한 사람의 상상력이 얼마나 빈곤한가를 알고는 매우 놀랐다. 물론 모든 청중이 지능 검사에서 높은 점수를 받은 사람들이라는 사실에 비추어서 놀랐다는 것이다. 그때 나는 불현듯 내가 지능 지수에 상상력이 포함된다고 생각하고 있었다는 사실을 깨달았다. 그러나 상상력은 질적인 무언가로 구체화할 때에만 지능에 기여한다.

환각 증세가 있는 환자들을 생각해 보자. 그들은 매우 상상력이 풍부하지만, 그렇다고 해서 그들이 지적인 사람은 아니다.

지능 지수는 우리가 흔히 지적인 행동으로 이해하고 있는 것의 몇몇 측면만을 측정하는 것이라고 할 수 있다. 지능 지수를 측정하는 시험은 창조성이나 계획하는 능력 등의 측정은 배제하는 경향이 있다.

> 내가 어떤 독창적인 생각을 해 낸다면, 그것은 내가 이례적으로 어떤 개념들을 혼동하기 쉬운 경향이 있고…… 그래서 다른 사람들은 생각지도 못하는 가능성이 희박한 유추 관계를 발견할 수 있기 때문이리라! 다른 사람들은 이런 혼란을 거의 겪지 않으며, 정밀한 분석을 통해서만 앞으로 나아간다.
>
> ─케네스 크레이크,
> 『설명의 본성(*The Nature of Explanation*)』, 1943

혁신적인 행동은 대개 새로운 단일체가 아니라, 낡은 요소들을 새로 조합한 것으로 이루어진다. 별개의 자극이 어떤 표준 행동을 유발하거나, 아니면 어떤 새로운 움직임의 조합을 사용해서 반응하는 것이다. 지각과 활동의 혁신은 지능과 어떤 연관이 있는 것일까?

얼마나 많은 종류의 구성 단위가 있느냐가 중요할 수도 있다. 스탠리 코렌이 개에 대해 이야기한 것처럼 지각과 활동의 목록을 나열하는 일은, 자극과 반응의 이분법을 너무 글자 그대로 받아들이지 않는 한 유용하다. 때로는 눈에 보이는 뚜렷한 계기가 없는 경우에도 반응이 나타날 수 있다. 침팬지가 뚜렷한 이유 없이 가지에 달린 나뭇잎들을 떼어 버리는 것처럼 무의미하게 손을 놀리는 경우도 많은 것이다. 자극과 반응의 양상은 종종 무디어진다. 동물은 반응을 표현하는 과정에서 어떤 자극을 찾기도 한다. 이런 점에 유의하며 자극과 반응의 몇 가지 모범 사례를 생각해 보면 좋을 것이다.

많은 동물은 지각을 위한 주형을 갖고 있다. 이들은 자신이 본 것의 크기(와 모양)를 이 주형에 대해 충분히 시험해 본다. 이런 일은 아이들이 구색을 갖춰 구워 놓은 크리스마스 쿠키에 여러 개의 쿠키 틀을 맞춰 보면서 어느 것이 들어맞는지 알아보려는 것과 비슷하다. 예를 들어 매가 머리 위에서 날 때, 어린 새들은 몸을 웅크린다. 이런 행동을 보면서 이 새들은 뇌에 매의 영상이 새겨진 상태로 태어난다고 생각할 수 있다. 그러나 사실은 이와 전혀 다르다. 새끼 새들은 처음부터 어떤 새가 하늘을 날든 항상 몸을 웅크리게 되어 있다. 시간이 흐르면서 새끼 새들은 매일 보는 새의 종류를 알아볼 수 있게 된다. 어떤 모양에 익숙해지면 새끼 새들은 그것에 대한 반응을 그치게 된다. 이런 습성 때문에 결국 새끼 새들은 단순히 그곳을 지나가던 외지의 새나 매 같은 포식자처럼, 평소에 흔히 볼 수 없었던 모습에만 반응해 몸을 웅크리게 된다. 포식자를 자주 볼 수 없는 것은 무엇 때문일까? 그것들은 먹이 사슬의 꼭대기에 있는, 수가 적은 종이기 때문이다.

결국 몸을 웅크리는 일은 새로운 일에 대한 반응이지, 미리 새겨진 '경보' 발령 영상에 대한 반응이 아닌 것이다. 이는 아이들이 어떤 쿠키 틀에도 맞지 않는 찌그러진 쿠키를 발견하고서 고민에 빠지는 일과 흡사하다.

작곡가들에 따르면 (플루트 소리 같은) 순수한 음조의 상음(上音, overtone, 기본음에 대하여 진동수가 많고 높은 음—옮긴이)은 상대적으로 마음을 누그러뜨리는 효과가 있는 반면, (헤비메탈 음악이나 가수 믹 재거의 컬컬한 목소리처럼) 고르지 못한 음조의 상음은 위협이나 경고 신호처럼 들린다고 한다. 그리고 나는 오래전부터, 신경 손상으로 혼란에 빠진 감각은 같은 이유에서 (단순히 정신이 없는 정도가 아니라) 고통스럽게 느껴지는 경우가 많다고 생각해 왔다.

동물들은 익숙한 모습과 소리를 위한 지각의 주형 이외에도, 일상적인 행동의 도식을 갖고 있다. 그리고 동물들은 이런 도식 중에서 어떤 것들을 가려내고 선택한다. 가마우지는 또 다른 먹이를 찾아서 물속으로 들어가 이리저리 돌아다니거나, 다른 연못으로 날아가거나, 아니면 날개를 펼치고 말리거나(가마우지의 깃털에는 오리의 깃털에 있는 방수용 기름이 없다.), 이도 저도 아니면 가만히 서서 주위를 둘러보는 따위의 일 중에서 어떤 일을 할지를 결정할 수 있다. 이런 결정은 아마 날개가 무거운 정도, 배가 차 있는 정도, 성적 충동 등에 의해 이루어질 것이다. 모든 동물이 이런 결정을 하고 있다. 이는 대개 지각과 욕구를 경제학자처럼 저울질하는 일이다. 그리고 여기에는 그 동물의 행동 목록에서 나온 표준적인 행동이 환경 조건에 의해 일부 수정되어 뒤를 잇는다.

사람들이 메뉴와 주차장, 비용, 거리, 기다리는 시간 그리고 분위기를 고려해서 그리고 다른 식당과 이 모든 요소들을 비교해서, 어떤 식당에 갈지 결정하는 것도 이와 비슷한 일이다. 이런 저울질은 특별히 의식적이고 목적이 있고, 계획적인 것처럼 보이지만, 선택 그 자체는 그렇게 고도의 정신 활동을 수반하지 않는다. '다음에는 무엇을 할까'의 선택 목록에 새로운 것을 추가하는 일

('마을에 북부 베트남식 식당이라도 하나 있다면 어떨까?')과 관련해서 생각할 종류는 아니라는 것이다.

나는 호기심이 발동하여 주머니에서 연필을 꺼내 거미줄을 건드렸다. 즉시 반응이 왔다. 위협적인 거주자가 다시 거미줄을 잡아채자 거미줄이 진동하기 시작하더니 그만 잘 보이지 않게 되었다. 그 무서운 덫에 발이나 날개를 스쳤다면 무엇이든 사로잡히고 말았을 것이다. 진동이 잠잠해졌을 때, 나는 거미줄의 주인이 전투 태세 돌입의 신호로 거미줄을 건드리는 것을 볼 수 있었다. 연필 끝은 이 우주에서는 전례 없는 침입자였다. 거미는 거미의 개념에 둘러싸여 있었으며, 그 우주는 거미의 우주였다. 그밖의 세계는 이해할 수 없는, 이질적인, 기껏해야 거미를 위한 원료가 될 뿐이었다. 나는 있을 수 없는 거대한 그림자라도 된 것처럼 도랑을 따라 가던 길을 재촉했다. 그리고 깨달았다. 나는 거미의 세계에서는 존재하지 않는다는 것을.
——로렌 아이슬리, 『별을 던지는 사람(The Star Thrower)』, 1978

동물은 때때로 놀면서 지각의 주형과 움직임에 대한 새로운 조합을 시도한다. 그리고 나중에 그 조합의 쓰임새를 찾는다. 따라서 우리는 지능의 속성이라는 목록에 놀이의 항목을 추가해야 할 것이다.

그러나 많은 동물들은 어릴 때에만 놀기를 좋아한다. 어른이 된다는 것은 모든 식구를 먹여 살리는 만만치 않은 일을 해야 한다는 뜻이다. 어른에게는 빈둥빈둥 돌아다니며 놀 시간도, 그럴 의향도 없다. 유인원과 사람의 특징인 오랜 유년기는 유용한 조합을 많이 축적할 수 있고, 따라서 융통성을 발휘하는 데 분명 도움이 된다. 이밖에도 동물을 길들이는 일을 포함한 몇 가지 진화의 경향성이, 어린 것의 특징이 어른이 된 뒤에 계속 나타나도록 하기도 한다. 이 일도 융통성을 키울 수 있다.

우리는 스스로의 경험에서만 배우는 것이 아니라, 다른 사람의 행동을 모방하기도 한다. 어떤 창의적인 일본원숭이 암컷이 먹이에서 모래를 씻어 내는 기술을 개발하면 다른 것들이 그대로 따라하는 것도 이와 마찬가지다. 여러분은 다른 사람들이 어떤 것에 매우 놀란 것처럼 보이면, 그것을 피할 것이다. 자기 자신은 위협을 받은 적이 없는 경우에도 그렇다. 그리고 이런 '미신적인' 행동은 다른 사람에게 그대로 전달될 수도 있다. "보도를 걸을 때 갈라진 금 위를 딛지 마라."라는 이야기가 생겨난 근원은 잊혀질 수도 있다. 그러나 세대와 세대 간의 문화적인 전달 내용은 그 자체로서 몇 세기 동안 지속되기도 한다.

물론 '좋은 조치'의 광범위한 목록은 훨씬 더 쉽게 앞날에 대비하도록 해 준다. 처음에는 미래에 대한 대비가 단순한 것처럼 느껴진다. 또 너무 단순해서 고도의 지능이 필요하지 않은 것처럼 보인다. 그러나 이런 일은 모두 우리가 미래에 대한 대비와 생물종 특유의 계절적인 행동을 혼동하기 때문에 나타나는 것이다.

겨울을 나기 위해서 견과류를 저장하는 다람쥐는, 앞날을 대비해서 계획을 세우는 동물의 전형적인 사례처럼 보인다. 그러나 현재 우리는 이런 일이 어떻게 일어나는지 알고 있다. 밤 동안 송과체에서 분비되는 멜라토닌이라는 호르몬은 겨울이 다가오는 것을 일깨워 주는 작용을 한다. 겨울이 가까워지면서 밤이 길어지면 분비되는 멜라토닌의 양이 늘어나고, 이에 따라 먹이를 저장하는 행동이 유도되고 털갈이를 하게 된다. 이런 식으로 '계획'하는 데에는 뇌의 작용이 크게 필요하지 않다.

물론 처음부터 몇 개월 앞의 일을 예견하고 조정하는, 뇌의 배선에 의해 이루어지는 행동들도 있다. 짝짓기 행동은 상당한 시간이 지난 뒤에야 자손을 낳는 효과를 가져온다. 계절적인 이동은 선천적인 뇌의 배선에 의해 이루어지거나, 어릴 때 학습한 내용을 자란 뒤에 무의식적으로 따라함으로써 이루어진다. 물론 이런 행동은 어떤 계획의 결과가 아니다. 계절은 예측성이 강하다. 그리고 식물과 동물은 장구한 진화 과정을 통해서, 확고한 선천적 메커니즘에 의해 겨울이 다가오는 신호를 감지할 수 있게 되었다. 이들은 낮이 짧아짐에 따라 견과류를 저장하는 일이 '좋게 느껴질' 것이다. 이는 공중을 떠도는 성페로몬의 농도가 진한 곳을 따라가는 것이 기분 좋게 느껴지는 것과 같다.

경우에 따라서는 몇 분의 시간대에서 계획하는 것을 볼 수도 있다. 그러나 이제 곧 알게 되겠지만, 이런 일은 진정한 계획이라고 볼 수 없다. 때때로 우리는 어떤 움직임을 계속 유지하는 것을 가리켜 "계획하고 있다."라고 이야기한다. 예를 들어 우리에 갇혀 먹이를 감추는 것을 보고 있던 원숭이가, 20분 후 우리 밖으로 나와서 먹이가 있는 곳을 확인하는 것과 같은 일을 말하는 것이다. 그러나 이런 일은 단순히 어떤 목적을 그대로 기억한 것이 아닐까? 논쟁의 여지가 있는 또 다른 증거는 공간 운동에서 볼 수 있다. 벌을 유인해서 창문이 없는 용기에 넣은 다음, 임의의 방향으로 몇

킬로미터 떨어진 곳에 옮긴 후에 풀어 주면, 벌들은 재빨리 눈에 보이지 않는, 특히 좋아하는 먹이가 있는 곳을 향해 출발해서 가장 적당한 경로를 따라 날아간다. 이런 일은 계획된 것일까, 아니면 지평선의 윤곽에 대한 기억을 더듬고 있을 뿐일까? 정확한 방향으로 출발하기에 앞서 벌들은 우선 방향을 맞추기 위해 몇 차례 원을 그리며 난다. 따라서 이들이 지평선을 단서로 삼고 있다고 보아도 무방할 것이다.

늑장을 부리면서 내일까지 마음 놓고 미룰 수 있는(아니면 완전히 피할 수 있는) 것이 무엇인지 생각할 때처럼, 계획은 어떤 새로운 것을 포함한다고 해야 할지 모른다. 사실 나는 계획이라는 용어를 행동을 진행해 나가면서 다단계적인 수단을 조합하는 경우를 위해 남겨 두고 싶다. 이는 목적에 되먹임을 결합해서 성취할 수 있는 것과 같은, 어떤 일을 하는 과정에서 최초의 조처를 취한 뒤 그 뒤의 단계를 조직하는 경우를 말하는 것은 아니다.

애석하게도 대형 유인원의 경우, 이런 종류의 다단계적인 계획을 나타내는 증거는 놀랄 정도로 찾아보기 힘들다. 이들이 가장 흔히 나타내는 행동에서도 마찬가지다. 일찍이 박식한 제이콥 브로노프스키(Jacob Bronowshi)가 지적했듯이, 흰개미를 낚시질해서 먹는 침팬지 중 그 어느 것도 "이리저리 돌아다니면서 내일 사용할 한 다스의 탐침(探針)을 깔끔히 준비하면서 저녁 시간을 보내지는 않는다." 과일이 익으면, 야생 침팬지들이 즉시 멀리 떨어진 곳에 있는 과일나무를 찾아가는 것처럼 보이는 일이 종종 있다. 그중에서 어느 정도가 의례적인 이동이고, 또 어느 정도가 온전히 계획에 따른 고유 경로의 이동일까?

커피 잔을 입으로 가져가는 것과 같은 우리의 거의 모든 동작에는, 그 과정에서 벌어지는 즉흥적인 일을 해결하기 위한 시간이 있다. 만일 커피 잔이 기억하던 것보다 가볍다면, 그것이 우리 코를 때리기 전에 이동 방향을 조정할 수 있다. 따라서 이때 일을 완전하게 진행하기 위한 계획은 필요하지 않다. 일정한 목표를 정하고, 정기적으로 각 부분을 정교하게 마무리하는 것으로 족하다. 우리는 대체적인 방향을 정하고 출발한 뒤에 경로를 수정한다. 이는 달을 향해 발사한 로켓이 하는 일과 같다. 대부분의 동물의 '계획'에 대한 이야기는 이런 틀에 잘 들어맞는다.

다단계 계획을 가장 잘 확인할 수 있는 것은 발전한 형태의 사회성을 띠는 지능일 것이다. 이는 다른 존재의 정신 모형에 대한 정신 모형을 만든 뒤에 그것을 이용하는 것과 같은 일이다. 침팬지한 마리가 있다고 상상해 보자. 그놈은 먹을 것이 없는 곳으로 가서 "먹을 게 있다."라고 외친 다음, 슬그머니 울창한 숲을 지나 정말로 먹을 것이 있는 곳으로 간다. 이렇게 하면 먹을 곳이 없는 곳에서 다른 침팬지들이 덤불을 헤치며 구석구석 뒤지는 동안, 그놈은 다른 침팬지와 먹이를 나눌 필요 없이 혼자서 먹이를 몽땅 먹어치울 수 있는 것이다.

정말 어려운 것은 유일무이한 상황에 반응해서 미래에 대해 세세한 부분까지 계획하는 일이다. 이는 냉장고에 남아 있는 식료품을 보면서 어떤 것들이 더 있어야 할지 생각하는 것과 같은 일이다. 이런 일은 여러 가지 시나리오에 대한 상상력을 필요로 한다. 어떻게 하면 사슴을 잡을 수 있을지 이런저런 방법을 생각하는 사냥꾼이나, 어떤 산업 부문에서 10년 뒤 어떤 변화가 나타날 것인가에 대해 세 가지 시나리오를 구상하는 미래학자의 경우가 그렇다. 유인원과 비교할 때 우리는 이런 일을 자주 한다. 우리는 18세기에 에드먼드 버크(Edmund Burke)가 이야기한 다음과 같은 훈계를 마음에 새기기도 한다. "공익을 위해서는 지금부터 5~10년이 흐른 뒤 지성과 양식을 가진 사람들이 '예전에 이런 일을 했으면' 하고 바랄 만한 일을 지금 할 필요가 있다."

따라서 새로운 상황을 위한 다단계 계획은 분명히 지능의 한 측면이라 할 수 있는데, 사실 이런 측면은 유인원의 뇌에서 사람의 뇌로 진화하는 과정을 통해 크게 증대된 것으로 보인다. 그러나 내 생각에, 지식은 그리 대단한 것이 아니다.

물론 융통성과 장래에 대한 통찰력 그리고 창조성을 위해서는 이미 존재하는 지식의 기초가 필요하다. 훌륭한 어휘력 없이 시인이나 과학자가 될 수는 없다. 그러나 지식이나 기억의 시냅스 구조를 강조하는 지능에 대한 정의는 과녁을 놓치고 있다. 이런 정의는 그릇된 환원주의(생명 현상을 물리학, 화학 이론으로 설명할 수 있다는 입장)로, 어떤 것을 가장 기본적인 구성 요소로 축소하는 일이다. 그렇다면 이는 현재의 의도에서는 너무 멀어지게 된다. 이러한 일은 의식물리학자(의식의 문제를 연구하는 특수 분야의 물리학자들을 지칭하는 말—옮긴이)들이 흔히 저지르는 실수인데, 이 문제는 다음 장에서 이야기하겠다.

예를 들어 셰익스피어가 창조한 것은 자신이 사용한 어휘가 아니다. 그는 그 단어들의 조합을 창조했다. 이런 일은 특히 어느 한 수준의 담론에서 또 다른 수준의 담론으로 이입되는 관계를 가능하게 하는 은유에서 가장 두드러지게 나타난다. 이렇듯 많은 지적 행동은 낡은 것들을 새로 조합하는 일과 관계가 있다.

연역적 논리는 지능의 또 다른 '무엇'의 측면이다. 최소한 인류의 다양성의 측면에서는 그렇다. 철학자와 물리학자들은 사람의 논리적 추론 능력에 대해 지나칠 정도로 커다란 관심을 표명한다. 논리는 호러스 발로류의, 사물의 기초를 이루는 질서를 추측하는 일로 이루어져 있다고 할 수 있다. 그러나 이는 추측할 수 있는 명백한 기초 질서가 존재하는 상황에서만 가능한 이야기다(수학이 첫손에 꼽을 수 있는 전형이다.). 각 부분에 대한 접근은, 장기적인 분리에 필요한 추측에서처럼, 매우 신속하게 잠재의식적으로 작용해서 완결된 '논리적' 결과물로 도약한 것처럼 보일 수도 있다. 논리를 정신적 과정이 아닌 내용의 특질이라고 할 수 있을까? 다시 말해 추측이 창조적으로 사고하는 동안은 물론, 정신적으로 숙고하는 동안에도 핵심적일까?

지능이 '무엇'인가와 관련된 항목은 더욱 확대될 수 있다. 무엇이 지능인가 그리고 무엇이 지능이 아닌가 두 방향에서 그렇다. 그러나 이제부터 나는 호러스 발로가 이야기한 '질서의 추측'이라는 측면에 대해서, 보다 일반적으로 피아제가 이야기한 '선택이 분명하지 않을 때 어떻게 할 것인가'의 즉흥성 문제에 초점을 둘 것이다. 이런 일을 통해 '지능'이라는 단어의 특수한 용법을 배제할 수 있으리라고 생각한다. 여기서 말하는 특수한 용법이란 정보화 설계(intelligent design, 우리말에서는 'intelligent'가 정보화라고 해석되므로 '지능'이라는 단어가 들어가지 않지만, 영어의 경우에는 다르다.—옮긴이)라든가 군사 정보(military intelligence, 정보화 설계의 경우와 같다.—옮긴이) 따위를 말한다. 그러나 추측이라는 측면은 그것에 대한 분석을 잘 조직할 수 있는 매우 광범위한 지능의 함의를 가져다준다. 우리가 의식의 혼동과 부적절한 수준의 설명을 피할 수만 있다면 말이다.

> 호르몬이 유도하는 호전성, 힘을 갈구하는 성적·사회적 욕망, 기만과 술수, 호의와 악의 그리고 유쾌한 놀이와 심술궂은 장난이 뒤섞여 익숙한 화음을 이룬다. …… 많은 영장류(특히 침팬지)가 스스로 무엇을 하고 있고 무엇을 추구하는가를 잘 이해하고 있으며, 동료의 의도와 태도를 사람과 거의 비슷하게 추측하고 있다고 가정하지 않는 한, 이 동물들의 행동을 설명할 적당한 방법이 없다.
>
> ——제임스 L. 굴드, 캐럴 그랜트 굴드,
> 『동물의 마음(The Animal Mind)』, 1994

3
문지기의 꿈

사람의 의식은 정말 마지막으로 남은 신비가 아닐 수 없다. 신비란 사람들이 아직 어떻게 생각해야 할지 모르는 현상을 말한다. 지금까지 여러 가지 큰 신비가 있었다. 우주 기원의 신비, 생명과 생식의 신비, 자연계에서 볼 수 있는 설계의 신비, 시간과 공간, 중력의 신비 등이 그것이다. 이것들은 과학적 무지의 영역이 아니라, 철저한 당혹과 경이의 영역이었다. 우리는 아직 우주론과 입자 물리학, 분자 유전학 그리고 진화론의 문제에 대한 모든 해답을 얻지 못했다. 그러나 우리는 그 문제들을 어떻게 생각해야 할지는 알고 있다. ……하지만 의식에 관한 한 우리는 아직도 엄청난 혼란에 빠져 있다. 현재 의식은 가장 언변이 좋은 사상가조차 입을 다물고 혼란을 느끼는 주제가 되어 홀로 서 있다. 그리고 앞서의 모든 신비에 대해 그랬던 것처럼, 의식의 신비는 결코 해명할 수 없을 것이라고 주장하는(그리고 그러기를 희망하는) 사람들이 많다.

─대니얼 데닛,
『의식의 해명(*Consciousness Explained*)』, 1991

로마 인들이 말했듯이, 무(無)에서는 아무것도 생겨나지 않는다(Ex nihilo nihil fit). 따라서 새로운 행동 계획을 짜기 위해서는 어느 지점에서든 출발한 뒤 세련하는 과정을 거쳐야 한다. 활동 중인 창조의 가장 중요한 두 가지 예는 종의 진화와 면역 반응이다. 이 두 가지는 모두 다원적 과정을 거쳐 조악한 출발점으로부터 질적으로 우수한 무엇인가를 형성한다. 그러나 정신세계에 다원주의를 적용하려 할 때에는 의식에 대한 혼동(메커니즘 수준에 대한 혼동은 말할 것도 없고)이 우리를 그릇된 길로 인도한다. 이 점이 바로 1세기가 넘는 세월에도 정신적 측면의 다원론이 그토록 진전을 보지 못한 이유일 것이다.

앞에서 나는 지능이란 무엇인가 그리고 무엇이 아닌가에 대해 이야기했다. 이 장에서는 의식에 대해 같은 일을 시도하려 한다. 그리고 생각을 배제해 온 윌리엄 제임스의 주장이 되풀이되는 것을 막을 수 있기를 소망한다. 의식과 지능의 함축적 의미 사이에는 크게 겹치는 부분이 있다. 의식이라는 단어가 우리의 정신세계에서 깨어 있는 인식의 측면을 가리키는 경향이 있는 반면, 지능은 우리의 정신세계에서 상상력과 효율성의 측면을 언급하는 경향이 있음에도 말이다. 사실 더 고차원적인 지성은 의식적인(그리고 따라서 잠재의식적인) 가공을 필요로 할 수 있음을 명심하기 바란다.

알려지지 않은 것을 설명할 때에는 어떻게 접근해야 하는가? 특히 철학자 오언 플래너건(Owen Flanagan)이 '새로운 신비론자'라고 부르는 사람들이 내놓는 설명에서처럼 매혹적인 지름길이 제공될 때마다, 전체적인 전략을 염두에 두어야 한다. 신비에 대한 데닛의 풍자적 정의를 이용해서 잠시 이런 생각을 해 본다. 양자 역학이 의식에서 어떤 역할을 하는지 고심하는 물리학자들이 '자유 의지'에 '결정론'에서 탈출할 수 있는 길을 제공할지도 모른다고. 그리고 그 일은 시냅스 부근에 밀집된 가는 관 속에서 종종 일어나는, 세포 수준 이하의 양자 물리학적 과정을 통해서 일어날 것이라고.

나는 잘 팔리는 그들의 주장을(또는 그들의 베스트셀러 책에 나오는 주장을) 공평하게 다루기 위해 지면을 할애할 생각은 없다. 그러나 의식이나 지능과 관련된 광범위한 주제에 대해 그들이 실제로 다루는(설명은 그만두고라도) 것이 얼마나 적은가를 생각해 보면, 여러분도 (나처럼) 그런 이야기들은 소문난 잔치에 먹을 것 없는 '헛소동'의 또 다른 예에 지나지 않음을 깨닫게 될 것이다.

더욱이 카오스(chaos)와 복잡성에 대한 연구가 가르쳐 주듯이, 결정론은 사실 중요하지 않은 논점으로, 칵테일파티의 대화에서 말문을 열 때나 드물게는 양자 물리학의 제외 조항이 필요한 경우에나 어울리는 것이다. 몇몇 주목할 만한 예외(나는 오스트레일리아의 위대한 신경 생리학자 존 에클스(John C. Eccles)의 이름을 빌어, 이들을 에클스 류의 신경 과학자라고 부른다.)가 있기는 하지만, 신경 과학자들은 이런 식으로 이야기하는 경우가 거의 없다. 사실 우리(신경 과학자들을 말함.—옮긴이)는 의식에 대한 어떤 종류의 말장난에도 좀처럼 관여하지 않는다.

관심이 없어서가 아니다. 뇌가 어떻게 작용하는가는 우리가 무엇보다도 열심히 연구하는 문제다. 신경 생물학회에서 힘든 하루를 보낸 뒤 우리는 맥주를 마시면서, 아직 의식을 광범위하게 설명할 수는 없지만 어떤 종류의 설명은 도움이 되지 않는다는 걸 알고 있다는 이야기를 나누었다. 말장난은 빛이 아니라 열기를 만든다. 하나의 신비를 다른 것으로 대체할 뿐인 설명도 마찬가지다.

신경 과학자들은 우리의 정신세계를 과학적으로 유용하게 설명하는 것은, 단순히 정신적인 능력을 나열한 것 이상을 설명할 수 있어야 한다고 믿는다. 또 그것은 의식 물리학자들이 무시하는 특징적 문제들, 즉 착시 현상으로 시각이 왜곡되는 일, 환각의 독창성, 망상에 사로잡힘, 기억의 불확실성 그리고 다른 동물에서 볼 수 없는 사람들만의 정신 질환과 발작을 일으키는 성향 등을 설명할 수 있어야 한다. 그리고 이런 설명은 지난 세기에 이루어진 뇌의 연구 결과에서 나온 많은 사실들, 다시 말해 우리가 잠, 발작, 정신 질환을 연구함으로써 의식에 대해 알게 된 것들과 일치해야 한다. 우리는 자칫하면 혹할 수 있는 개념들을 배제하는 여러 가지 방법을 갖게 되었다. 나는 뇌를 연구하면서 보낸 지난 30년 동안 여러 차례에 걸쳐 이런 개념에 대한 이야기를 들었다.

우리의 정신세계라는 케이크는 여러 방향으로 자를 수 있다. 나는 『뇌의 교향곡(*The Cerebral Symphony*)』이라는 책에서 의식에 초점을 맞추려 했다. 내가 지능의 토대라는 측면에서의 의식에 대한 논의를 피하려는 까닭은, 의식에 대한 이런 고찰은 그 세계 속에서 탐구하고 모험하는 사람들보다는 마지막 지점에 있는 수동적인 관찰자로 신속히 이어지기 때문이다. 여러분은 사전에서 발견할 수 있는 '의식'이라는 말에 함축된 다양한 의미를 통해 이 사실을 알 수 있을 것이다.

- 생각, 의지, 설계, 지각의 능력이 있거나 이런 특징을 갖는 일
- '죄의식'에서처럼 개인적으로 갖는 느낌
- 일정 정도로 통제된 사고나 관찰과 함께 지각하거나 깨닫거나 알아차리는 일(다른 말로는 '완전한 인식')
- 잠이나 실신 또는 마비에 의해 흐려지지 않는 정신 기능을 하고 있는 일: "그는 마취 기운이 점점 사라지자 의식을 회복했다(다른 말로는 '정신을 차림')."
- 비판적인 인식을 갖고 이루어지거나 하는 일: "그는 똑같은 잘못을 저지르지 않기 위해 의식적으로 노력을 기울였다(여기에서 '의식적으로'라는 말을 '사려 깊은'이라는 말로 대신할 수 있다.)."
- 알아차리거나 고려하거나 평가하는 것 같은 성질: "그는 바겐

세일을 의식한 고객이었다."
- 이해 관계나 관심이 있는 일: "그녀는 예산을 의식하는 매니저였다."
- 강렬한 느낌이나 의지가 담긴 일: "그들은 인종을 의식하는 모임이다(마지막의 세 가지 용법에서는 '민감한'이라는 단어로 대신할 수도 있다.)."

철학자 폴 처치랜드(Paul M. Churchland)는 최근 보다 유용한 목록을 만들어서 다음과 같은 것으로 의식을 정의했다.

- 의식은 단기 기억(또는 때때로 이야기되는 것처럼 실제로 작용하는 기억)을 활용한다.
- 의식은 감각 신호에 종속되지 않는다. 이는 우리가 눈앞에 없는 것에 대해 생각하고, 실재하지 않는 것들을 상상할 수 있다는 점에서 그렇다.
- 의식은 방향을 조종할 수 있는 주의력을 발휘한다.
- 의식은 복잡한 자료나 두 가지 의미로 해석될 수 있는 자료를 선택적으로 해석할 수 있다.

- 의식은 꿈꾸는 동안 재현된다.
- 의식은 여러 가지 감각적인 내용을 하나의 통합된 경험으로 품는다.

이 목록은 다시 한 번, 탐험가의 관점이 아닌 수동적인 관찰자의 관점에 초점을 두고 있다. 그러나 '선택적인 해석'이라는 항목에서는, 지능에 대한 피아제의 지적이 의식에 대한 정의로 편입되었음을 알 수 있다.

과학자들은 의식이라는 말을 사용해서 깨달음, 즉 인식을 나타내는 경향이 있다. 예를 들어 프랜시스 크릭(Francis Crick)과 크리스토프 코흐(Christof Koch)는 대상의 인식과 회상에 '연관된 문제'를 제기할 때 '의식'이라는 말을 사용한다. 그러나 한 단어가 이렇게 서로 다른 여러 가지 정신 능력을 나타낸다고 해서 이 능력들이 같은 신경계의 메커니즘을 공유한다는 뜻은 아니다. 크릭의 시상피질 이론은 대상의 인식에 대해 생각할 때 가장 유용하다. 그러나 그것은 예견이나 결심 같은 일에 대해서는 아무것도 말하지 않는다. 그러나 이런 것들도 종종 그가 사용하는 의식이라는 단어가 함축하는 의미에 포함되어 있다. 이렇게 지나친 일반화가 쉽게 이루어지는 것은 바로 여러분이 선택하는 단어 때문이다. 흠을 잡으려고 이런 이야기를 하는 것이 아니다. 우리가 메커니즘을 더 잘 이해하기까지는 어떤 훌륭한 선택도 있을 수 없다.

지금까지 독자 여러분은 나름대로 다음과 같은 결론을 얻었을 것이다. 의식의 함의는 모호함 속에서 떠오르는 능력을 시험하는 일종의 지능 테스트와 같다고. 의식에 대한 논의는 대개 이런 함의들을 혼동하게 만든다. 그 결과 토론자들은 마치 모든 것을 아는 공통의 근원적 존재, 즉 '머리에 들어 있는 작은 사람'을 믿는 것처럼 행동한다. 이런 식으로 모든 함축적 의미에 공통되는 메커니즘을 가정하지 않기 위해서, 서로 다른 함축적 의미에는 서로 다른 단어를 사용할 수 있을 것이다. 이는 '깨달음'이라는 말과 '의식'이라는 말을 구분해서 사용하는 것과 같은 일이다. 나는 대체로 이런 노력을 하고 있다. 그러나 단어를 구분해서 사용할 때에도 뜻하지 않은 곤란을 겪을 수 있다. 역해석이라고 이름 붙일 만한 것 때문이다.

예를 들어 물리학자들은 의식이라는 단어 대신, 환자에게 큰 소리로 외치거나 자극해서 얻을 수 있는 각성의 수준(혼수상태, 마비, 경계 상태, 또는 완전한 시간적, 공간적 소재 인식)을 언급한다. 이는 좋은 일이다. 누군가가 이런 내용을 의식이라는 용어로 역해석하려 들기 전까지는. 그렇다, 혼수상태에 빠진 사람은 의식이 없다. 그러나 의식이 혼수상태에 해당하는 각성 수준의 반대편에 있다고 이야기하는 것은 심각한 오해를 불러일으킨다.

더 나쁜 것은 '의식'을 '각성'과 동등한 것으로 다루다 보면, 자극을 경험할 수 있는 모든 생물에게 의식이 있는 것처럼 해석하기 쉽다는 점이다. 자극에 대한 감수성은 동물과 식물은 물론, 모든 생물 조직의 본성이다. 따라서 이런 식의 해석은 의식을 바위를 제외한 거의 모든 것에까지 연장해 놓는다. 과학자 아닌 사람들 중에는 이미 식물의 의식까지 이야기하는 경우가 있다. 이런 이야기가 어떤 사람들에게는 매력적으로 느껴지기도 하고 또 어떤 사람들에게는 끔찍하게 느껴지기도 하겠지만, 과학적으로는 그저 잘못된(비록 진실이라고 하더라도) 전략일 뿐이다. 여러분이 의식의 항아리에 모든 것을 던져 넣고 그것을 뒤섞어 버린다면, 진정으로 의식을 이해할 수 있는 기회는 적어질 수밖에 없다.

그토록 많은 동의어들(인식, 감각, 알아차림, 각성, 사려 깊음 등)을 생각해 본다면, 사람들이 의식에 대해 이야기할 때 왜 혼동을 일으키는지를 알 수 있을 것이다. 우리는 종종 이야기가 진행되는 중에 단어의 의미가 변하는 것을 듣게 된다. '사과'라는 단어에 이런 일이 일어나서, 잘못을 빈다는 뜻의 사과드린다는 이야기를, 먹는 사과를 드린다는 뜻으로 받아들인다면 우리는 웃음을 터뜨리게 된다. 그러나 의식에 대해 이야기할 때에는 이런 변화를 깨닫지 못하는 경우가 많다(그리고 어떤 토론자들은 심지어 이런 다의성을 이용해서 점수를 얻거나 토론이 옆길로 새게 하기도 한다.).

이밖에도 많은 것들이 있다. 최소한 인식의 문제를 다루는 신경 과학계 내에서는 의식이, 주의를 기울임, 각성, 정신적인 시연(試演), 자발적 행동, 잠재의식의 점화, 우리가 알고 있다는 사실을 모르는 것들, 마음에 그리는 여러 가지 상, 이해, 생각, 결심, 의식의 달라진 상태 그리고 아이들에게 자신에 대한 개념이 발달하는 일 등의 정신 활동을 모두 포괄한다. 이런 활동은 모두 잠재의식으로 볼 수 있는 것들로, 우리 '의식의 내레이터'가 깨닫지 못하는 자동적인 측면을 갖고 있다.

많은 사람은 우리가 깨어 있거나 꿈을 꾸고 있을 때, 우리 스스로에게 말하는 이야기가 우리의 의식을 구성한다고 생각한다. 이야기는 우리 자신에 대한 지각에서 중요한 부분을 이루며, 그것은 자전적인 지각 속에만 있는 것이 아니다. 우리가 어떤 역할을 할 때, 예를 들어 4세의 아이가 '의사' 놀이나 '다과회'를 여는 소꿉놀이를 할 때, 우리는 일시적으로 우리 자신으로부터 떨어져 나와 다른 누군가의 자리로 가서 그 상황에 맞추어 행동하는 우리를 상상한다(이런 상상력은 자신에 대한 지각의 유용한 정의가 될 수 있다.).

그러나 이야기는 자기 자신이 되어 영위하는 일상생활의 자동적인 부분이다. 서너 살 때부터 우리는 거의 모든 일에 대한 이야기를 만든다. 구문론은 이야기의 새로운 변형판인 경우가 많다. 어떤 문장에 들어 있는 '점심'이라는 단어는 '먹다'라는 동사를 여러 가지로 어형 변화시킨 것과 음식물, 장소 그리고 함께 한 사람들을 찾도록 한다. '주다' 같은 동사는 그 일에 걸맞은 세 가지 필수 요소를 찾도록 한다. 주는 행동을 하는 사람과 받는 사람, 주는 물건이 그것이다. 문장 속에는 행위자에게 익숙한 역할과 함께 많은 기본적인 관계들이 있고, 우리는 채워지지 않은 공백에 무엇이 와야 하는지를 그 정황으로부터 추측한다. 이 경우 우리는 제대로 추측할 때가 많지만, 꿈은 기억 장애를 가진 사람들에게서 볼 수 있는 종류의 이야기를 들려준다. 그리고 꿈속에서는 올바르지 못한 추측들이 알 수 없을 정도로 허용된다.

"지각은 기본적으로 예견이 변형된 것으로 볼 수 있다." 최근 들어 이런 말이 들려온다. 지각은 언제나 우리의 기대를 조건으로 하며 상황에 순응하는 활동적인 과정이다. 우리는 어떤 것을 보고, 이미 알고 있는 것보다, 보고 알게 된 것에 대해 더 잘 이야기할 수 있을 것이다. 우리는 어떤 것을 보려고 할 때에만 알아차릴 수 있는데, 어떤 불균형에 주의를 기울일 때에만 보게 된다. 여기서 말하는 불균형은 우리의 기대와 이어지는 메시지 사이의 차이를 말한다. 우리는 어떤 방에서 본 것을 모두 포착할 수는 없다. 그러나 어떤 변화가 있다면 그것을 알아차린다.

——에른스트 곰브리치, 『예술과 환영(*Art and Illusion*)』, 1960

자신에 대한 지각은 정교한 정신세계가 있을 때 가능한 것으로 생각된다. 따라서 나는 자기 인식(종종 자기 의식이라고도 일컬어지는)이 정교한 '지적' 정신 구조와 관계가 있다는 일반론을 간단히 제기하고자 한다.

어떤 사람의 행동을 그대로 따라하기 위해, 말하자면 혀를 내미는 행동을 보고 이에 대한 반응으로 혀를 길게 내밀기 위해 어느 근육을 움직여야 할지는 어떻게 알까? 본 것을 그대로 따라하도록 근육에 명령을 내리기 위해서는 먼저 거울에 비친 자신의 모습을 보아야 할까?

그렇지는 않다. 갓 태어난 아기도 이런 경험 없이 자기가 본 얼굴 표정을 그대로 흉내 낼 수 있다. 이것은 선천적인 배선이 적어도 몇 가지 감각의 주형을 그것과 관련된 운동에 대한 명령과 연결해 주고 있음을 시사한다. 우리가 이미 어느 정도는 '흉내 낼 수 있도록' 배선되어 있다는 뜻이다. 이런 배선은 어떤 동물은 거울에 비친 자신을 다른 동물로 보고 친해지려 하거나 위협받은 것처럼 행동하는 데 반해, 또 어떤 동물은 거울에 비친 자기 자신을 알아보는 까닭이 무엇인지 설명해 주기도 한다. 침팬지, 보노보, 오랑우탄은 즉시 또는 며칠 동안의 경험을 통해서 자기 자신을 알아볼 수 있다. 반면 고릴라, 비비 그리고 대부분의 다른 원숭이들은 자신을 알아보지 못한다. 흰목꼬리감기원숭이(꼬리감기원숭이는 인류와 유연 관계가 먼 광비류 원숭이 중에서는 가장 지능이 높으며 도구를 가장 잘 사용하는 종류다.)의 우리 안에 전신 거울을 갖다 놓으면, 이 원숭이는 '다른 동물(실은 거울에 비친 자신)'을 위협하며 몇 주일을 보낸다. 일반적으로 동물은 어느 정도 시간이 흐르면 한 쪽이 물러나면서 상대방을 강자로 인정한다. 그러나 '거울 원숭이'의 경우에는 어떤 해결책도 있을 수 없다. 하다못해 흰목꼬리감기원숭이가 복종하는 행동을 하면, 상대방도 똑같은 행동을 하는 것이다. 이 원숭이는 결국 해결할 수 없는 사회적 갈등 때문에 너무 우울해진다. 결국 실험자는 거울을 치워 버려야 했다.

자기를 알아보는 일은 어떤 측면과 관계가 있을까? 행동은 그로부터 초래될 감각적 유입에 대한 기대(소위 원심성 모사(efference copy), 또는 원심성 신호 전달이라고 하는 것)를 낳는다. 그리고 이런 감각적 예측이 운동을 하는 동안 피부와 근육에서 입력된 내용과 완전히 들어맞으면, 하나의 영상 속에서 자기 자신을 알아보게 된다. 그러나 야생 동물의 경우에는, 영상의 움직임이 얼굴의 움직임에 대한 내적인 예측과 완전히 들어맞는 일이 거의 없다. 그들은 자기 얼굴을 보는 일이 거의 없기 때문이다.

동물의 자기 인식이라는 논점은 얼굴 감각에 대한 예측에 주의를 기울이는 것과 같은 단순한 내용이 중심이 될 수도 있을 것이다. 그것은 분명 의식에 대해 고려할 만한 점이나 의식을 이루는 요인이 될 수는 없다. 자기 인식은 분명히 호러스 발로의 올바른 추측과 장 피아제의 매우 복잡한 모색을 두루 포괄한다. 그러나 나는 그것을 지능 이외의 것에 대한 목록에 두고 싶다. 하지만 자기 인식은 분명 양자 역학보다는 더 잘 들어맞는다.

양자 역학의 수수께끼는 진정으로 우리 정신세계의 의식의 측면과 어떤 관계가 있는 것일까? 아니면 의식의 정황 속에서 양자 역학을 간구하는 것은 단지 신비한 무언가가 숨어 있다고 생각되는 영역(즉 카오스, 스스로 조직하는 자동 장치, 프랙털, 경제학, 기상 등)이 또 다른 신비한 영역과 연관되어 있을 것이라고 가정하는 것과 같은 또 하나의 잘못된 사례에 불과한 것일까? 이런 연관은 확실히 관계가 없는 것들을 융합시키는 경우가 대부분이다. 그리고 두 영역이 불가사의한 현상의 스펙트럼에서 서로 반대편에 있을 때 그 주장은 특히 더 의심스럽다.

이런 것들을 기초적인 것으로 환원하는 일(물리학자들의 슬로건)은, 그 기초적인 것들이 적절한 수준으로 조직되어 있을 때에는 매우 훌륭한 과학적 전략일 수 있다. 의식 물리학자들은 환원주의의 열정 속에서 과학의 광범위한 특징, 즉 설명의 수준(흔히 메커니즘의 수준과 관계가 있는)에 대해서는 한 번도 들어본 적이 없는 것처럼 행동한다. 인지 과학자 더글러스 호프스태터(Douglas Hofstadter)는 교통 정체의 원인은 한 대의 자동차나 그것을 이루는 구성 요소에서는 발견할 수 없다고 지적하면서, 설명의 수준에 대한 훌륭한 예를 들고 있다. 교통 정체는 자기 조직화의 한 예로서, 교통 상황이 준안정의 극단적인 형태, 다시 말해 일정 지역의 모든 교차점이 막혀 교통이 마비되는 상태가 되었을 때 더 쉽게 인식할 수 있다는 것이다. 이따금 일어나는 어떤 교통 정체는 구성 요소의 문제가 원인일 수도 있다. 그러나 점화 플러그가 불완전하다는 것이 교통 정체의 원인을 밝히는 분석의 수준이 될 수는 없다. 유입되는 교통량, 주차 공간 활용의 편리성, 운전자의 반응 시간, 교통 신호 체계 그리고 고갯길에서의 가속 실패 등의 요인과 비교해 볼 때 그렇다는 것이다.

이보다 더 기초적인 수준의 설명은, 그것이 유용한 유추를 제공해 주지 않는 한 대부분은 교통 정체와 아무 관계도 없다는 것이다. 사실상 충전 원리, 표면적 대 부피의 비, 결정화, 카오스 그리고 프랙털은 다양한 수준의 조직에서 볼 수 있다. 그러나 다양한 수준에서 같은 원리가 보인다고 해서 그것이 여러 수준에 다리를 놓는 메커니즘이라는 뜻은 아니다. 유추가 메커니즘을 만들지는 않는다.

준안정의 수준은 특히 기본적인 구성 요소들(결정과 같은)이 드러날 때 자기 조직화를 더 쉽게 분별하도록 해 준다. 우리는 정신 세계를 설명하기에 유용한 유추를 찾고 있다. 따라서 다른 경우에는 설명의 수준이 어떻게 작용하는가를 살펴보는 것도 의미 있을 것이다. 무작위의 결합이 일으키는 소동은 이따금 새로운 형태의 조직을 낳는다. 여러분이 오트밀을 요리하다가 휘젓는 것을 깜빡 잊었을 때 생기는 어떤 형태들은 쉽게 사라져 버린다. 반면에 어떤 형태들은 새로운 질서를 획득한 뒤에는 원래대로 돌아가는 것을 막는 '쐐기'와 같은 역할을 하기도 한다. 결정은 이런 준안정화 형태 중에서도 가장 잘 알려진 것으로, 분자 구조도 이런 형태다. 심지어 중간적인 수준(의식 물리학자들이 좋아할 세포 내 미소관의 양자 상태와 같은)에도 준안정화 형태가 있을 수 있다.

층을 이룬 안정성은 이런 준안정화의 수준이 쌓아 올려진 것을 가리킨다. 생물은 여러 층으로 쌓아 올린 이런 수준들을 포함한다. 때때로 이것들은 카드로 만든 집처럼 무너져 내리고, 조직화의 보다 높은 형태는 해체된다(이는 죽음을 바라보는 하나의 관점이다.).

양자 물리학과 의식 사이에는 이렇게 영구적인 조직화의 수준이 매우 많이 존재할 것이다. 예를 들면 화학 결합, 분자와 그것들의 자기 조직화, 분자 생물학, 유전학, 생태학, 세포막과 이온 채

3장 문지기의 꿈 81

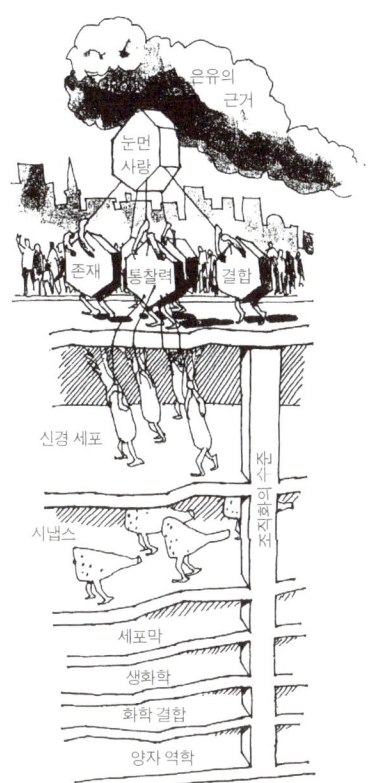

그림 1
생물은 여러 층으로 쌓아 올려진 준안정화의 수준들을 포함한다.

널, 시냅스와 신경 전달 물질, 뉴런 그 자체, 신경 회로, 뇌의 기본 단위, 더 큰 규모의 대뇌 피질의 역학 등이 그것이다. 신경 과학자들은 항상 이런 수준에 대해 인식하고 있다. 인접 수준에서 연구하는 신경 과학자들 간에 격렬한 경쟁이 있기 때문이다.

이따금씩 일어나는 의식의 변화는 특정한 시냅스에서 발생한 광범위한 문제에서 기인한다. 그러나 더 적절한 의식의 탐구 수준은 지각과 계획 바로 밑의 조직화 수준일 것이다. 이는 아마도(내 생각에) 우표 크기 정도의 대뇌 피질 영역에 대한 끊임없는 편집 작업에서 발생하는 점화 패턴을 포함하는 대뇌 피질의 회로와 같은 자기 조직화일 것이다. 의식은 어떤 의미에서든, 분명히 지하 1층의 화학이나 지하 2층의 물리학까지 내려가 있지 않다. 따라서 지하 2층의 양자 물리학에서 옥상의 의식으로 도약하려는 의식물리학자들의 이런 시도는 문지기의 꿈이라고밖에 할 수 없다.

양자 물리학이 의식에서 필수적이라는 것은, 한때 무선 전신에서 수정(Crystal)이 매우 중요한 위치를 차지했다거나, 점화 플러그가 교통 정체를 일으키는 가장 중요한 요소라고 이야기하는 것과 거의 같은 이야기다. 이것들은 모두 필요조건이기는 하지만 충분조건은 아니다. 양자 물리학과 관련된 내용은 나름대로 흥미롭지만, 우리의 정신세계와는 관계가 먼 주제라 하겠다.

정신은 단순한 물질과는 '다른' 것으로 보인다. 이런 이유로 아직 많은 사람들이 정신을 설명하기 위해서는 어떤 놀라운 요소가 필요하다고 생각한다. 그러나 정신은 결정과 같은 어떤 것으로 보아야만 한다. 다시 말해 정신도 다른 모든 것들처럼 오래된 물질과 에너지로 이루어진, 단지 어떤 복잡한 방법으로 잠시 조직된 것으로 보아야 한다는 것이다. 이런 생각은 새로운 것이 아니다. 19세기 초 퍼시 비시 셸리(Percy Bysshe Shelley, 1792~1822년. 영국의 시인)가 그 증인이다.

대다수 사람들은 감각과 생각은 물질과 반대되는 것으로서, 본질적으로 쉽게 분열되거나 썩지 않는다고 생각한다. 그리고 몸이 그 원소들로 나누어져도, 생명을 불어넣어 준 본질은 영원히 변치 않고 남아 있을 것이라고 확신한다. 그러나 우리가 생각이라고 부르는 것은 실재하는 것이 아니라 몹시 다양한 물질의 어떤 특수한 부분 사이의 관계에 불과한 것인지도 모른다. 우주의 나머지 부분도 이런 관계로 이루어져 있으며, 그 관계는 그 부분들이 서로 위치를 바꾸자

마자 더 이상 존재하지 않게 되는지도 모른다.

뇌에서 일어나는 교통 흐름의 패턴은 자동차 소통 상황의 패턴에 비해 훨씬 더 복잡하다. 다행스럽게도 음악에는 우리가 유추에 이용할 수 있는 유사점이 있다. 의식과 지능에 대한 이해는 훌륭한 은유와 실제적인 메커니즘을 필요로 할 것이다. 말장난이나 귀신이 나오는 허튼소리로 뒷걸음칠 필요는 없을 것이다.

유령은 이런 쓸데없는 소리의 또 다른 변형판으로, 정신세계를 창조적으로 분석하기 위해서는 유령의 개념에 대해 알아볼 필요가 있다. 유령이라는 개념은 정신과 관련된 또 하나의 가장 중요하고도 창조적인 측면이라 할 수 있는 기억의 역할을 조명해 준다.

거의 모든 언어에 '유령'이라는 단어가 존재한다는 사실은 꽤 많은 사람들이 자신이 보았거나 들은 적이 있는, 알 수 없는 것에 대해 이야기할 필요를 느끼고 있었음을 암시한다. 그토록 많은 사람들이 유령이 실재한다고 생각하게 된 원인은 무엇일까? 무형의 영계라는 관념이 나타났기 때문일까?

우리는 이제 뇌에서 발생한 착오로 유령이 나타난다는 것을 알고 있다. 어떤 것은 평범하고 일상적인 착오며, 어떤 것은 꿈을 꾸는 잠에 이상이 생겨서 나타난다. 그리고 비록 흔치는 않지만 간질 발작이나 정신 질환이 진행되면서 나타나기도 한다. 우리는 이런 일을 가리켜 환각이라고 한다. 보통은 환영을 보는 것보다는 환청을 듣는 경우가 더 많다. 알고 있는 사람들과 애완동물들이 꿈에서 뒤범벅이 되어 나타나기라도 한 것처럼, 잠시 뒤섞여 보이는 경우도 있다.

이제 여러분은 여러분 자신이 정상 환경에서 보는 것이 실제로는 여러분이 구성한 정신의 모형이라는 사실을 기억해야 할 것이다. 사실 여러분의 눈은 어느 곳에나 시선을 던지면서 눈앞의 장면에 대해 아마추어가 찍은 비디오 화면처럼 흔들리는 망막의 영상을 만들고 있다. 그리고 자신이 보았다고 생각한 것의 일부는 실은 기억으로 채워진 것이다. 환각에서는 이런 정신의 모형이 극단적으로 연장된다. 뇌에 저장된 기억이 현재의 감각 정보로 해석되는 것이다. 때로는 이런 일이 아주 힘들게 잠에서 깨어나려고 할 때 일어나기도 한다. 이런 경우에는 꿈을 꾸면서 자는 동안에 일어난 근육의 마비가 평소처럼 빨리 사라지지 않는다. 그래서 꿈에 나타났던 것들이 침실을 이리저리 걸어 다니는 사람들의 영상으로 나타난다. 아니면 이미 고인이 된 인척이 친근한 말씨로 귀에 어떤 이야기를 할 수도 있다. 뇌의 반은 깨어 있고 나머지 반은 아직도 꿈을 꾸는 것이다. 운이 좋다면 여러분은 이 사실을 깨닫고 그것에 대해 더 이상 이상한 해석을 하려 하지 않는다. 어쨌든 우리는 모두 밤에 꿈을 꾸면서 자는 동안 치매나 망상, 환각 등의 증상을 경험한다. 그리고 이런 일에 익숙해져 대수롭지 않게 여기게 된다.

그러나 밤에 잠에서 깨어 그대로 누워 있는 동안이나, 아니면 낮에 일하고 있을 때에도 환상이 일어날 수 있다. 나는 이런 많은 '유령'이 단순한 인식의 착오에 불과한 것은 아닌가 하고 생각한다. 최근 내게도 이런 일이 일어났다. 얼마 전 나는 부엌에서 나는 오독오독 하는 소리를 또렷하게 들었다. 이 소리는 잠시 후 다시 한 번 되풀이되었다. 나는 계속해서 타자를 치면서 이렇게 생각했다. '고양이 녀석이 마른 음식을 먹고 있군.' '아니, 이런! 다시 그 소리가 들리다니!'라고 생각한 것은 다시 2초 정도가 흐른 뒤의 일이었다. 아아, 우리 고양이는 이미 여러 달 전에 죽었던 것이다. 고양이는 죽기 전에 오랫동안 먹을 것을 가지고 까다롭게 굴었다. 그후 나는 내 귀에 희미하게 들려온 그 소리가 냉장고의 자동 성에 제거 장치에서 난 소리라는 것을 알게 되었다. 그 소리는 제빙기에서 나는 소음보다는 약간 작은 편이었다. 나는 사실에 대해 충분히 생각지도 않은 채 그 소리가 의미하는 것을 기계적으로 추측했던 것이다.

우리는 항상 추측하고 있다. 그리고 어떤 소리가 희미하게 들려올 때에는 그 세세한 부분을 채워 넣는다. 바람에 문짝이 삐걱대는 소리는, 듣기에 따라서는 귀여워하던 죽은 강아지가 먹을 것을 달라고 낑낑거리는 소리와 비슷할 수도 있다. 여러분은 이런 소리를 통해 강아지가 내는 소리를 다시 '들을' 수 있으며, 그 기억이 되살아난 후에는, 실제로 들었던 소리가 무엇인지 다시 생각해 내기란 여간 어려운 일이 아니다. 따라서 원래 소리의 자리를 대신한, 기억으로부터 살아 나온 세세한 사항이 지각된 현실성을 띠게 된다. 이는 결코 드문 일이 아니다. 윌리엄 제임스가 이미 1세기 전에 지적한 것처럼 우리는 항상 이런 일을 겪고 있다.

우리가 어떤 사람의 말소리를 귀 기울여 듣거나 인쇄물의 어떤 페이지를 읽을 때, 우리가 보거나 듣는다고 생각하는 것의 많은 부분은 우리의 기억에서 나온 것이다. 우리는 눈으로는 잘못된 글자를 보면서도, 제대로 된 글자를 상상하기 때문에 잘못 인쇄된 것을 모르고 지나친다. 그리고 외국 극장에 가서 대사에 귀를 기울일 때 우리가 실제로 듣는 것이 얼마나 적은 부분에 불과한 것인지를 깨닫게 된다. 그곳에서 우리를 애먹이는 것은, 배우들이 이야기하는 것을 이해할 수 없다는 것보다는 그들이 하는 말이 들리지 않는다는 것이다. 사실 우리는 집안의 비슷한 상황에서도 그렇게 적은 이야기만을 듣는다. 하지만 우리의 기억은 영어의 연상 작용으로 가득 차 있기 때문에, 아주 적은 청각 신호만으로도 이해하는 데 필요한 자료를 제공받을 수 있다는 점이 다르다.

이렇게 기억에서 나온 것을 채워 넣는 일은 범주적 지각으로 알려진 부분이다. 무엇이 그 일을 일으켰는지 눈치 채지 못할 때, 우리는 그것을 환각이라고 일컫는다. 소리가 되풀이해서 들리지 않으면, 그 기억으로 채워진 지각을 진짜 소리와 비교할 수 없을 수도 있다. 다행히 시각 현상과 관련된 경우에는 다시 한번 보고 '환영'에 사로잡히기 전에 착오를 파악하기 쉽다.

우리는 이제 피암시성(최면 상태를 필요로 하지 않는)과 스트레스(커다란 슬픔을 요하지도 않는)가, 우리의 기억을 현재의 사실로 해석하여 단숨에 결론으로 뛰어오르려는 자연스러운 경향성을 증대시킬 수 있음을 알고 있다. 고양이 소리가 들렸을 때 내가 어떤 일에 골몰해 있었다면, 나는 다른 설명을 찾지 않았을지도 모른다. 따라서 이상한 점을 깨달았을 때에는 이미 너무 늦어서 부엌에 가서 찾아도 그 소리가 정말 어디서 난 소리인지 알 수 없었을지도 모른다. 결국 죽은 고양이 소리를 '들었다'라고 생각하고 흔한 비과학적 설명으로 빠져들었을 수도 있다. '유령이었어!' 아니면 '내가 정신이 나갔나 봐! 그래, 아마 알츠하이머병일 거야!' 두 가지 가능성 모두 놀랍기는 마찬가지다. 그러나 일어난 일을 설명할 길이 이 두 가지 가능성 말고는 전혀 없다면, 여러분은 깊은 불행감에 빠질 것이다.

과학적 설명이 우리 문화에서 유령을 완전히 제거해 버렸을까? 적어도 청소년을 교육하는 수준에서는, 유령에 대한 모든 개념은 싸구려 스릴러물로나 남아 있다(이는 공룡이 아이들 사이에서 그토록 선풍적인 인기를 끌고 있는 것과 같은 이유, 즉 그것들이 크고 무섭고 분명히 죽어 있는 것이라는 삼박자의 특징을 고루 갖추었기 때문이다.). 측두엽 간질 환자들은, 의사가 그들에게 환각 증세에 대해 설명하기 전까지는 결코 유령을 우습게 여기지 못한다. 깊은 슬픔에 빠진 가족들은 지난날을 돌아보며, '누군가 그들에게 무의미한 환각에 대해 이야기해 주었다면 좋았을 것을…….' 이라고 생각할 것이다.

이 경우에 과학(과학 교육을 받은 사람들을 위한)은 한때 무서운 불가사의였던 것을 없앨 수 있다. 과학은 더 훌륭한 기술을 열매 맺도록 하는 식으로 우리에게 커다란 능력을 부여할 뿐만 아니라, 무엇보다도 근심거리를 덜어 준다. 지식은 헛된 공포와 그릇된 행동에 대해 면역성을 길러 주는 백신과 같은 것이라고 할 수 있다.

신경 과학에는 유령에 대한 또 다른 이야기가 있다. 철학자 길버트 라일(Gilbert Ryle)의 '기계 속의 유령'이라는 멋들어진 말은, 우리가 흔히 우리 뇌에 있는 '우리'를 언급하는 것과 같은, 우리 머릿속에 들어 있는 작은 사람이라는 식의 사고방식에 대해 언급하고 있다. 이에 따라 몇몇 연구자들은 '정신'과 뇌 사이의, 즉 알 수 없는 것과 알 수 있는 것 사이의 '접점'에 대해 이야기하게 되었다. 데카르트의 송과체에 대한 이야기가 새로운 신비론자들이 입혀 준 현대 의상을 잘 차려입고 나타난 것일까?

우리는 이제 이런 거짓된 영적 존재를 더 나은 생리학적 유추로 대체할 수 있게 되었다. 더욱이 어떤 경우에는 뇌의 메커니즘으로 대체할 수도 있게 되었다. 나는 이렇게 생각하고 싶다. 이전 세대의 과학자들이 현상계의 유령을 효과적으로 제거한 것과 마찬가지로, 넓은 범위에서 발전하고 있는 영혼의 대역에 대한 지식이 사람들이 자기 자신에 대해 보다 명료하게 인식하고 그들의 경험을 더욱 확실한 것으로 이해할 수 있도록 해 주리라고. 그리고 그 지식은 정신과 의사들이 정신 질환의 증상을 해석하는 데에도 도움이 될 것이라고.

나름의 해법을 갖고 문제를 찾는 의식 물리학자들은 분명 또 다른 유령 이야기를 만들어 내려는 의도를 갖고 있지는 않다. 그들은 과학 소설(SF) 작가들이 흔히 그러듯이, 그저 깊이 사색하며 만족스러운 시간을 보내고 있을 뿐이다(그렇지만 신경 과학자들이 물리학의 수수께끼에 대해 골똘히 사색한다고 하면 얼마나 이상할지 한 번 생각해 볼 일이다. 양자 물리학 강좌를 여러 차례 수강한 신경 생리학자—사실 이런 사람들이 많다.—라도 말이다.). 그렇다면 어떤 이유로 물리학자들은 그들 자신의 전공 분야 이외에 열 가지가 넘는 조직화의 수준이 있는데도 불구하고 자신의 이론을 그토록 진지하게 생각하는 것일까? 전문화 자체가 대답이 될 것이다. 그리고 그것은 지성의 위험성을 드러낸다.

과학에서의 전문화란 대답할 수 있는 질문을 던지는 일이다.

그러기 위해서는 세부 사항에 초점을 맞추어야 한다. 이 일은 많은 시간과 에너지를 필요로 한다. 우리 중 어느 누구도 대학 시절에 했던 '큰 질문'에 대한 진지한 토론을 멈추기를 진정으로 원치는 않을 것이다. 우리는 이런 질문에 관심이 있었고, 이런 질문들이 우리를 처음 과학으로 이끌었다. 그것들은 유령처럼 진부한 것은 아니다. 그러나 그 뒤를 이은 현역 과학자들의 지적 발전은, 때때로 수위가 낮아지는 동안 수문에서 일어나는 일을 연상시킨다.

최소한 시애틀에서 그것은 물가의 경치, 어제(魚梯, 댐 같은 곳에 물고기가 아래위로 통행할 수 있도록 만든 장치—옮긴이), 산 그리고 구경꾼들이 바라보이는 거대한 물통 안에 있는 것과 같다. 일단 수문을 막은 마개를 뽑으면 배는 가라앉을 것이고 수문 안에서는 온통 소용돌이밖에 보이지 않는다. 이 소용돌이는 배가 이리저리 휩쓸리도록 한다. 소용돌이는 여러분을 매혹한다.

만일 여러분이 어느 하나의 소용돌이에서 노를 놓치지 않는다면, 그에 버금가는 소용돌이를 이길 수 있을 것이다. 자기 유사성의 이론이 스스로에게 암시를 주고, 따라서 프랙털(자기 유사성을 갖는 복잡한 기하도형의 한 가지—옮긴이)로 흘러들도록 하는 것이다. 이 거대한 물통 안에서 여러분이 스스로 실험하고 이론화한 것에서

위를 올려다보면, 보이는 것은 한 조각의 네모난 하늘일 것이다. 지금 여러분이 커다란 젖은 상자 안에서 밖을 내다보는데, 이 상자의 벽이 1층이나 2층 건물의 높이라고 해 보자. 상자의 북쪽 벽에 비친 한 조각 햇빛에는 상자 위에 서 있는 몇몇 사람들의 그림자가 드리워져 있고, '플라톤의 동굴'에서처럼 여러분은 벽 위의 그림자를 해석하기 시작한다. 그리고 그곳에서 실제로 일어나는 일에 대해 불완전한 추측을 하게 된다. 이때 두 사람이 서로 때리면서 싸우는 것처럼 보인 것은, 실은 두 사람이 커다란 몸짓을 하며 대화를 나누는 것일 수도 있다.

전문화는 이런 것일지도 모른다. 이따금 하늘 위로 올라가 감탄사를 연발하며 전경을 조망하면서 더욱 자세한 상황을 알아보지 않는 한, 큰 그림은 더 이상 존재하지 않는다.

진보에 따르는 희생은, 전공 분야 바로 위나 아래의 것을 제외한 다른 수준의 조직화에 대해 잘 모를 수 있다는 것이다(화학자가 생화학이나 양자 역학에 대해서는 알 수 있지만, 신경 해부학에 대해서는 잘 모르듯이). 자기 자신의 정신세계가 제공한 것 이외에 전혀 자료가 없을 때에는, 벽에 비친 그림자에 대해 비현실적인 해석을 하기 쉽다. 때에 따라서는 그것이 최선이다. 플라톤과 데카르트는 그들의 시대에 이런 일을 아주 잘했다.

그러나 더 잘할 수도 있는데, 그림자와의 싸움에 만족할 이유가 있을까? 아니면 말장난을 계속할 이유가 있을까? 사람들은 결국 단어 자체는 그것이 나타내는 과정에 대한 매우 거친 근삿값에 불과하다는 것을 깨닫는다. 나는 이 책을 다 읽을 즈음에는 독자들이 의식을 낳는 몇 가지 신경계의 과정을 상상할 수 있기를 바란다. 이 과정은 매우 **빠르게** 작용해서 신속한 지능을 이룰 수도 있다.

우리의 정신세계를 묘사하는 일에는, 널리 알려진 골칫거리가 있다. 관점과 관련된 낡은 주관성의 덫이 바로 그것이다. 그러나 우리가 우회해서 항해해야 할 두 개의 소용돌이가 더 있다.

감각과 행동 사이의 정신적인 중간 지점에서 동요하는 수동적 관찰자라는 관점은 별로 필요하지도 않은 온갖 종류의 철학적 문제를 야기한다. 한 가지 이유는 감각이 고리의 반쪽에 불과하고, 따라서 우리가 행동을 준비할 때 감각의 역할을 무시하기 때문이다. 감각을 행동에 더욱 정교하게 결합시키는 일을 가리켜 '피질의 반사 작용'이라고 한다. 그러나 우리는 행동의 새로운 경로로 나아갈 때, 생각이 어떻게 지적인 방식으로 행동과 결합되는가를 이해할 필요가 있다. 행동 심리학자들이 반세기 전에 그랬듯이, 정신적인 중간 지점을 무시하는 일은 유망한 해답으로 볼 수 없다. 신경 과학자들은 종종 움직이기 위한 준비 과정을 조사한다. 이런 연구는 사고 과정에 더 가까이 다가가도록 해 준다.

우리는 우리의 정신 활동이 감각하고 생각하고 행동하는 단계로 세분된 것처럼 이야기하는 경우가 많다. 그러나 시간과 공간 속의 한 점에서는 거의 아무 일도 일어나지 않기 때문에 문제가 생긴다. 뇌에서 일어나는 모든 흥미로운 행동은 세포 활동의 시공 패턴을 포함한다. 이는 음악의 선율을 이루는 것과 비슷한데, 이 경우 공간은 건반 또는 음계에 해당한다. 우리의 모든 감각은 책장을 넘길 준비를 할 때 여러분의 손가락에서 오는 감각과 같은, 시간과 공간에 펼쳐져 있는 모형이다. 따라서 우리의 모든 움직임은 서로 다른 근육과 그 근육들이 활성화되는 시간을 포함하는 시공 패턴이라 할 수 있다. 책장을 넘길 때 여러분은 피아노 연주에 사용하는 것과 비슷한 많은 근육들을 활성화한다(그리고 시간을 정확하게 맞추지 않는다면, 한 장의 책장을 다른 것들로부터 떼어 놓을 수 없을 것이다.). 그럼에도 불구하고 우리는 정신적인 사건이 사실상 어느 한 장소에서 어느 한순간에 일어나기라도 하는 것처럼 생각한다.

그러나 정신적인 중간 지점에 있는 것 역시 시공 패턴을 띤다. 그리고 이 패턴 역시 여러 뉴런의 전기적 활동으로 나타난다. 그리고 우리는 공간의 어느 한 점(특수한 뉴런과 같은)에 집중된 이런 전기적 활동과 시간의 어느 한 점(그 특수한 뉴런이 신경 충격을 내보내는 순간과 같은)에 생긴 결정에 의존해서는 안 된다. 지각이나 생각을 한순간 단 하나의 음표를 연주하는 것과 같은 것으로 볼 수는 없다는 뜻이다. 나는 척추동물에서 단 하나의 이런 사례를 알고 있다(자연은 이따금씩 신경 생리학자들이 다루기 좋은 것들을 내놓는다.). 그것은 어류에서 볼 수 있는 도망 반사로, 편리하게도 단 하나의 큰 뇌간 뉴런을 통해 전달된다. 뉴런의 이 전기적 활동은 꼬리를 아주 크게 치도록 한다. 그러나 고차원적인 기능은 어쩔 수 없이 크게 겹치는 수많은 세포들을 포함한다. 이런 세포들의 활동은 시간적으로 분산되어 있다. 그리고 이런 활동은 이해하기가 쉽지 않다. 고도로 지적인 기능을 이해하기 위해서는 뇌의 시공 패턴, 즉 대뇌 피질의 선율을 살펴볼 필요가 있다.

항해하면서 부딪치는 장애와 함께, 우리는 구성 단위들을 세심하게 골라, 하나의 신비를 또 다른 신비로 단순히 대체하는 데에 그치지 않도록 할 필요가 있다. 조급한 결론은 구성 단위를 선택하는 데에서 가장 분명한 위험이다. 때때로 우리는 정신을 영혼이나 양자 역학으로 설명할 때처럼 너무 조급하게 후보 메커니즘에 대한 조사를 중단해 버린다.

우리는 '설명'의 종결점과 관련된 위험성도 경계해야 한다. 뉴에이지 운동의 모든 것은 서로 연관되어 있다는 식의 관점 그리고 환원주의자들의 부적절한 조직화 수준에서의 설명(내가 보기에 의식 물리학자와 에클스류의 신경 과학자들이 하는 설명과 비슷한 것)이 바로 그것이다.

정신세계를 설명하는 일은 아주 큰일인데, 이 책이 별로 두껍지 않다는 것을 여러분은 벌써 깨달았을 것이다. 이미 언급한 것처럼, 나는 의식의 함의를 더 깊이 조사해 들어가는 대신 그 케이크를 다른 방식으로 자르려고 한다. 나는 지능과 관련된 우리 정신세계의 구조에 초점을 맞출 것이다. 지능은 즉석에서 다양한 행동을 하는 일, 다시 말해서 다양한 상황에 대한 '좋은 조처'를 취하는 일과 관련이 있다. 지능에 대한 초점은 의식에 대한 초점과 같은 근거를 많이 포괄한다. 그러나 그 일은 항해하는 도중의 여러 가지 위험을 피한다. 가장 중요한 것은 좋은 조처의 목록은 소극적인 예상을 남발하는 것과는 완전히 다른 하나의 종결점이라는 것이다. 동물의 '의식'에 대해 이야기하려고 할 때의 혼란에 비해서, 지능이라는 주제를 제기함으로써 우리와 동물계의 나머지 부분 사이에서 연속성을 발견하는 일은 분명히 더 쉬운 일이다. 따라서 다음에 할 일은, 진화론적으로 좋은 추측이 어디에서 도출되는가를 간단히 살펴보는 것이다.

> 의식의 패러독스, 즉 누군가가 고도의 의식을 갖게 될수록 더 여러 층의 처리 과정이 그를 세계로부터 갈라놓는다는 것은 자연계의 다른 많은 일들처럼 일종의 교환을 통한 거래라고 할 수 있다. 외계로부터 점점 더 멀어지는 것은 세계에 대해 더 많이 알게 된 데 대한 대가일 뿐이다. 세계에 대한 우리의 의식이 깊고 넓어질수록, 그 의식을 획득하기 위해 필요한 처리 과정은 더욱 복잡해진다.
> ——데릭 비커턴, 『언어와 종(*Language and Species*)』, 1990

4
지능을 갖춘 동물의 진화

내가 알고 있는 유인원늘은 살아 숨쉬는 매순간 나와 비슷한 마음을 가진 것처럼 행동한다. 그러나 그들은 많은 것을 깊이 생각하지는 않을 것이다. 그리고 나처럼 먼 앞일을 계획하지도 않을 것이다.

유인원은 도구를 만들고 먹이를 사냥하는 동안 자신의 행동을 조정한다. 그러나 도구를 만드는 기술과 공동의 목적을 위한 사냥을 결부시킬 정도로 먼 앞일을 계획하는 유인원은 관찰되지 않았다.

이런 활동은 초기 호미니드(사람과 동물)의 삶에서 가장 중요한 요소였다. 내가 한 인간으로서 갖고 있는 이런 뛰어난 기술은 집을 마련하고, 돈을 벌고, 법규를 준수하는 이유가 된다. 그것은 내가 문명인으로 행동할 수 있도록 한다. 그렇다고 해서 유인원들이 단순히 반응할 뿐이라고 생각한다는 뜻은 아니다.

—수 새비지 럼보, 1994

'어떻게'의 문제에 답하는 일은 종종 '왜'의 문제에 답하는 일과 가장 근접해 있다. '어떻게'의 메커니즘에 대한 답은 두 가지 극단적인 형태를 띤다는 것을 기억하라. 이 두 가지는 근인(近因)과 궁극 원인으로 알려져 있다. 전문가들조차 이 두 가지를 혼동하고는 하는데, 그들은 결국 자신들이 같은 동전의 양면에 대해 논란을 벌이고 있었다는 사실을 깨닫는다. 따라서 여기서 짧으나마 배경을 설명할 필요가 있다고 생각한다.

'그것이 어떻게 작용하는가?'를 묻는다고 가정해 보자. 여러분은 때때로 단기적이고 기계적인 의미에서 '어떻게'라는 말을 사용한다. 다시 말해 무엇인가가 지금 당장 어떤 사람에서 어떻게 작용하는가를 묻는다는 것이다. 그러나 때로는 '어떻게'라는 말을 써서 장기적인 변화를 나타내기도 한다. 여기에는 종의 진화가 일어나는 동안 동물 개체군에서 일어나는 일련의 변화 같은 것이 포함된다. 지적 행동의 기초를 이루는 생리학의 메커니즘은 가장 가까운 '어떻게'이다. 그리고 현재 우리의 뇌를 낳은 선사 시대의 메커니즘은 다른 종류, 즉 궁극 원인과 관련된 '어떻게'이다. 우리는 때때로 다른 의미의 '어떻게'에 대해 한마디도 언급하지 않은 채 어느 한 가지 의미에서 '설명'을 진행할 수 있다. 물론 이렇게 잘못된 철저함으로는 허를 찔리기 쉽다.

더구나 양쪽 모두 서로 다른 수준의 설명이 있다. 생리학적인 '어떻게'의 질문은 서로 다른 여러 조직화 수준에서 던질 수 있다. 의식과 지능은 모두 우리의 정신세계에서 가장 높은 곳에 존재한다. 그러나 의식과 지능은 흔히 보다 기초적인 정신적 과정과 혼동된다. 우리가 친구를 알아보거나 구두끈을 묶을 때 사용하는 정신적 과정과 혼동된다는 것이다. 물론 이런 종류의 보다 단순한 신경계의 메커니즘은 논리학과 은유를 처리할 수 있는 능력이 진화할 수 있었던 기초라고 할 수 있다.

진화적인 '어떻게'의 질문 역시 다양한 수준의 설명을 갖고 있다. 단순히 "돌연변이가 그 일을 했다."라고 말하는 것은 전체 개체군을 포괄하는 진화의 질문에 대한 유용한 답이 아닐 것이다. 우리가 자신의 지능에 대해 어느 정도 상세한 것까지 이해하고자 한다면, 다양한 수준의 생리학적인 답과 진화적인 답이 모두 필요하다. 이런 답을 통해서 우리는 인공지능이나 외계의 지적 존재가 어떻게 진화할 수 있는가를 인식할 수도 있다. 그것은 물론 가장 지엽적인 부분까지 잘 설계된 설계도를 통해 창조되었다는 이론에 대립하는 것이리라.

캐나다의 밴쿠버 섬과 브리티시컬럼비아 주 본토 사이에 있는 조지아 해협의 위쪽 끄트머리에서, 순항선이 좁은 항로를 통해 수면 위로 미끄러지듯이 나아갈 때, 우리는 흰머리수리에 찬탄의 눈길을 던지고 있었다. 연이어 나타난 이 독수리의 둥지에서는 어버이들이 새끼들의 입에 먹이를 넣어 주느라 여념이 없었다.

나는 그때 큰까마귀를 주시하고 있었다. 그놈은 대합을 발견하고 조가비를 깨고 안에 든 것을 먹으려 하고 있었다. 대합은 두 장의 껍데기를 단단히 오므린 채 성공적으로 버티고 있었다. 그러자 큰까마귀는 부리로 대합을 물고는 몇 층 높이로 날아올랐다. 그러고는 해안선을 따라 바위가 늘어선 곳에 대합을 떨어뜨렸다. 이런 일을 세 번 반복한 후 마침내 큰까마귀는 자리를 잡고 앉아 산산조각 난 조가비 속에서 먹이를 끄집어낼 수 있었다.

이런 행동은 본능적일까, 아니면 다른 것들의 행동을 관찰하고 학습한 결과일까? 아니면 시행착오를 거쳐 성공에 이르면서 학습한 것일까? 그것도 아니면 지능으로 이루어 낸 것일까? 어떤 조상 까마귀가 이 문제를 심사숙고한 결과 해답을 추측해 낸 것일까?

우리는 '반응'과 '생각' 사이의 중간 단계를 확인하느라 힘든 시간을 보낸다. 그럼에도 불구하고 우리는 또한 '다다익선'이라는 보증할 수 없는 확신을 갖고 있다. 다시 말해 행동의 선택권이 많을수록 좋다는 믿음을 갖고 있다는 뜻이다.

대자연은 뽐내지 않으면서 한 가지 일에 매우 뛰어난 능력을 보이는 전문가들로 가득 차 있다. 이는 마치 여러 배역을 두루 맡지 않고 특정 배역만 맡는 성격 배우와 같다. 대부분의 동물은 상당히 전문화되어 있다. 예를 들어 자이르 동부의 산지에 서식하는 마운틴고릴라는 하루에 23킬로그램이나 되는 몇몇 종류의 푸른 잎사귀들을 먹어 치운다. 판다의 식성도 매우 특수하다.

먹고 싶은 것을 잘 발견할 수 있다고 해서 고릴라나 판다가 말보다 똑똑한 것은 아니다. 이 동물들의 조상은 다른 생태적 지위에서 지적일 필요가 있었을 것이다. 그러나 지금 고릴라와 판다는 모두 그리 높은 지능이 필요하지 않은 생태적 지위로 물러서 있다.

우리가 알래스카 순항선에서 보았던 뇌가 큰 해양 포유류도 마찬가지다. 이 포유류는 뇌가 작은 물고기와 거의 비슷한 방식으로 삶을 영위하고 있다. 다른 물고기들을 먹고 사는 것이다.

이런 동물에 비하면 침팬지는 과일, 흰개미, 나뭇잎 등 매우 다양한 것을 먹는다. 심지어 잡을 수 있으면 작은 원숭이나 새끼 돼지까지 먹는다. 따라서 침팬지는 모든 방향에 주의를 기울여야 한다. 이런 일은 정신적 융통성이 있다는 뜻이다. 그렇다면 광범위한 행동 양식을 확립하는 데에 도움이 되는 것은 무엇일까? 동물은 처음부터 많은 행동 프로그램을 갖고 태어나기도 하고, 그것들을 배우기도 하며, 기존의 것들을 조합해서 새로운 행동이 나타나도록 하기도 한다. 문어, 까마귀, 곰, 침팬지 같은 잡식성 동물은 많은 '수단'이 있다. 이유는 간단하다. 이들의 조상이 다양한 먹이에 신경을 써야 했기 때문이다. 잡식성 동물은 또한 훨씬 더 많은 감각의 주형을 필요로 한다. 그들이 찾는 시각적 영상과 소리가 다양한 것이다.

새로운 행동을 축적하는 또 하나의 방법은 사회생활과 놀이를 통한 것이다. 이 두 가지는 새로운 조합을 가능하게 한다. 긴 수명은 학습한 행동과 혁신적인 행동을 축적하는 데 도움이 된다. 그리고 긴 수명은 가장 똑똑한 무척추동물인 문어도 갖고 있지 않은 특징이다(문어는 여러 면에서 쥐와 지능이 비슷하다.). 척추동물의 여러 갈래에서 똑똑한 동물들이 나왔다. 조류의 큰까마귀, 바다 포유류, 곰, 유인원 등이다.

그러나 전문화가 공통적으로 핵심 사항이라면, 과연 어떤 점이 융통성을 선택하는 것일까? 변화하는 환경이 이 질문의 답이 될 수 있다. 이런 대답은 자연선택에서 환경적 요소를 강조한다. 그러나 여러 가지가 섞이도록 하는 또 하나의 요인이 있다. 바로 사회생활 그 자체다. 이는 자연선택에서 자웅(성) 선택의 측면과 관계가 있다.

사회적 지능은 지능의 또 다른 측면이다. 나는 단지 흉내 내기가 아니라 사회생활(무리를 지어 사는 일)이 제기하는 도전의 문제에 대해 이야기하고 있다. 이는 전혀 새로운 해결책을 필요로 하는 도전이다. 영국의 심리학자 니콜라스 험프리(Nicholas Humphrey)는 도구의 사용이 아닌 사회적 상호 작용이 호미니드로의 진화에서 가장 중요한 위치를 차지했을 것으로 생각한다.

사회생활이 확대된 활동 양식을 크게 촉진하는 것은 분명 사실이다. 어떤 동물들은 관찰에 의한 학습 과정을 이루어 낼 정도로 같은 종의 다른 동물들과 오랫동안 같이 지내지 않는다. 다 자란 오랑우탄은 짧은 짝짓기 기간을 제외하면 서로 만나는 일이 거의 없다. 식량원이 너무 흩어져 있어서 다 자란 오랑우탄 한 마리가 먹고 살기 위해서는 상당히 넓은 영역이 필요하기 때문이다. 따라서 오랑우탄의 경우는 (아주 잠시 동안 젊은 오랑우탄들이 이루는 동맹 관계를 제외하면) 어미와 새끼 한 마리가 가장 큰 사회 집단이라 할 수 있고, 따라서 문화적인 내용을 전달할 기회가 많지 않다.

사회생활은 새로운 기술의 확산을 촉진하는 것은 물론, 먹이를 먹는 순서처럼 해결해야만 하는 개체 사이의 많은 문제를 내포하고 있다. 먹이를 독차지하기 위해서는 지배자의 눈에 띄지 않도록 그것을 숨겨야 할지도 모른다. 또한 한 개체를 다른 개체와 혼동하지 않기 위해서는 많은 감각의 주형도 필요하고, 과거에 동료들과 맺었던 관계를 떠올리기 위한 기억력도 필요할 것이다. 사회생활의 도전은 혼자 사는 오랑우탄이 살아남고 생식하기 위해 직면하는 평범한 환경의 도전 이상의 것을 필요로 한다. 따라서 '좋은 수단'의 문화적 축적에서 가장 중심이 되는 내용이라고 할 수 있다(비록 사회생활을 하는 개가 혼자 사는 오랑우탄의 정신 능력도 갖지 못한 것처럼 보이는 것이 사실이지만).

　사회적 지능을 위한 자연선택은, 적응론자들이 흔히 강조하는 계속 살아남아야 한다는 진부한 조건을 포함하지는 않는다. 사회적 지능의 이점은 그 대신 다윈이 자웅 선택이라고 이름붙인 것을 통해서 주로 나타난다. 모든 성체가 자신의 유전자를 물려주는 것은 아니다. 하렘(포유류의 번식 집단의 한 형태. 한 마리의 수컷과 많은 암컷으로 구성되는 경우가 많으며, 물개 등이 하렘을 이루어 번식한다.—옮긴이)을 이루어 번식하는 경우에는, 다른 수컷들을 꾀나 힘으로 이긴 소수의 수컷만이 짝짓기할 기회를 얻는다. 암컷이 선택해서 번식하는 경우, 수컷에게는 한 사회의 일원으로서 받아들여질 수 있는가가 중요한 조건이 된다. 예를 들어 이런 동물의 수컷에게는 몸치장을 잘 하고 쉽게 먹이를 나누어 줄 수 있는 성질 따위가 필요하다. 상대를 가리지 않고 짝짓기를 하는 경우에도, 다른 수컷들보다 암컷의 발정기가 다가오는 것을 빨리 알아채고, 발정기가 지속되는 동안 다른 수컷들로부터 멀리 떨어져 수풀에서 사랑의 도피행을 하자고 암컷을 설득할 수 있는 수컷이 자신의 유전자를 훨씬 더 많이 퍼뜨릴 수 있다. (그리고 암컷의 선택은 단순한 지능 이상의 것을 촉진할 것이다. 나는 다른 책에서 암컷이 수컷의 언어 능력이 적어도 자기 자신과 같은 수준이어야 한다고 고집한다면, 암컷의 선택이 언어 능력의 발달을 위한 훌륭한 기구가 될 것이라고 주장한 바 있다.)

계산적인 존재가 되기 위해 창조하고 유지하는 시스템의 본질은 사회생활을 하는 유인원을 필요로 한다. 그들은 행동의 결과를 계산하고, 다른 것들이 어떻게 행동할 것인가를 계산하고, 이익과 손실의 균형을 계산해야 한다. 그리고 이 모든 일은, 그들이 하는 계산의 근거가 그들 자신이 한 행동의 결과가 되는 것이 아닌, 순간적이고 모호하고 변화하기 쉬운 정황에서 이루어진다. 이런 상황에서 '사회적 기술'은 지능과 보조를 맞춘다. 이곳에서는 결국 필요한 지적 능력이 지상 명령이 된다. 사회적 책략과 그 책략에 대항하는 책략의 게임은 축적된 지식만을 기초로 실행할 수 있는 것이 아니다. ……그것은 일정 수준의 지능을 요구한다. 그리고 내 생각에 그 지능은 삶의 다른 어떤 영역과도 견줄 수 없는 것이다.

—니콜라스 험프리,

『되찾은 의식(*Consciousness Regained*)』, 1984

자연선택을 추진하는 것으로 보이는 가장 흔한 환경적 스트레스는 온대 지방에서 나타난다. 온대 지방에서 식물들은 해마다 한 번씩 몇 개월의 휴면기를 갖는다. (휴면 중에도 영양분을 갖고 있는) 풀을 먹는 일은 이런 기간, 즉 겨울을 나기 위한 하나의 전략이다. 또 다른 전략이 있다. 그것은 융통성 있는 신경계의 메커니즘을 훨씬 더 많이 필요로 하는 것으로, 풀을 먹는 동물을 잡아먹는 전략이다. 지금까지 남아 있는 야생 유인원은 모두 적도 가까이 산다. 이들도 건기를 견뎌야 하지만, 이 일은 온대의 겨울에 식량 공급이 중단되는 일과는 전혀 다르다.

그 다음으로 흔한 반복적인 스트레스는 기후 변화다. 이 일은 열대 지방에서도 볼 수 있다. 1년에 걸쳐 나타나는 기상 패턴이 새로운 형태로 바뀌는 것이다. 여러 해에 걸친 가뭄이 흔한 예다. 그러나 때로는 가뭄이 몇 세기, 심지어 수천 년씩 이어지기도 한다. 우리는 미국 알래스카 주의 항구 주노 서쪽에 붙어 있는 글레이셔 만에서 기후 변화의 한 예를 볼 수 있었다. 200년 전, 글레이셔 만의 입구를 지나던 탐험대는 그곳이 온통 얼음으로 덮여 있다고 보고했다. 현재 빙하는 거의 100킬로미터나 물러나 있고, 글레이셔 만은 바다를 향해 더 많이 열려 있다. 양옆의 골짜기로는 큰 빙하들이 줄지어 남아 있다. 우리가 탄 배는 이 얼음으로 된 벽에서 멀찍이 떨어져 움직였다. 우리가 지켜보는 동안에도 커다란 얼음 덩어리들이 깨져서 바다로 떨어지고 있었다.

나는 함께 배를 탄 지질학자와 함께 그곳의 빙하에 대해 이야기를 나누면서 어떤 빙하들은 전진하고 있지만, 어떤 것들은 후퇴하고 있음을 알게 되었다. 같은 골짜기에 있고 같은 기후를 공유하는데 어째서 전진과 후퇴가 동시에 나타나는가? 여기서 대체 어떤 일이 일어나고 있는 것인가? 나는 자문했다.

이 일은 수백 년 또는 수천 년 동안 기후가 차가워져도 빙하가 '전진형'으로 계속 고정될 수 있는 것과 비슷하다. 예를 들어 가끔씩 찾아오는 더운 여름에 빙하에서 녹은 물은 아래로 흐르면서 암반의 바위가 울퉁불퉁하게 튀어나온 연결 부위를 침식할 수 있다. 그러면 녹는 일이 멈춰도 빙하가 빨리 미끄러져 내릴 수 있다. 그 결과 얼음이 다시 융기부 위를 지날 때에는 흐르지 못하고 부서지게 되고, 더 많은 수직 방향의 균열이 생긴다. 그러면 빙하가 녹은 물이 만든 표면의 웅덩이에서 암반으로 물이 빠져나가게 되고, 이에 따라 미끄러짐이 더욱 활발히 이루어져 움직임을 가속화시키며, 얼음으로 된 높은 산은 옆으로 흩어지면서 붕괴하기 시작한다. 여러분은 결국 한 달에 1~2킬로미터씩 빙하가 밀려오는 것을 보게 되는 것이다. 글레이셔 만에서는 이 얼음이 대양으로 밀려와 있었다. 대양이 그 큰 덩어리를 침식하고, 그것은 다시 더욱 따뜻한 기후대로 밀려가 녹을 것이다.

그 후의 여정에서 우리는 허바드 빙하(Hubbard Glacier)를 보았다. 이 빙하는 길이 5킬로미터로 우리 배보다도 키가 큰 얼음 절벽이었다. 이곳에서는 커다란 얼음 덩어리들이 주기적으로 파도에 휩쓸려 바다 속으로 무너져 내리고 있었다. 야쿠타트 만 오른쪽 사면 밖에서는 러셀 피오르(피오르는 빙하가 소실된 뒤 빙하의 침식으로 만들어진 골짜기의 물이 빠지면서 생긴 좁고 긴 만을 말한다. 육지로 깊이 파고 들어서 양안은 급사면을 이루며, 횡단면은 U자 모양을 이룬다.—옮긴이)를 볼 수 있었다. 이때로부터 10년 전, 허바드 빙하가 쇄도하면서 이 피오르의 입구가 막혀 버렸다. 빙하가 전진하는 속도가 파도가 그것을 조금씩 무너뜨릴 수 없을 정도로 빨라지면서, 빙하가 피오르의 입구를 지나 거슬러 올라가 그것을 막아 버린 것이다. 얼음 둑 뒤의 수위가 높아지기 시작하면서 그 안에 갇힌 바다 포유류를 위협했다. 빙하가 녹아서 생긴 민물로 바닷물이 점점 묽어지고 있었기 때문이다. 호수의 수위가 해수면 위로 2층 건물 정도의 높이가 되었을 때, 얼음 둑은 무너졌다.

우리는 워싱턴 주에서 일어난 빙하의 쇄도에 대해 모든 것을 알고 있다. 약 1만 3000년 전 빙하의 쇄도가 59번 이상 컬럼비아 강을 막았기 때문이었다. 그때마다 얼음 둑은 무너졌고 물의 벽이 워싱턴 주의 한가운데를 가로질러 흘러가면서 바다로 돌진하면서 지형을 깎아 기복이 있는 불모지로 변화시켰다(당시 지축을 뒤흔드는 소리는 강의 계곡에서 연어를 잡던 사람들이 언덕 위로 피신하도록 경고해 주었을 것이다.).

피오르가 둑으로 막히면서 훨씬 더 심각한 결과를 낳았을 수도 있다. 빙하의 쇄도는 종종 피오르를 끊어 놓는다. 이는 마치 산사태가 나서 쌓인 돌조각들이 산골짜기를 일시적으로 막는 것과 같다. 둑으로 완전히 막힌 피오르는 민물을 위한 자연 저수지로 기능하고, 마침내 얼음 둑이 무너지면 엄청난 양의 민물이 가까운 곳의 바다로 흘러든다. 반 년 동안 흘러내려야 할 양이 겨우 반나절만에 흘러드는 것이다. 이 물은 대양의 해수면 위에서 층을 이루다가 한참 후에야 소금물과 섞인다. 불행히도 민물로 이루어진 해수면의 층은 그린란드의 피오르에서 매우 중대한 결과를 낳을 수도 있다. 이런 민물의 층은 북대서양 해류를 몇 세기 동안 차단하는 기구로 작용할 수 있는데, 북대서양 해류는 유럽을 따뜻하게 해 주는 난류이다. 이는 잠시 뒤에 다룰 주제다.

나는 이 모든 이야기를 통해서, 얼음의 축적과 그 후 일어나는 융해 사이에 엄청난 불균형이 존재함을 지적하려 한다. 이것은 냉장고에서 한 그릇의 얼음을 얼리고 녹이는 일과 관련된 에너지의 교환과는 성격이 전혀 다르다. 축적 모드는 모든 갈라진 틈에 새로운 눈이 채워지도록 하고 미끄러져 내리는 일을 최소화한다. 융해 모드는 카드로 만든 집이 슬로 모션으로 무너져 내리는 것과 같다.

공기 조절 장치의 냉방-송풍-난방의 모드를 통해 우리는 '작동 모드'에 익숙해 있다. 빙하에만 모드가 있는 것이 아니라 해류와 대륙의 기후도 일정한 모드를 갖는다. 경우에 따라서는 먼 곳에서 일어난 빙하의 쇄도가 이런 모드를 일으킬 수도 있다. 때로는 연간 기온과 강수량이 너무 빠른 속도로 이리저리 변하면서 진화 과정에서 중요한 의미를 갖게 되고, 이에 따라 큰까마귀처럼 융통성 있는 동물이 단순하고 평범한 기계적 경쟁자의 우위에 설 수 있는 실질적 이득을 얻기도 한다. 이 장에서 다루려는 내용은 바로 이 점, 진화의 크랭크가 어떻게 돌아가면서 인류의 융통성과 같은 융통성을 낳았는가 하는 것이다. 광범위한 목록과 만족스러운 추측은 일련의 기후 불안으로부터 특수한 부양력을 갖게 된다.

고기후학자들은 지구의 여러 지역에서 상당히 급작스러운 기후 변동이 있었음을 알아냈다. 10여 년을 끄는 가뭄이 그 한 예다. 우리는 30년을 주기로 사하라 사막이 확대와 축소를 반복하는 현상도 알고 있다. 엘니뇨는 평균 주기가 약 6년으로, 현재 북아메리카 대륙의 강우량에 가장 중요한 영향을 끼치는 것으로 보인다.

우리는 또한 기온과 강수량이 급격히 떨어지면서 몇십 년 동안 숲이 사라져 버린 여러 사례도 알고 있다. 또 다른 급격한 변화, 즉 온난한 우기가 몇 세기만에 갑자기 돌아오기도 한다(유럽이 시베리아와 같은 기후로 되돌아간 지난번 경우는, 그것이 다시 시작되기까지 1,000년이 넘는 세월이 흘렀지만).

1980년대에 이런 급격한 기후 변화에 대한 확실한 증거가 발견되기 전까지, 우리는 그것이 빙기(氷期)의 한 특징이라고만 생각했다(지난 250만 년 동안 많은 대륙 빙하가 생기고 사라졌으며, 대규모 융해는 약 10만 년에 한 번씩 일어났다.). 최근 1만 년 동안에는 급작스러운 냉각 현상이 일어나지 않았다.

그러나 (지금까지는) 이런 일이 일어나지 않은 기간이 현재의 간빙기(間氷期)뿐이라는 사실이 밝혀졌다. 가장 최근의 것인 13만 년 전의 대규모 융해 이후의 온난한 시기는 현재의 간빙기에 비해 매우 교란되어 있었다. 1만 년에 걸친 초기의 온난한 기간이 두 차례의 급작스러운 냉각 현상으로 중단되었다. 냉각 현상 중 하나는 70년 동안, 다른 하나는 750년 동안 지속되었다. 두 번의 냉각 현상은 모두 독일의 소나무 숲을 현재 중앙 시베리아 지방의 특징인 관목 숲과 초지로 바꾸어 놓았다.

따라서 현재 우리는 문명을 위협하는 이런 일로부터 멀리 비켜나 있었다고 할 수 있다. 기후의 측면에서 볼 때 우리는 이례적으로 안정된 시기를 살고 있는 것이다.

과일나무를 죽이는 변덕스러운 기후는 많은 원숭이 종의 지역 개체군에 커다란 재난이 될 수 있었다. 잡식 동물에게도 피해를 입힐 수 있었지만, 잡식 동물들은 다른 식량으로 '임시 변통'할 수 있었을 것이다. 그리고 그들의 자손은 경쟁자가 거의 남지 않은 상태에서 개체군의 폭발적인 증가를 누릴 수 있었을 것이다.

이런 급증의 시기에는 일시적으로 넉넉한 환경에서 대부분의 자손이 번식할 수 있는 나이까지 살아남을 수 있다. 그 결과 심지어는 유전자 변형을 일으킨 변종까지 번식할 수 있게 된다. 보통 때 같으면 이런 별종들은 어릴 때 죽었을 테지만, 급증의 시기에는 이들도 경쟁의 스트레스를 거의 받지 않기 때문이다. 이는 마치 평상시의 경쟁 법칙이 일시적으로 사라진 것과 같다. 다음 번 위기 상황이 오면 어떤 기묘한 변종들은 남아 있는 공급 물량에 대해 더 잘 '임시 변통'할 수 있게 될 것이다. 다윈적 과정에서 뽑아낼 수 있는 전통적인 주제는 적자생존이다. 그러나 여기에서 우리는 진화의 창조적 측면을 견인하는 것은 어려운 시기의 반동임을 알 수 있다.

약 400만 년 전 호미니드들이 직립 자세를 확립하는 동안 아프리카 대륙은 기온이 내려가면서 건조해지고 있었다. 그러나 호미니드의 뇌 크기는 그리 많이 변하지 않았다. 300만 년 전과 260만 년 전 사이에 아프리카 대륙의 기후가 변화하는 동안 뇌가 커졌다는 증거는 지금까지 거의 발견되지 않았다. 이 시기에 아프리카 대륙에서는 새로운 포유류들이 대거 출현했다. 여기에서는 사람의 진화와 관련된 모든 요인을 광범하게 다루지는 않을 것이다. 그러나 사람과에 속하는 호미니드의 뇌 크기가 지금으로부터 250만 년 전과 200만 년 전 사이에 커지기 시작해서 유인원에 비해 대뇌 피질의 넓이가 4배가 될 때까지 계속 확대되었다는 사실을 지적하는 일은 매우 중요하다. 이 시기는 빙기(빙하 시대 중 특히 기후가 한랭하여 빙하가 확대되고 전 세계적으로 해수면이 저하된 시기—옮긴이)였다. 아프리카 대륙은 빙하가 형성된 주요 지역은 아니었지만, 해류의 변화로 커다란 기후 변동을 겪었을 것이다. 빙기는 북반구에서만 일어난 것이 아니다. 남아메리카 대륙 안데스 산맥의 빙하도 동시에 변화했다.

대서양에 얼음 덩어리가 떠다니기 시작한 것은 251만 년 전과 237만 년 전 사이의 일이다. 이때는 겨울의 대부빙군(大浮氷群)이 남쪽으로 영국의 위도(북위 50~60도 정도—옮긴이)까지 뻗어 내려왔다. 남극 대륙, 그린란드, 북유럽, 북아메리카 대륙의 대륙 빙하는 그때부터 이따금씩 녹으며 계속 그대로 남아 있다. 앞에서도 지적했듯이 지금 우리는 간빙기에 살고 있다. 이 간빙기는 약 1만 년 전에 시작되었다. 지구 자전축의 경사와 공전 궤도의 변화에 따라 얼음 덩어리가 전진하고 퇴각하는 장엄한 리듬이 되풀이되고 있는 것이다.

지구가 태양에 가장 가까이 다가갈 때의 계절은 계속 변하고 있다. 이때를 근일점이라고 하는데, 지금은 근일점이 1월의 첫 주다. 근일점은 계속 변화하다가, 1만 9000~2만 6000년이면 다시 1월로 돌아온다. 이렇게 근일점이 1년을 한 차례 돌아오는 데 걸리는 시간은 다른 행성들의 위치에 따라서 결정된다. 다른 행성들의 상대적 배치는 약 40만 년마다 한 번씩 거의 같아지며 약 10만 년에 한 번씩 비슷해진다. 행성간의 인력은 지구의 공전 궤도를 거의 원형에서부터 타원형까지 변화하도록 만든다(지금은 7월에 태양으로부터 3퍼센트 정도 멀리 떨어져 있고, 따라서 7퍼센트의 열을 적게 받는다.). 이밖에도 지구 축의 경사는 4만 1000년을 주기로 22.9도에서 24.6도까지 변화한다.

근일점, 행성들의 상대적 위치, 지구 축의 경사, 이 세 종류의 리듬이 결합해서 약 10만 년에 한 번씩 빙하가 크게 녹는다. 이 시기는 대체로 지구축이 가장 크게 기울어지면서 동시에 근일점이 6월에 오는 때다. 이 일은 대부분의 대륙 빙하가 있는 북반구 고위도 지방에 특히 더운 여름을 가져온다.

앞에서 이야기한 기온의 급락과 재상승은 빙하의 더딘 진행 위에 그대로 포개진다. 이 일이 처음 발견된 것은 모든 공전 궤도의 요인이 결합해서 북반구에 더운 여름을 불러온 1만 3000년 전의 사건이었다. 사실 이때에는 이미 축적된 얼음의 절반 가량이 녹아 있었다. 이 영거 드라이어스(Younger Dryas, 덴마크의 오래된 호수 밑바닥 깊은 곳에서 꽃가루가 발견된 북극 지방 식물인 드라이어스, 즉 담자리꽃나무의 이름을 따서 명명되었다.)는 갑자기 시작되었다. 그린란드 대륙 빙하

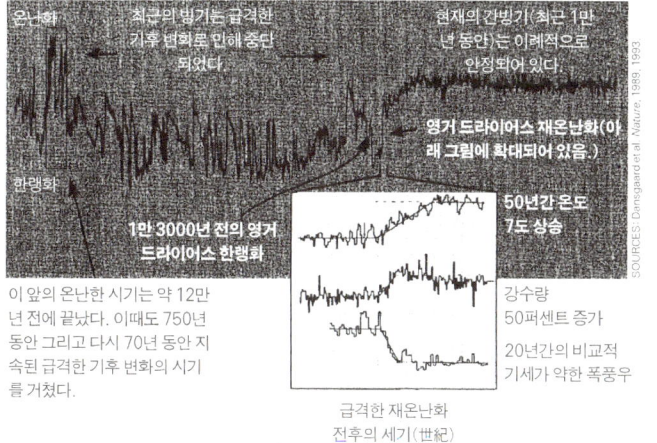

그림 2

최근에 있었던 빙기의 급격한 기후 변화

에서 나온 빙핵은 그것이 가뭄처럼 불시에 들이닥쳤음을 보여 준다. 연간 강수량이 감소했고 눈보라는 더욱 거세졌으며, 유럽 대륙의 평균 기온은 약 7도까지 떨어졌다. 이 모든 일이 몇십 년 이내에 일어났다. 이렇게 갑자기 닥쳐온 추위가 1,000년 이상 지속되었다. 그러다가 다시 갑자기 따뜻한 비가 내리기 시작했다. (온실 기

체로 인한 지구 온난화에 관해서 이야기하자면, 마지막으로 급격한 저온화 현상이 일어난 것은 점진적인 지구 온난화가 일어나던 도중이었음을 기억해 두는 것이 좋다.)

그린란드의 빙핵은 시기적으로 약 250만 년 전의 홍적세 빙기에 대해 10분의 1밖에 거슬러 올라가지 않는다. 그린란드에는 25만 년 전의 얼음밖에 남아 있지 않다. 마지막에서 세 번째로 일어난 융해가 모든 암반을 드러냈기 때문이다. 그러나 이곳의 빙핵은 최근 두 차례의 대규모 융해를 정확하게 기록하고 있다. 하나는 지금으로부터 13만 년 전에 시작되었고, 가장 최근의 것은 1만 5000년 전에 시작되어 8000년 전에 끝났다. 가장 중요한 것은, 우리가 최근의 몇천 년에 대해서는 나무의 '나이테'를 보고 연대를 알 수 있다는 점이다. 그리고 그 나무의 산소 동위 원소를 시험해서, 그린란드에 눈이 되어 떨어지기 전에 대서양에서 물이 증발되던 때의 해수면 온도를 추측할 수 있다는 점이다.

현재 고기후학자들은 최근 13만 년 동안에 일어난 여러 급작스러운 사건들에 대해 알고 있다. 이것들은 모두 빙하의 더딘 진행 위에 포개져 있다. 이 사건은 심지어 온난한 기간에도 일어났다. 내가 『정신의 고양(The Ascent of Mind)』이라는 책에 써 놓았듯이, 대규모로 일어난 빙하의 쇄도가 요인일 수도 있다. 이유는 간단하다. 뒤섞이기 전에 대양의 해수면 위에 떠 있던 많은 양의 민물이 북대서양에 다량의 열을 가져와 겨울의 유럽 기후를 따뜻하게 유지하는 해류에 커다란 변화를 일으켰기 때문이다. 내가 그린란드의 피오르에 엄청난 민물 저수지를 만드는 빙하의 쇄도를 그토록 염려하는 까닭이 바로 여기 있다. 끝내 얼음 둑이 무너지면 하루만에 모든 물이 방출될 수도 있다. 지난 번에 북위 70도에서 그린란드의 동쪽 해안선으로 피오르가 넓게 펼쳐진 곳을 날았을 때에는, 비록 바다로 열려 있지만 밑으로 물이 빠지는 물통의 테두리 같은 모습을 한 피오르를 보고 간담이 서늘했다. 현재의 해안선 위로 그리고 같은 고도의 모든 곳에 얼음이 없는 지역이 확대되어 있었다. 이는 마지막 빙기 이후로 엄청나게 큰 담수호가 형성되어 대륙 빙하를 균일하게 깎아 냈음을 암시한다.

앞으로 도래할 한랭화는 유럽의 식물상을 파괴하고, 그것에 의지해서 사는 5억 인구에게 커다란 타격을 입힐 것이다. 그리고 영거 드라이어스의 영향은 전 세계에서 심지어 오스트레일리아 대륙과 미국 남부의 캘리포니아 주에서도 볼 수 있다. 또 한 차례의 한랭화가 문명을 위협할지 어떨지는 몰라도, 과거에는 이 일이 유인원을 닮은 우리의 조상으로부터 사람이 진화하는 과정에서 중요한 역할을 담당했을 것이다. 원인은 간단하다. 이 일이 너무 순식간에 일어났기 때문이다.

> 둥근 사람이 이내 각진 구덩이에 들어맞으리라고 기대할 수는 없다. 그는 반드시 자신의 모습을 바꿀 시간을 가져야만 한다.
> ──마크 트웨인

어떤 동물이 살아가는 동안 융통성이 중요한가, 그렇지 않은가는 시간의 규모가 결정한다. 현대의 여행자와 진화하는 유인원 모두에게 그 시간의 규모는 날씨가 얼마나 빨리 변하는가 그리고 여행이 얼마나 오래 계속되는가 하는 점이다. 작은 과일나무 숲에 도착한 아프리카 우간다의 침팬지들은 그 지역의 재빠른 원숭이들이 먹을 만한 열매를 이미 따먹은 것을 보게 된다. 그러면 침팬지들은 방향을 돌려 흰개미를 잡아먹거나 원숭이를 잡아먹을 수 있다. 그러나 침팬지의 뇌가 열매만 먹는 경쟁자의 뇌보다 두 배나 크다고 해도, 이런 경쟁은 사실상 침팬지의 개체군을 크게 제한한다.

융통성이 언제나 장점으로 작용하는 것은 아니다. 그리고 융통성이 있다고 해서 항상 더 좋은 것은 아니다. 자주 비행기를 타고 여행하는 사람이면 알고 있듯이, 기내에서 휴대할 수 있는 가방들만 가진 승객은 세 개의 여행 가방을 가진 사람들이 물표를 받고 맡긴 수하물을 기다리는 동안, 아무 빈 택시나 잡아탈 수 있다. 한편 날씨가 너무 변덕스러워서 모든 사람들이 수영복부터 방한용 파카까지, 다양한 옷을 입고 여행해야 하는 상황이라면, 팔방미인 쪽이 한 방향만 파고드는 전문가보다 이익이다. 이는 어떤 생물이 둥근 구덩이에서 즉시 각이 진 구덩이로 건너가도록 하는 행동적 융통성의 경우에도 마찬가지다.

융통성에 더 큰 뇌가 필요하다는 것은 말할 나위도 없다. 그러나 큰 뇌를 가졌을 때의 불이익도 비교해서 헤아려야만 한다. 이 점을 언어학자 스티븐 핑커(Steven Pinker)는 다음과 같이 지적하고 있다.

> 진화는 무슨 이유로 둥글게 생긴 대사량이 매우 큰 기관, 즉 뇌가 커지는 쪽을 선택한 것일까? 큰 뇌를 가진 동물은 빗자루 위에 수박을 올려놓을 때 나타나는 모든 불리한 점을 가진 채 일생을 살아야 한다. …… 그리고 여성의 경우에는 몇 년에 한 번씩 커다란 신장 결석

을 통과시키는 것과 같은 불편을 겪어야 한다. 뇌의 크기 자체에 대한 선택은 분명히 작은 쪽을 선호했을 것이다. 그러나 보다 강력한 전산 능력(언어, 지각, 추론 등)이 우리에게 하나의 부산물로서, 다른 방식으로는 결코 생길 수 없었을 커다란 뇌를 가져다주었음에 틀림없다!

상황이 얼마나 빠르게 변화하는가는, 지능의 점증적 축적 모형에서 중요한 의미를 갖는다. 그것이 더 큰 뇌와 관련이 있든, 아니면 단순히 다시 정돈된 뇌와 관련이 있든 마찬가지다. 일정한 기후에서라면 전문가가 무거운 짐을 진 만물박사를 능가하면서 진화할 수 있을 것이다. 그러나 해부학적 적응은 빙기의 잦은 기후 변화에 비해 훨씬 천천히 일어난다. 따라서 적응이 기후를 '따라잡는' 것은 쉬운 일이 아니다. 실제로 급격한 변화는 한 개체의 일생 동안에 일어날 수도 있다. 그 개체는 위기에서 살아남는 데에 필요한 능력을 가졌을 수도, 그렇지 않을 수도 있다.

이 결승 연장전에 대한 논의는 우리의 조상뿐만 아니라 많은 잡식 동물에도 적용된다. 그러나 다른 동물에서는 최근의 수백만 년 동안 뇌 크기가 4배로 커진 것 같은 사례를 찾아볼 수 없다. 따라서 변덕스러운 기후만이 뇌가 커지도록 한 원인이 될 수는 없다. 무언가 다른 일이 동시에 진행되고 있었으며, 급격한 기후 변화가 그 중요성을 더욱 증대시켰고, 경쟁 과정에서 단순하고 평범한 기계적 경쟁자들이 진화한 만물박사를 물리치지 못하도록 했을 것이다.

모든 사람이 이 '무언가 다른 일'이 무엇인가에 대해 나름의 이론을 갖고 있다(예를 들어 니콜라스 험프리는 그 동인으로 사회적 지능을 꼽을 것이다.). 내가 추천하는 후보는 사냥을 위해 돌이나 창 같은 무기를 정확하게 던질 수 있는 능력이다. 이런 능력이 있으면 초식 동물을 먹으면서 겨울을 나기 쉽다. 그러나 대부분의 사람들은 언어, 특히 구문론을 꼽을 것이다.

> 언어의 이해력은 지능의 여러 구성 요소를 포함한다. 단어를 이해하고, 단어를 의미로 해석하고, 연속된 단어들을 문법 요소로 가르고, 의미를 진술로 연결하고, 진술 사이의 관계를 추론하고, 나중에 진행되는 담화를 처리하는 동안 먼저 나온 개념들을 단기 기억 속에 붙잡아 두고, 필자나 화자의 의도를 추측하고, 한 문단의 요지를 파악하고, 그 문단에 관한 질문에 답하면서 기억을 복구하고…… 하는

것들이다. 독자는 묘사되는 상황과 행동에 대한 정신적 표현을 구성한다. …… 독자들은 본문 그 자체보다는 그들이 본문으로부터 구성한 정신 모형을 기억하는 경향을 나타낸다.

―고든 바우어, 대니얼 모로, 1990

나는 종종 훌륭한 문체에 마음을 붙잡는 매력이 있는 소설도, 다 읽은 뒤에 그 내용이 곧바로 흐릿하게 변해 버리는 것을 발견하고는 한다. 물론 그것을 읽을 때의 느낌과 몰두하던 기분을 완전히 되살릴 수는 있다. 그러나 이야기의 세세한 부분에 대해서는 확신하기 어렵다. 이는 비트겐슈타인이 자신의 진술에 대해 이야기했듯이, 책은 마치 타고 올라야 하지만 용도를 다한 뒤에는 폐기되고 마는 사다리와도 같다.

―스벤 버커츠, 1994

5
지능의 토대로서의 통사론

언어 없는 동물이 어떻게 생각할 것인가는 상상하기조차 어렵다. 어떤 종류의 언어도 없는 세계는 화폐가 없는 세계와 비슷하다고 할 수 있다. 이런 세계에서는 일용품이 그 가치를 상징하는 금속이나 종이가 아니라 그 자체로 물물 교환되어야 한다. 그렇다면 가장 단순한 매매조차 얼마나 더디고 귀찮을 것인가! 더 복잡한 매매는 아예 불가능하지 않을까!

─ 데릭 비커턴, 『언어와 종(*Language and Species*)』, 1990

지금까지 살아 있는 유인원 중에서 인간과 가장 가까운 종을 비교할 때, 사람은 몇 가지 놀라운 능력을 갖고 있다. 심지어 사회적 지능과 안심시키기 위한 신체 접촉, 다른 개체를 속이는 능력 따위를 공유한 유인원과 비교해도 그렇다. 인간은 은유와 유추를 뒷받침할 수 있는 구문론적 언어를 갖고 있다. 인간은 모두 앞일을 계획하고 사건들을 고려하면서 선택한다. 인간에게는 음악과 춤도 있다. 침팬지 같은 동물이 사람처럼 변모하는 과정에는 어떤 단계들이 있었을까? 이는 사람다움에 대한 핵심 질문이다.

통사론이 사람다운 지능을 판가름한다는 데에는 의심의 여지가 없다. 통사론이 없다면 우리는 침팬지보다 영리할 것이 없다. 신경학자 올리버 색스(Oliver Sacks)는 10년 동안 수화를 배우지 못하고 자란, 귀가 들리지 않는 11세 소년에 대해 묘사하고 있다. 그 결과는 통사론 없는 사람의 삶이 어떠할지 잘 말해 준다.

> 조지프는 보고 구별하고 분류하고 사용할 수 있었다. 지각에 의한 분류나 일반화와 관련해서는 아무 문제도 없었다. 그러나 한 걸음 더 나아가, 추상적인 개념을 마음에 새기고 반성하고 놀고 계획을 세우는 일은 못하는 것처럼 보였다. 그는 완전히 융통성이 없는 것처럼 보였다. 이미지나 가설이나 가능성을 다룰 수도, 상상적이거나 비유적인 영역으로 들어갈 수도 없었다. …… 소년은 동물이나 유아

처럼 현재에 얽매여 있었으며, 글자 그대로 즉각적인 지각 속에 갇혀 있는 것처럼 보였다. 비록 어떤 유아에게도 없는 의식을 통해서 이 사실을 깨닫고 있었음에도 불구하고 말이다.

다른 비슷한 사례들 역시 언어 구사를 할 수 있도록 본래부터 갖추어진 소질도 초기 유년기 동안 연습을 통해 개발해야 함을 말해 준다. 조지프는 초기 유년기의 중대한 시기에 통사론이 시행되는 것을 관찰할 기회가 없었다. 그는 입으로 말하는 언어도 듣지 못했고 심지어 수화의 통사론에도 접근한 적이 없다.

하나의 바이오프로그램(bioprogram)으로 생각되는 것이 있는데, 때로는 보편 문법으로 불리기도 한다. 이는 정신적 문법 그 자체(각각의 지역 언어는 그 나름의 문법을 갖는다.)가 아니라, 주위 환경에서 문법을 발견하려는 경향성이다. 이런 측면도 사실은 훨씬 더 많은 가능성에서 나오는 특수한 문법이다. 사람이 왜 그토록 지적인가를 이해하기 위해서는 우리 조상들이 통사론을 발명함으로써 유인원의 상징적인 행동 양식을 어떻게 수정하고 강화했는가를 이해할 필요가 있다.

불행히도 지난 400만 년 동안 우리의 고대 조상이 남긴 유물은 석기와 뼈가 전부며, 그들의 보다 지적인 능력은 유물로 남아 있지 않다. 그 과정에서 다른 종도 가지를 쳐 왔지만, 그들은 더 이상 남아 있지 않다. 우리와 공통 조상을 가진 현존하는 종이 갈라진 때로 돌아가기 위해서는 600만 년을 거슬러 올라가야 한다. 호미니드 이외의 가지에서도 약 300만 년 전에 침팬지와 보노보가 나뉘었다. 우리 조상의 행동에 대해 힌트를 얻고 싶다면 보노보가 좋은 기회를 제공할 것이다. 보노보는 사람과 가장 많은 행동적 유사점을 갖고 있다. 또한 이들은 언어 연구를 위해서도, 1960년대와 1970년대에 스타가 된 침팬지보다 훨씬 더 좋은 연구 대상이다.

언어학자들은 통사론이 결여된 것은 언어가 될 수 없다고 주장하는 나쁜 습관이 있다. 그것은 말하자면, 그레고리오 성가에 바흐가 사용한 스트레토의 대위법, 병행 진행하는 성부, 주제의 갈려가기 자리바꿈이 없다고 해서 그것이 음악이 아니라고 이야기하는 것과 마찬가지다. 언어학은 스스로를 '바흐 이상'으로 제한했고, 이에 따라 '음악학 연구가'로서의 일, 즉 통사론이 나타나기 전에 일어난 문제를 파악하는 일을 주로 인류학자와 동물 행동학자 그리고 비교 심리학자의 손에 넘겨주었다. 이 모든 연구에 대한 언어학자의 전통에 빛나는 반박('아시겠지만 그것은 사실 언어가 아니거든요.')은 기묘한 범주상의 오류라 할 수 있다. 이 연구의 목표가 통사론이 제공하는 강력한 구조화의 전력을 이해하는 것이기 때문이다.

때에 따라서는 개체 발생이 계통 발생을 반복한다는 이론의 도움을 받을 수도 있다. 그러나 사람의 언어 능력은 초기 유년기에 너무 빠른 속도로 획득된다. 따라서 원래의 모든 상황을 철저히 가려버리는 합리화 작업을 통해 일종의 무료 간선 도로 같은 것이 생기면서 원래 있던 구불구불한 길을 흔적도 없이 지워 버린 것이 아닌가 하는 생각이 든다. 이 신속한 경로는 음성의 최소 단위인 음소의 경계가 발달하는 젖먹이부터 시작된다. 이때 원형들은 변종들을 붙드는 '자석'처럼 작용한다. 그리고 만 1세가 된 뒤에는 새로운 단어를 획득하려는 의욕이 뚜렷하게 나타난다. 만 2세에는 단어의 형태를 추측하려고 한다(아이들은 갑자기 일관되게 과거형과 복수형을 사용하기 시작하며, 그리 많은 시행착오를 거치지 않고 이를 일반화한다.). 만 4세에는 옛날이야기와 공상 이야기를 좋아하게 된다. 침팬지와 보노보들에게 이렇게 신속한 추적 능력이 없다는 것은 우리 입장에서 보면 다행스러운 일이 아닐 수 없다. 바로 이 점이, 그들의 발달 과정에서 우리의 강력한 통사론에 선행하는 중간 단계를 엿볼 기회를 제공하기 때문이다.

야생 긴꼬리원숭이의 일종인 사바나원숭이는 네 가지 경고음을 사용하는데, 각각의 소리는 한 종류의 포식자를 가리킨다. 이 원숭이들은 무리를 불러 모으거나 또 다른 원숭이 무리가 다가오는 것을 경고하기 위한 발성법도 사용한다. 야생 침팬지는 약 36가지의 서로 다른 발성법을 사용하며, 그 모든 소리는 사바나원숭이와 마찬가지로 독특한 뜻을 갖는다. 침팬지가 '우아아' 하는 큰 소리를 지른다면 도전을 하거나 화가 났다는 뜻이다. 부드러운 기침소리는 놀랍게도 위협이다. '우라아아' 하는 소리는 두려움과 호기심이 뒤섞여 있다('이상한 물건이로군!'). 그리고 부드러운 '후우' 소리는 적의가 없는 호기심을 뜻한다('이건 뭐지?').

만일 '우아아-우라아아-후우' 소리로 '후우-우라아아-우아아' 소리와 다른 뜻을 나타내려면, 침팬지는 이어지는 소리를 끝까지 듣고 분석할 때까지 낱낱의 소리가 나타내는 기본적인 의미를 무시하며 판단을 유보해야 할 것이다. 하지만 이런 일은 일어나지 않는다. 침팬지들은 특수한 의미를 위해 낱말들을 결합해서 사용하지 않는다.

사람도 약 36가지 발성 단위를 사용하는데, 이를 음소라고 한다. 그러나 음소만으로는 아무 뜻도 나타낼 수 없다! 심지어 '가'나 '바' 같은 음절의 경우에도 대부분 다른 음소와 결합해서 '가구'나 '바구니'처럼 의미 있는 단어를 만들지 않는 한 아무 뜻도 나타내지 못한다. 진행 경로의 어디에선가 우리 조상들은 대부분의 말소리에서 의미를 박탈했을 것이다. 그리고 지금은 몇 가지 소리가 결합한 것만 의미가 있다. 우리는 뜻 없는 소리를 꿰어서 의미 있는 단어를 만든다. 이는 동물계에 속한 다른 어떤 종에서도 볼 수 없는 일이다.

나아가 소리의 구성 단위를 꿰어 놓은 것을 다시 꿸 수도 있다. 이는 문장을 구성하는 어구와 같은 것이다. 하나의 원칙이 다른 조직화 수준에서도 계속 되풀이되는 것과 마찬가지다. 꼬리 달린 원숭이와 꼬리 없는 원숭이(유인원) 모두 한 가지 발성을 되풀이하면서 그 뜻을 강조하기도 한다(폴리네시아 어 같은 몇몇 사람의 언어가 그렇듯이). 그러나 사람 이외의 야생 종은 여러 소리를 꿰어 전혀 새로운 의미를 창출하지는 못한다.

지금까지 누구도 우리 조상이 어떻게 하나의 소리가 곧 하나의 뜻을 나타내는 상황을 무의미한 음소의 연속적인 결합 시스템으로 대체하는 분기점을 넘었는지 설명하지 못했다. 그것은 아마 유인원에서 사람으로 진화하는 동안 일어난 가장 중요한 변화의 하나일 것이다.

최소한 단순한 통합 시스템의 정황에서 볼 때, 꿀벌은 하나의 신호가 곧 하나의 뜻을 나타내는 틀을 깬 것처럼 보인다. 꿀벌들이 벌통으로 돌아올 때면 8자 모양을 그리면서 '꼬리춤'을 추어 방금 찾아낸 먹이의 위치 정보를 전달한다. 8자의 축이 나타내는 각도는 먹이가 있는 방향을 가리킨다. 그리고 춤추는 시간 간격은 벌통에서 먹이가 있는 곳까지의 거리에 비례한다. 예를 들어 이 이야기의 전통적인 설명에 따르면, 8자를 그리면서 세 바퀴 도는 것은 이탈리아의 꿀벌에서는 60미터 거리에, 독일의 꿀벌에서는 150미터 거리에 먹이가 있다는 뜻이다. 이때 문제가 되는 것은 벌이 어떤 무리에서 자랐는가가 아니라 벌의 유전자다. 그렇지만 언어학자들은 꿀벌의 이런 일에 큰 의미를 부여하지 않는다. 데릭 비커턴(Derek Bickerton)은 자신의 책 『언어와 종(*Language and Species*)』에서 이렇게 지적했다.

모든 다른 동물들은 자신에게 진화적으로 중요한 의미가 있는 일에 대해서만 의사를 전달할 수 있다. 그러나 사람은 무엇에 대해서나 의사를 전달할 수 있다. …… 동물의 부르는 소리와 신호는 구조상 완결적인 형태를 띠고 있어서 언어처럼 구성 요소로 나눌 수 없다. …… 사람 언어의 소리들은 그 자체로는 무의미하지만, 다양하게 재조합되어 별개의 의미를 갖는 수천 가지 단어를 낳을 수 있다. …… 똑같은 방식으로 제한된 수의 단어들이…… 결합해서 헤아릴 수 없이 많은 문장을 만들어 낼 수 있다. 다른 동물의 의사 전달 과정에서는 이런 과정을 전혀 찾아볼 수 없다.

충분한 경험만 있으면 많은 동물이 많은 단어나 상징 또는 사람의 몸짓을 배울 수 있다. 그러나 우리는 이해력과 정교한 의사 전달 능력을 구별해야 한다. 이 두 가지가 반드시 함께 있다고는 보장할 수 없다.

이미 이야기한 것처럼, 어떤 심리학자의 개는 약 90가지 어휘를 이해한다. 그리고 이들이 만들어 내는 60가지 어휘는 이들이 받아들이는 어휘와 의미가 그리 많이 겹치지 않는다. 어떤 바다사자는 사람의 190가지 몸짓을 이해하는 법을 배웠다. 그러나 바다사자는 이해에 따른 어떤 응답의 몸짓을 만들어 내지는 않는다. 보노보는 훨씬 더 많은 단어를 위한 상징을 배웠으며, 그것들을 몸짓과 결합해서 어떤 것을 요청할 수도 있다. 어떤 붉은꼬리회색앵무는 10년에 걸쳐 30개 사물의 이름과 일곱 가지 색깔, 모습을 나타내는 다섯 가지 형용사 그리고 다양한 다른 '단어'를 포함해서 모두 70가지 낱말을 학습했다. 그리고 이런 어휘력을 이용해서 어떤 것을 요청할 수도 있었다.

하지만 이렇게 재능이 있는 동물 중 어느 것도 누가 누구에게 어떤 일을 했는가에 관한 이야기를 하지는 않는다. 이 동물들은 날씨에 대한 이야기도 하지 않는다. 우리의 가장 가까운 친척인 침팬지와 보노보에게 동기를 부여할 수 있는 숙련된 교사만 있다면, 이들이 상당 수준의 언어 이해력을 획득할 수 있다는 것은 분명한 사실이다. 수 새비지 럼보와 그 동료들의 지도로 가장 뛰어난 성과를 거둔 보노보는 한 번도 들어본 적 없는 문장을 해석할 수도 있었다. "칸지, 사무실로 가서 빨간 공을 가져와." 같은 문장이다. 그러나 보노보도 어린아이도 이런 문장을 '구사'할 수는 없다. 그들은 단지 행동을 통해서 자신이 그 문장을 이해한다는 것을 표현할 수 있으며, 아이들의 언어 능력이 발달할 때에도 이해력이 먼저 발달하고 구사력은 나중에 발달한다.

나는 종종 이런 생각을 한다. 유인원의 언어 연구가 제한된 성공밖에 거두지 못한 이유 중에서 얼마나 많은 부분이 단지 동기 부여가 불충분했다는 문제 때문일까 하는 것이다. 유인원에게 말을 가르치는 교사들은 어린아이들이 일반적으로 보이는 스스로 동기를 부여하려는 욕구를, 대신 부여할 정도의 실력을 갖춰야 한다. 그렇지 않으면 제한된 성공밖에 거두지 못한 이유가 동물들이 아주 어릴 때부터 시작하지 않았기 때문은 아닐까? 보노보가 어떻게든 생후 2년 이내에 같은 나이의 아이들과 비슷하게, 새로운 단어를 이해하려는 동기를 갖게 된다면 어떨까? 그러면 이 보노보는 통사론을 구사하기 이전의 아이들처럼 단어들을 본떠서 만들게 될까? 이 일이 서서히 일어나서 우리에게 진정한 통사론에 선행하는 하나하나의 단계들, 즉 현대인의 전체 유전자가 제공하는 효율적인 무료 간선도로가 가려 놓은 것을 보여 줄 수 있을까?

보노보의 의사 전달 능력은 매우 인상적이지만 그것을 언어라고 할 수 있을까? 대부분의 사람들은 언어라는 말을 상당히 막연하게 사용한다. 이 말은 우선 영어나 프랑스 어, 네덜란드 어 그리고 그 말들이 파생된 1,000년 전의 독일어 그리고 더 멀리 거슬러 올라가서 인도 유럽 조어(祖語)와 같은 각각의 특수한 지역 언어를 나타낸다. 그러나 언어라는 말은 특히 정교한 의사 전달 체계의 지배적인 범주를 가리키기도 한다. 꿀벌을 연구하는 사람들은 언어라는 말로 그들의 실험 대상이 하는 일을 묘사한다. 침팬지 연구자들도 마찬가지다. 어느 지점에서 동물의 기호 목록이 사람의 언어가 되는 것일까?

답은 분명치 않다. 웹스터 대학생용 사전에 보면 언어를 '이해할 수 있는 의미를 갖는 관례화된 신호나 소리, 몸짓 또는 기호 등을 사용하여 개념이나 감정 등의 의사를 전달하는 조직적인 수단'으로 정의해 놓았다. 이 정의는 앞에서 말한 사례를 포함할 것이다. 수 새비지 럼보는 언어의 본질을 "다른 개체에게 그가 이미 알고 있는 것이 아닌 무엇인가를 이야기할 수 있는 능력"이라고 주장한다. 이는 물론 수용하는 개체가 의미를 구성하는 과정에서 피아제류의 좋은 추측을 할 수 있는 지능을 사용해야 한다는 뜻이다.

그러나 그것이 사람이 사용하는 것과 같은 언어라고 할 수 있을까? 언어학자들은 즉시 이렇게 답할 것이다. "아니, 법칙이 있어야 한다!" 그리고 그들은 정신적 문법이 포괄하는 여러 법칙에 대해 언급하면서, 이 법칙들이 사람 이외의 어떤 사례에서 발견되었는가를 묻기 시작할 것이다. 칸지 같은 몇몇 동물들이 단어의 순서를 활용해서 자신의 요청을 분명히 전할 수 있었다는 사실도 그들의 마음을 움직이지는 못한다. 언어학자 레이 재컨도프(Ray Jackendoff)는 대다수 다른 언어학자들에 비해 온건한 언사를 사용했지만, 최종 결론은 같았다.

> 많은 사람이 유인원이 언어를 갖고 있는가 그렇지 않은가 하는 논점을 두고, 자신의 입장을 뒷받침하는 정의와 반대 정의들을 인용하고 있다. 이는 실로 어리석은 논쟁이 아닐 수 없다. 이런 논쟁은 사람과 다른 동물 사이의 거리를 좁히려는 의도에 의해, 아니면 반대로 어떻게든 이 거리를 그대로 유지하려는 의도에 의해 추진되는 경우가 많다. 교조를 벗어나기 위해 이런 질문을 던져 보자. 유인원은 의사 전달에 성공했는가? 분명히 그렇다. 유인원은 심지어 기호를 통한 의사 전달에도 성공한 것처럼 보인다. 참으로 놀라운 일이다. 그러나 한 걸음 더 나아가면, 그들이 그 기호를 조리 있게 통제하는 정신적 문법을 구성할 수 있다고는 보이지 않는다(여기에서도 다시 정도의 문제가 제기되는데, 이들은 이런 능력을 어느 정도는 가질 수 있지만, 사람의

능력에 가까운 것은 없다.). 간단히 말해서, 보편 문법 또는 그것과 얼마간이라도 비슷한 모든 것은 오직 사람에게만 있는 것으로 보인다.

'진정한 언어'에 대한 이런 논쟁은 지능과 어떤 관계가 있을까? 언어학자들이 정신 구조에 대해 발견한 사실 그리고 유인원 언어 연구자들이 보노보들이 만들어 내는 규칙에 대해 발견한 사실로부터 판단하건대, 꽤 많은 관계가 있다. 단순한 것에서부터 출발해 보자.

어떤 말은 너무 단순해서 전달 내용의 요소를 분류하기 위한 정교한 법칙이 필요 없다. 어떤 순서든 '바나나(banana)'와 '달라(give)'로 이루어진 대부분의 요청은 메시지 전달에 무리가 없다. 그러면 이번에는 한 문장에 한 개의 동사와 두 개의 명사가 있다고 가정해 보자. '개, 소년, 물다.'를 어떤 순서로 연결하면 좋을까? 이 경우에는 정신적 문법이 그리 많이 필요치 않다. 소년은 대부분 개를 물지 않기 때문이다. 그러나 '소년, 소녀, 밀다.'는 어느 쪽이 행위자고 어느 쪽이 행위의 대상인가를 정해 주는 일정한 규칙이 없다면 뜻이 모호해진다.

단순한 관례가 이 문제를 해결할 수 있다. 영어 평서문의 '주어-동사-목적어'의 어순('The dog bit the boy'), 한국어의 '주어-목적어-동사'의 어순('개가 소년을 물었다.')이 바로 그것이다. 이런 어순에 따르면 짧은 문장에서는 첫째 명사가 행위자가 된다. 이는 칸지가 새비지 럼보의 '공을 바나나에 갖다 대라(Touch the ball to the banana).'는 요청의 표현 방식으로부터 받아들일 수 있었던 규칙성이다.

주어나 목적어의 역할을 나타내기 위해서 한 어구의 단어들에 꼬리표를 붙일 수도 있다. 이때에는 언어에 따라 어형 변화를 활용할 수도 있고 조사를 활용할 수도 있다. 그'는'이라고 하면 문장의 주어라는 뜻이지만, 그'를'이라고 하면 목적어라는 뜻을 나타내는 것과 같다. 한때 영어에는 주어와 목적어를 구별하는 많은 어형 변화가 있었지만, 지금은 주로 인칭 대명사와 'who/whom'에만 남아 있다. 특수한 어미나 접미사는 어떤 단어가 문장에서 맡은 역할을 알 수 있도록 해 주기도 한다. '부드럽게'처럼 '게'라는 어미가 붙어 있는 단어를 보면 그것이 체언이 아니라 용언을 꾸민다는 것을 짐작할 수 있다. 어미 변화가 심한 언어에서는 이런 표시가 광범위하게 사용된다. 따라서 어순은 관계의 정신적 모형을 구성할 때 단어가 맡은 구실을 확인하는 경우 그리 중요한 고려 사항이 되지는 않는다.

> 새로운 문장을 말하고 이해할 수 있으려면 뇌에 우리가 사용하는 언어의 단어들을 저장해야 할 뿐만 아니라, 언어에서 사용하는 문장의 패턴도 저장해 놓아야 한다. 이런 패턴은 다시 단어의 패턴뿐만 아니라 패턴의 패턴까지 묘사한다. 언어학자들은 이런 패턴들을 가리켜 기억에 저장된 언어의 법칙이라고 한다. 그들은 법칙을 완전히 묶어 놓은 것을 가리켜 언어의 정신적 문법 또는 간단히 문법이라고 한다.
> ——레이 재컨도프, 『마음속의 패턴(*Patterns in the Mind*)』, 1994

피진(보조어. 언어가 다른 사람들의 대화에서 의사소통을 위해 쓰이는 국제보조 언어—옮긴이)이나 나의 여행자용 독일어와 같은 단어의 조합을 만들기 위한 단순한 방법은, 언어학자 데릭 비커턴이 조어(어떤 언어 또는 어족의 시원이 되는 언어—옮긴이)라고 일컫는 것이다. 여기에서는 지적 규칙성을 활용할 필요가 별로 없다. 단어의 연상 작용('소년, 개, 물다')이 의미를 전달하기 때문이다. 주어-동사-목적어, 또는 주어-목적어-동사와 같은 관례적인 어순으로부터 어느 정도 도움을 받을 수도 있다. 언어학자들은 유인원이 성취한 언어의 이해력과 구사력을 모두 조어로 분류할 것이다.

아이들은 언어에 귀를 기울임으로써(귀가 들리지 않는 아이들은 손짓이나 몸짓언어를 관찰함으로써) 정신적 문법을 배운다. 아이들은 새로운 단어는 물론 그것들의 연관성도 익히려고 한다. 그리고 한 벌의 정교한 연관성은 특수한 언어의 정신적 문법을 이룬다. 아이들은 대략 생후 18개월부터 각 지역 언어 특유의 규칙을 사용하게 된다. 아이들은 말을 이루는 각 부분을 묘사할 수도, 문장을 도해할 수도 없지만, 그들의 '언어 기계'는 1년 정도의 경험으로 이 모든 일을 알게 되는 것처럼 보인다.

순서를 발견하고 모방하려는 이런 생물학적 경향성은 매우 강력하다. 그 결과 농아자인 놀이 친구들은 모형으로 삼기에 적당한 것(수화 같은 것을 말한다.—옮긴이)을 접하지 못하는 경우, 어형 변화를 가진 그들만의 몸짓언어를 만들어 내기도 한다. 비커턴은 외국으로 이민한 사람들은 부모의 말을 듣고 피진 조어로부터 새로운 언어, 즉 혼합어를 만들어 낸다는 사실을 보였다. 피진은 무역업자와 여행자, '외국인 노동자'들(그리고 예전의 노예들)이 어떤 실질적인 언어를 공유하지 못할 때 사용하는 말을 일컫는다. 이런 말에는 대부분 몸짓이 많이 포함되며, 그리 많지 않은 내용을 이야기할 때에도 긴 시간이 걸린다. 이리저리 에둘러 말해야 하기 때문이다.

많은 법칙(정신적 문법)이 있는 고유한 언어를 사용할 때에는 짧은 문장에 많은 뜻을 담을 수 있다. 혼합어는 사실 고유한 언어이다. 피진을 사용하는 사람의 아이들은 들려오는 어휘를 습득하고 그것으로부터 일정한 법칙을 만든다. 바로 정신적 문법이다. 이런 법칙이 반드시 부모들이 사용하는 모국어를 동시에 학습하면서 알게 된 것이라고는 할 수 없다. 그리고 누가 누구에게 무엇을 했는가를 재빨리 이야기하면서, 그들의 입에서는 새로운 언어가 출현한다.

언어의 어떤 측면이 습득하기 쉽고 어떤 측면이 습득하기 어려울까? 가장 쉬운 것은 아마 넓은 범주일 것이다. 아이들은 보통 모든 네 발 달린 짐승을 '멍멍이'라고 부르고, 모든 성인 남성을 '아빠'라고 부르는 단계를 통과한다. 일반적인 것으로부터 특수한 것으로 진행하는 일은 더욱 어렵다. 그러나 우리가 이미 알고 있듯이, 어떤 동물들은 결국 수백 가지나 되는 상징적인 표현을 배울 수 있다.

　더 중요한 논점은 과연 낡은 것을 벗어난 새로운 범주가 만들어질 수 있는가 하는 점이다. 비교 심리학자 듀안 럼보(Duane Rumbaugh)는 원원류(로리스, 갈라고, 안경원숭이 등 진원류보다 원시적인 영장류)나 몸집이 작은 꼬리 달린 원숭이들은 식별하는 법을 배울 때 첫 단계에 얽매이는 경우가 많다고 지적한다. 반면 붉은원숭이와 유인원들은 낡은 법칙에 위배되는 새로운 법칙을 배울 수 있다. 사람은 낡은 것 위에 새 범주가 겹치도록 할 수도 있지만, 이는 어려운 일일지도 모른다. 범주적 지각(앞에서 언급한 환청과 관계가 있는, 머리에 정리하여 기억해 두는 일)은 일본인들이 영어의 L과 R 발음을 구별하는 데 그토록 어려움을 겪는 이유다.

　일본어는 L이라고도 R이라고도 할 수 없는 중간적인 음소(音素)를 갖는다. 자칫 잘못하면 영어의 L과 R의 음소는 일어 음소의 별형으로만 취급된다. 인습적인 범주에 의한 이런 '얽매임' 때문에 두 음소의 차이를 들을 수 없는 일어 사용자들은 그 두 발음을 뚜렷하게 발음하는 데에도 어려움을 겪는다.

　한 단어를 한 몸짓과 결합하는 일은, 한 단어를 한 뜻에 결합하는 일에 비해 좀 더 복잡하다. 그리고 몇 단어를 꿰어 일정한 뜻을 갖도록 하는 일은 더욱 어렵다. 기본적인 어순은 모호한 표현을 해석하는 데 도움이 된다. 그렇지 않으면 어느 명사가 행위자고 어느 쪽이 행위의 대상인지 알 수 없을 것이다. 주어-동사-목적어의 순으로 된 영어의 평서문은 세 요소가 이루는 여섯 개의 순열 중 하나일 뿐이며, 다른 언어에서는 다른 순열들이 발견된다. 이때 어떤 어순은 다른 것보다 자주 발견되기도 한다. 그러나 그 다양성은, 어순이 보편 문법으로 제안된 것 같은 생물학적 요구라기보다는 문화적 관습임을 시사한다.

시점을 지적하는 말('내일', '이전' 등)에는 더 발전된 능력이 필요하다. 이는 정보에 대한 욕구를 나타내는 말('무엇', '있는가' 등)이나 가능성을 나타내는 말('그럴지도 모른다', '그럴 수도 있다' 등)도 마찬가지다. 피진 조어에 무엇이 결여되어 있는가를 지적하는 것은 충분히 가치 있는 일이다. 피진 조어에서는 명사 앞에 단수, 복수, 성, 격 등을 나타내는 관사를 사용하지 않는다. 그것은 어형 변화(-들, -하게 등)나 종속절을 사용하지도 않는다. 피진 조어에서는 동사를 생략하는 경우도 많은데, 이때 동사는 문맥으로부터 추정한다.

배우는 데 시간이 걸리기는 하지만, 어휘와 기본적인 어순은 언어의 법칙에 묶여 있는 다른 부분보다는 그래도 쉬운 편이다. 실제로 재클린 존슨(Jacqueline S. Johnson)과 엘리자 뉴포트(Elissa L. Newport)의 연구 결과에 따르면, 성인이 된 뒤 아시아에서 미국으로 이민해서 영어를 배우는 사람들은 어휘와 기본적인 어순을 배우는 데에는 성공하지만, 다른 부분에서는 커다란 어려움을 겪는다고 한다. 하지만 어릴 때 이민 간 사람들은 이런 것들도 쉽게 배울 수 있다. 영어의 경우에는 '누가-언제-어디서-무엇을-어떻게-왜' 등의 의문사로 시작되는 질문은 기본 어순으로부터 벗어나 있다. 이런 문장에서는 대부분 단어의 위치가 변하기 때문이다. 이렇게 변화된 어순은 어른이 되어 이민한 사람들에게는 매우 어렵게 느껴진다. 이렇게 어려움을 겪는 것은 다른 대응 관계에서도 마찬가지다. 예를 들어 중간에 많은 수식어가 끼어 있더라도 복수 명사에는 반드시 복수 동사가 와야 한다는 등의 법칙을 말한다. 성인 이민자들은 이런 문법적인 오류를 범할 뿐만 아니라, 잘못된 문장을 듣고도 그 사실을 알아차리지 못한다. 예를 들어 명사의 복수형을 써야 할 자리에 단수형을 사용한다든가(The boy ate three 'cookie.'), 동사의 과거형을 써야 할 자리에 현재형을 쓰는(Yesterday the girl 'pet' a dog.) 따위의 일이다. 7세가 되기 전에 미국에 도착한 사람들은 성인이 되어 도착한 사람들이 저지르는 인식의 오류를 거의 범하지 않는다. 그리고 7~15세에 영어를 배우기 시작한 사람들은 처음 배우기 시작한 나이가 많을수록 오류를 범하는 비율이 커지는 것으로 나타났다. 그리고 15세 이후에 영어를 배운 사람들은 모두 성인이 된 뒤에 배운 사람들과 같은 수준의 오류를 범한다. (여기서 이야기한 모든 경우, 두 사람의 언어학자가 조사 대상으로 삼은 사람들은 10년 동안 영어를 접했으며, 어휘와 기본적인 어순의 문장을 이해하는 데에는 평균 점수를 받은 사람들임을 강조해야만 하겠다.)

아이들은 만 2~3세가 될 때까지 복수형의 법칙을 배운다. '-s'를 붙이게 되는 것이다. 그 전까지는 모든 명사를 법칙이 없는 것처럼 다룬다. 전에 'mice(mouse의 복수형)'라는 말을 사용한 적이 있는 아이들도, 일단 복수형의 법칙을 배운 뒤에는 'mice' 대신 'mouses'를 사용하기도 한다. 그러다가 결국은 불규칙 명사와 불규칙 동사를 특수한 경우, 즉 어떤 법칙의 예외 조항으로 취급하는 법을 배운다. 아이들은 만 2세 무렵 규칙적인 법칙에 대한 의욕을 나타내고, 학교를 다니는 나이에는 이런 의욕이 점점 사라지는 것처럼 보인다. 물론 성인이 된 뒤에 이런 것들을 배우지 않는다고 볼 수는 없다. 그러나 성인의 경우 영어를 사용하는 사회에 들어간다고 해도 2~7세의 아이들에게서 일어나는 것과 똑같은 일이 일어나지는 않는다.

　그것을 바이오프로그램이라고 부르든 보편 문법이라고 부르든, 언어의 가장 어려운 측면을 배우는 일은 생물학적 기초를 가진 유년기의 의욕이 있을 때 더욱 쉽게 이루어질 수 있는 것 같다. 직립 보행을 배우는 것도 마찬가지다. 이런 의욕은 언어에서 특히 분명하게 나타나는데, 바로 그런 의욕이 소리와 시각에서 복잡한 패턴을 찾아내고 흉내 내는 것을 배울 수 있도록 해 주는 것인지도 모른다. 우리가 알게 된 바에 따르면, 조지프처럼 듣지 못하는 아이는 정기적으로 체스 게임을 지켜보면 체스의 패턴을 발견할 수 있다. 많은 면에서 이런 패턴을 찾는 바이오프로그램은 사람다운 지능을 지지하는 중요한 토대로 보인다.

　사전에서는 문법이라는 단어를 (1)형태론(morphology, 단어의 어형 변화를 다룬다.), (2)통사론(구문론, syntax, '같이 배열하다.'라는 뜻의 그리스 어에서 온 것으로, 단어들을 절과 문장들로 배열하는 일을 다룬다.) 그리고 (3)음운론(phonology, 음운과 음운의 배열을 다룬다.)의 세 가지로 정의하고 있다. 그러나 우리가 사회적으로 올바른 관용법을 나타내기 위해 문법이라는 말을 막연하고도 광범위하게 사용하듯이, 언어학자들은 때때로 반대쪽의 극단으로 치우쳐서 너무 협소하게 제한된 정의를 사용한다. 그들은 종종 정신적 문법의 한 작은 부분을 상술하기 위해 문법이라는 말을 사용한다. 이때 작은 부분이란 '~가까이', '~위에', '~속으로'처럼 중심이 되지는 않지만 도움을 주는 모든 단어들을 말한다. 이런 단어들을 무엇이라고 부르든, 그것들도 지능 분석에서 매우 큰 의미를 갖는다.

무엇보다도 이런 문법의 항목들은 상대적인 위치(~위에, ~아래에, ~옆에, ~뒤에)와 상대적인 방향(~로, ~로부터, ~를 통해서, 왼쪽으로, 오른쪽으로, 위로, 아래로)을 표현할 수 있다. 그리고 상대적인 시간(~전에, ~후에, ~동안에 그리고 다양한 시제를 나타내는 것들)과 상대적인 수(많은, 적은, 몇몇의, -s와 같은 복수형)를 나타내는 단어들도 있다. 관사들은 대명사와 비슷한 방식으로, 이미 알고 있을 거라는, 아니면 모르고 있을 거라는 추측을 표현한다(정관사 the는 듣는 사람이 알고 있을 것으로 생각하는 것에, 부정관사 a나 an은 듣는 사람이 모르고 있을 것으로 생각되는 것에 붙인다.). 비커턴의 일람표에 들어 있는 다른 문법 항목으로는 상대적인 가능성(~수 있다, ~일 것이다, ~일지도 모른다), 상대적인 상황 의존성(~않으면, 비록 ~일지라고, ~하기까지, ~때문에), 소유 관계(~의, 갖다), 작용(~로), 의도(~위해), 필요성과 의무(~해야 한다),

존재(있다), 존재하지 않음(없다) 등이 있다. 어떤 언어에서는 동사의 어형 변화가, 어떤 사실을 개인적인 경험을 기초로 해서 알게 되었는지, 아니면 단지 간접적으로 알 뿐인지를 나타내기도 한다.

    이렇게 문법적인 단어들은 관계를 나타내는 정신적인 지도 위에 사물과 사건의 서로에 대한 위치를 정해 준다. 관계('더 크다.', '더 빠르다.' 등)는 대개 유추에 의해 비교되는 것이기 때문에 ('더 큰 것이 더 빠르다.' 처럼), 단어의 위치를 문법적으로 정해야 하는 측면도 지능을 증대시켰을 것이다.

    구문론은 인습적인 어순이나 앞에서 언급한 문법의 '위치를 정하는' 측면을 뛰어넘는 것으로, 사물에 대한 정신적 모형에서 상대적인 관계를 나무와 같은 형태로 구조화한 것이다. 말하는 사람은 듣는 사람에게 구문론을 통해서 누가 누구에게 무엇을 했는가에 대한 지적 모형을 신속히 전달할 수 있다. 이 관계는 위아래가 거꾸로 된 나무 모양의 구조를 통해 가장 잘 나타낼 수 있다. 이는 내가 고등학교에 다니던 시절의 문장 도표가 아니라, 엑스바 구(句)(x-bar, 보편 문법을 위한 통사론의 한 이론) 구조로 알려진 현대적인 형태의 도표다. 현재 이 주제를 다룬 훌륭한 대중 출판물이 몇 권 나와 있으므로 이 도표를 설명하는 일은 생략하겠다(휴!).

나무 모양의 구조는 잭이 지은 집을 노래한, 운을 단 시구의 종속절을 생각하면 가장 알기 쉽다('This is the farmer sowing the corn/ That kept the cock that crowed in the morn/ …… That lay in the house that Jack built.'). 비커턴은 이런 일이 가능한 이유를 다음과 같이 설명하고 있다.

구는 우리 눈에 보이는 것처럼 그렇게, 실에 구슬을 꿴 것처럼 연속적으로 함께 묶여 있지 않다. 구는 한 개 안에 다른 한 개를 포개 넣을 수 있는 중국제 상자와 같다. 그 중요성은 아무리 강조해도 지나치지 않다. 사람의 언어 기원이나 사람 이외의 종이 나타내는 소위 언어 능력에 관심을 가진 많은 사람들은, 단순히 잘못된 가정에 기초해서 언어가 어떻게 출현할 수 있었는가에 대해 지극히 단순한 가설들을 제안했다. 그들은 한 걸음 한 걸음이 보행에 묶여 있는 것과 매우 비슷한 방식으로, 단어들이 문장에서 구와 구로 연속적으로 묶여 있다고 가정한다. …… 이처럼 터무니없는 발상도 없을 것이다. …… 이는 '농부 자일스가 좋아하는 굽은 뿔이 난 소' 같은 구를 생각해 보면 알 수 있다. 이 구에 있는 어떤 단어도 뜻이 모호하지 않지만,

구 전체를 보면 뜻이 분명하지 않다. 농부 자일스가 좋아하는 것이 굽은 뿔인지, 아니면 소인지 알 수 없기 때문이다.

이런 '구의 구조' 이외에도, '논지의 구조'라는 것이 있다. 이는 문장 속에 있는 여러 명사의 구실을 추정하는 데에 특히 도움이 된다. '잠자다' 같은 자동사를 보면, 생각을 완결하기 위해서 하나의 명사(또는 대명사)면 충분하다고 확신할 수 있다. 그 명사는 바로 잠을 자는 사람이다. 이는 잠자는 일과 관련된 단어를 갖고 있는 다른 언어에서도 사실일 것이다. 이와 비슷하게 어떤 언어에 '치다'라는 뜻의 동사가 있다면, 우리는 두 개의 명사가 관련되어 있다고 확신할 수 있다. 바로 행위자와 행위의 대상이다(제3의 명사가 있을 수도 있는데, 이는 치는 일에 사용하는 도구다.). '주다'라는 뜻의 동사는 세 개의 명사를 요구한다. 상대방에게 주는 물건도 필요하기 때문이다. 따라서 '주다'의 특징을 그리는 모든 정신적 조직화의 도표에는 세 개의 빈 자리가 있을 것이다. 그리고 이 빈 자리들이 적절히 채워진 뒤에야 우리는 그 문장을 제대로 '이해'했다고 느끼고 다음 과제로 진행할 수 있을 것이다. 때로는 그 명사들이 '내놔!' 같은 경고에서처럼 은연중에 내포되어 있을 수도 있다. 이 경우 우리는 '네가', '돈을', '나에게'의 세 요소를 자동적으로 채워 넣는다.

비커턴이 지적했듯이 문장은 다음과 같은 것이다.

> 문장은 짧은 연극이나 이야기와 같아서, 등장 인물들은 각각 특수한 배역을 맡는다. 이 배역에는 매우 짧고 제한된 목록이 있다. 모든 언어학자들이 그 목록이 무엇인가에 대해 완전한 의견 일치를 보고 있지는 않다. 그러나 모두는 아니지만 대다수는 행위자('존'은 만찬을 요리했다.), 주제(존은 '만찬'을 요리했다.), 목적지(나는 그것을 '메리에게' 주었다.), 출처(나는 그것을 '프레드에게서' 샀다.), 도구(빌은 '칼로' 그것을 잘랐다.), 수익자(나는 '너를 위해' 그것을 샀다.) 그리고 시간과 장소 등의 배역을 포함하려 할 것이다.

어떤 야생 동물도 이런 구조적인 특징을 나타내지는 않는다. 야생 동물의 언어라면 기껏해야 몇십 가지 발성 그리고 그것들과 연관된 강화 장치(별의 꼬리춤과 되풀이되는 유인원의 경고용 울부짖음처럼, 대부분 반복이라는 형태로 나타난다.), 이와 함께 새로운 메시지를 위해 매우 드물게 사용하는 결합된 발성 정도다. 교육을 받으면 어떤 동물들은 일관된 어순을 이해하게 된다. 그 결과 그들은 '칸지, 바나나를 공에 갖다 대.' 같은 말에 정확히 반응하게 된다. 그리고 이 경우 어순은 행위자를 행위의 대상과 구별하는 데에 사용된다.

그러나 언어학자들은 언어의 경계선을 이런 문장의 이해력을 뛰어넘는 곳에 두려 한다. 그들은 동물 실험에서 정신적 문법을 사용한 문장을 구사하는 것을 보고 싶어 한다. 그들은 단순한 이해력은 너무 쉬운 일이라고 주장한다. 의미를 추측하는 것만으로 이해할 수 있는 경우도 많다. 그러나 독특한 문장을 신속히 만들고 말하려는 시도는 모호함을 피할 수 있을 정도로 충분히 규칙을 알고 있는가, 그렇지 않은가를 드러낸다.

그러나 이런 구사력 테스트는 언어 학습자보다는 과학자의 공로를 나타낸다고 하는 편이 옳을 것이다. 어쨌든 이해력은 아이 때 처음 생겨난다. 침팬지에게 농아자를 위한 수화를 가르치기 위해서는 우선 어떻게 올바른 동작을 할 것인가부터 가르쳐야 했다. 수화의 신호가 무엇을 의미하는가에 대한 이해는, 나타났다고 해도 나중에나 가능했다. 유인원의 언어 연구가 결국 이해력이라는 쟁점을 다루게 된 것을 보면, 그 일에는 생각했던 것보다 많은 장애물이 있는 것으로 보인다. 그러나 어떤 동물이든 일단 이해력을 통과하기만 하면 자발적으로 구사력이 증대될 것이다.

언어학자들은 그것이 무엇이든 실재하는 규칙보다 단순한 것에는 관심을 기울이지 않는 편이다. 그러나 행동학자와 비교 심리학자, 발달 심리학자들은 흥미를 느낀다. 때때로 우리는 모두에게 나름대로 기능을 주기 위해서 '언어(language)'라는 단어를 두 가지로 구분해서 이야기한다. 계통적인 의사 전달을 뜻하는 'language' 그리고 발전된 구문론을 사용하는 뛰어난 존재의 말을 나타내는 대문자 L로 시작하는 'Language'가 그것이다. 이 모든 것은 융통성과 속도(그리고 이에 따르는 지능)의 개발에 도움이 된다. 형태론과 음운론도 인식 과정에 대해 중요한 것을 가르쳐 주지만, 구의 구조, 논지의 구조 그리고 상대적인 위치를 나타내는 단어들은 그것의 구성적인 측면 때문에 특히 관심의 대상이 된다. 그리고 이런 것들은 바른 추측을 하는 종류의 지능을 위해 활용할 수 있는 정신 구조에 관한 통찰을 부분적으로나마 제공한다.

이해력은 상대방에게 귀를 기울이는 동시에 짤막짤막하게 터져 나오는 소리에서 말하는 바와 의도를 파악하는 활발한 지적 과정을 필요로 한다(이때 말하는 바와 의도는 항상 불완전하게 전달된다.). 대조적으로 말을 구사하는 것은 단순하다. 우리는 우리가 생각하는 것을 그리고 우리가 어떤 뜻을 전하려 하는지를 알고 있다. 우리는 '우리가 말하려는 것이 무엇인지' 이해할 필요가 없다. 단지 어떻게 말할 것인가만 생각하면 된다. 이와 대조적으로 다른 사람이 하는 말을 들을 때는 다른 사람이 무슨 말을 하는지 판단해야 할 뿐만 아니라, 화자의 내면 상태에 대해 알지도 못한 상태에서 그가 말로 어떤 의도를 표현하고 있는지도 파악해야 한다.

―수 새비지 럼보, 1994

어느 정도의 언어 능력이 사람의 선천적 측면일까? 모방을 통해 새로운 단어를 배우려는 것은 산수를 배우려는 동기와는 분명히 다른 선천적 측면을 갖는 것으로 보인다. 다른 동물들은 모방을 통해 몸짓을 배운다. 그러나 취학 전의 아이들은 매일 평균 10개씩 새로운 단어를 배운다. 이런 결과는 아이들을 완전히 다른 모방자들의 교실에 넣었을 때 얻을 수 있다. 아이들은 단지 어휘만이 아닌, 중요한 사회적 도구를 획득하고 있다. 영국의 신경 심리학자 리처드 그레고리(Richard Gregory)가 강조하듯이 어떤 일을 위한 적당한 도구는 사용자에게 지능을 부여한다. 그리고 단어는 사회적 도구다. 따라서 이런 동기만으로도 유인원을 능가하는 비약적인 지능의 발달을 설명할 수 있을 것이다.

취학 전 아이들은 우리가 정신적 문법이라고 부르는 결합의 규칙을 획득하려는 동기도 가지고 있다. 이는 일반적으로 말하는 지적 능력과 관계된 일은 아니다. 지능이 평균 이하인 아이들도 청취 과정을 통해 힘들이지 않고 통사론을 습득하는 것으로 보이기 때문이다. 통사론은 시행착오의 결과로 획득하는 것도 아니다. 아이들이 매우 빠른 속도로 통사론의 구조로 이행하는 것처럼 보이기 때문이다. 정확하게 배우는 일은 일정한 역할을 하지만, 몇 가지 문법적 엄밀성은 선천적인 배선이 있음을 암시하고 있다. 데릭 비커턴이 지적하듯이 우리가 관계를 표현하는 방식(위와 아래에 있는 모든 단어들 같은)은 단어를 첨가하는 것에 저항한다. 그러나 우리는 언제든 명사들을 첨가할 수 있다. 말을 배우기 시작한 아이들이 저지르는 실수에서 모든 언어들에 나타나는 규칙성을 보고, 모든 언어에서 문법의 다양한 측면이 같은 방식으로 변화하는 것(주어-동사-목적어의 어순을 갖는 경우는 'by bus'에서처럼 뒤에 목적어를 갖는 후치사를 수반한다.)을 보고, 아시아에서 이민 온 사람들을 보고 그리고 알려져 있는 어떤 언어에서도 금지된 것처럼 보이는 특수한 구조를 보고, 놈 촘스키(Noam Chomsky) 같은 언어학자들은 언어에 생물학적인 무엇인가가 포함되어 있다고 추측하고 있다. 사람의 뇌가 직립해서 걸을 수 있도록 배선되어 있는 것처럼, 통사론을 위해 필요한 나무 모양의 구조에 적합하게 배선되어 있다는 것이다.

> 일반적인 말은 대부분 많은 단편, 잘못된 출발과 뒤섞임 그리고 기초가 되는 이상적 형태의 여러 변형된 형태 등으로 이루어져 있다. 그럼에도 불구하고…… 아이들이 배우는 것은 바로 기초가 되는 이상적 형태다. 이는 정말 놀라운 사실이다. 어떤 뚜렷한 교육 과정도 없이 아이들이 이런 이상적 형태를 구성한다는 사실을 명심해야 할 것이다. 그리고 그들은 다른 많은 범위에서 복잡한 지능을 요하는 일을 성취할 수 없을 때에도 이런 지식을 획득하며, 이 일은 상대적으로 지능과 독립되어 있다는 점도 잊지 말아야 한다.

물론 거의 모든 사람들의 뇌에는 왼쪽 귀 바로 위에 '언어의 영역'이 있다. 그리고 보편 문법은 태어날 때부터 거기에 배선되어 있을 것이다. 꼬리 달린 원숭이는 왼쪽 측두엽에 이런 언어 영역이 없다. 이들의 발성(그리고 사람의 감정적인 말)은 뇌량(뇌들보) 위의 보다 원시적인 대뇌 피질의 언어 영역을 사용한다. 그리고 유인원에게 측두엽의 언어 영역이 있는지, 아니면 비슷한 구조가 있는지는 아직 아무도 모른다.

어린 보노보나 침팬지가 사람의 어린아이들이 보여 주는 두 가지 동기, 즉 단어를 배우려는 동기와 규칙을 발견하려는 동기를 뇌가 발달하는 과정의 어느 한 적절한 시기에 충분히 강력하게 갖고 있다면 어떨까? 그러면 그들도 우리와 같은 언어 능력을 관장하는 대뇌 피질을 스스로 조직하고, 그것을 사용해서 단어의 혼합체로부터 일정한 규칙을 구체화할까? 반대로 사람에게 동기와 기회가 없다면, 사람이 타고난 신경 배선도 사용되지 않을까? 내게는 양쪽 모두 촘스키의 주장에 부합하는 것으로 보인다. 보편 문법은 자기 조직화의 규칙을 '구체화'하는 일에서 비롯되며, '자동 점멸 장치'와 '활공 장치'가 세포의 자동 장치에서 비롯되는 것처럼 발생한다.

그리고 사람 특유의 선천적 배선과 입력에 의해 추진되는 구체화를 실험적으로 구별할 수 있는 방법은 어휘와 문장을 장래성이 있는 유인원 학생들에게 밀고 나아가는 것이다. 여기에는 사람 아이의 경우 교육에 의한 것이 아니라 처음부터 자연히 가지고 있는 욕구를 대신해서 유인원에게 교묘한 동기를 부여할 수 있는 계획이 필요할 것이다. 내가 보기에 유인원이 언어학자들의 '진정한 언어'를 갖기 위한 경계선에 있다는 것은 다행스러운 일이다. 우리가 그들의 고투를 연구함으로써 언젠가는 정신적 문법의 기능적 기초를 확인할 수 있을지도 모르기 때문이다. 우리는 이미 사람의 진화 경로의 디딤돌을 지나쳤을 것이다. 그리고 그것은 이제 상부 구조에 의해 보이지 않게 되었고, 옛 모습은 자취를 찾아볼 수 없을 정도로 간결해졌을 것이다.

개체 발생은 때때로 계통 발생을 되풀이한다(아기들의 일어서려는 시도는 네 발로 걷는 동물에서 두 발로 걷는 동물로 이행하는 계통 발생을 반복하는 일이며, 생후 1년 동안 아기의 후두가 내려가는 것은 부분저으로 유인원에서 사람으로의 변화를 반복하는 일이다.). 그러나 발생 과정은 너무 빨리 이루어지기 때문에 진화 과정이 재현되는 것을 볼 수는 없다. 하지만 우리가 만일 보노보에서 보다 정교한 구조로의 변화 과정을 확인할 수만 있다면, 어떤 종류의 학습이 통사론을 덧붙이는지, 또 어떤 것들이 경쟁적으로 언어의 발달을 방해하는지 그리고 사람과 비교해서 뇌의 어느 영역에 '불이 들어오는지' 알 수 있을 것이다. 유인원의 언어학적 기초에 대한 이해는, 언어가 사람 고유의 것이라는 시각에 중요한 암시를 주는 것 이외에도, 언어 능력을 결여한 사람들을 교육하는 데에도 도움이 될 것이며, 나아가 언어 학습과 더 나은 추측에도 도움이 되는 상승 작용을 가져올 것이다. 우리가 이런 디딤돌에 대한 질문에 답하는 것은 오직 숙련된 보노보 교사의 노력을 통해서만 가능할 것이다.

통사론은 보다 정교한 정신 모형을 만들기 위해 사용하는 것처럼 보인다. 이 모형은 '누가, 무엇을, 누구에게, 왜, 언제 그리고 어떤 방법으로 했는가' 하는 것과 관계가 있다. 아니면 적어도 이런 정교한 이해를 전달하고자 한다면, 이런 관계에 대한 정신 모형을 언어의 정신적 문법으로 해석해야 할 것이다. 이런 정신적 문법은, 듣는 사람이 환자의 정신 모형을 재건하기 위해서는 단어들을 어떤 순서로 놓고 어떤 식으로 활용할 것인가를 가르쳐 준다. 물론 이렇게 복잡한 과정보다는 첫째 단계에서 간단히 '통사론으로 생각하는' 편이 더 쉬울 것이다. 그런 의미에서 우리는 통사론의 첨가가 바른 추측의 측면에서 지능에 커다란 증대를 가져왔을 것으로 예상할 수 있다.

여기에서 중요한 점은 듣는 사람이 자신의 마음에 여러분의 정신적 모형을 재창조하는 일이다. 여러분의 메시지를 받아들이는 사람은, 꿰어 놓은 단어들을 거의 같은 정신적 이해로 풀어놓기 위해서 똑같은 정신적 문법을 알고 있을 필요가 있다. 따라서 통사론은 항목들(대개 단어들) 사이의 관계를 여러분의 근원적인 정신 모형 속에 구성하는 일과 관련된 것으로서, 표면적인 내용, 즉 주어-동사-목적어의 어순이나 어형 변화 따위에 대한 것이 아니다. 이런 표면적인 내용은 일종의 단서에 불과하다. 듣는 사람으로서 여러분이 해야 할 일은 어떤 종류의 나무가 여러분이 듣는 단어들의 연쇄에 잘 들어맞는가를 파악하는 일이다(어떤 전산 회계 처리 프로그램을 위한 숫자 값들을 전달받은 뒤에, 그 값 사이의 관계를 확인하는 데에 필요한 회계 처리 프로그램 방식을 추측해야 하는 상황을 상상해 보라!).

이런 방식이 작용할 수 있는 길은 하나의 단순한 배열(행위자, 행위, 행위의 대상, 수식어구)을 충분히 시험하면서, 남아 있는 단어들을 마무리하는 것이다. 여러분은 또 다른 나무에 대해 시험해 보고, 채워져야만 하는 위치가 채워지지 않은 것을 발견한다. 여러분은 화자의 복수형과 동사들이 제공하는 나무 모양 구조에 대한 이런 단서들을 사용할 수 있다. 예를 들어 여러분은 '주다'라는 동사에는 받는 사람은 물론 주는 물건도 필요하다는 사실을 알고 있다. 필요한 빈 칸을 채울 것이 없으면(직접 이야기된 것도, 암시된 것도 없다면), 그 나무를 지워 버리고 또 다른 나무로 나아간다. 여러분은 하나하나 순차적으로가 아니라 동시 다발적으로 여러 나무들을 시험해 볼 것이다. 이해력(단어의 연쇄에 대해서 충분히 만족할 만한 해석을 찾는 일)은 눈 깜짝할 사이에 작용하기 때문이다.

마지막으로 몇몇 나무에서는 남는 단어가 하나도 없이 채워질 것이고, 따라서 여러분은 어떤 해석이 주어진 상황에 가장 알맞은지 판단해야 할 것이다. 그것이 바로 이해력이다. 적어도 언어학자들의 모형에 대한 (너무 단순화한 것이 분명한) 나의 변형판에서는 그렇다.

혼자 하는 카드 게임을 생각해 보자. 여러분은 내려가는 순서와 엇갈리는 색깔에 대한 규칙을 따르면서 뒤집힌 모든 카드를 바로 뒤집는 데 성공할 때까지는 끝을 낼 수 없다. 어떤 카드 패에서는 결코 성공할 수가 없다. 이런 판에서는 지게 된다. 그리고 카드 패를 섞고 다시 한 번 도전한다. 어떤 단어의 연쇄에서는 아무리 많이 재배열해도 의미 있는 관계, 즉 누가 누구에게 무슨 일을 했는가를 포함해서 구성이 가능한 이야기를 발견할 수 없을 것이다.

누군가가 여러분에게 그렇게 모호한 단어의 연쇄를 발언했다면 그들은 언어 능력의 중요한 테스트에서 실패했을 것이다.

언어 능력이 있는 사람이 구사한 어떤 문장들은 정반대의 문제를 일으킬 수도 있다. 여러분이 다양한 시나리오, 다시 말해 그 단어의 연쇄를 이해하기 위한 여러 선택적 방법을 구성할 수 있다는 것이다. 일반적으로 이런 여러 후보 중에 하나가 다른 것들에 비해 언어의 관례나 상황을 더 잘 만족시킬 것이다. 따라서 전달하고자 하는 '의미'가 되는 것이다. 문장 속의 몇몇 항목의 경우 당시의 상황이 직접 나타내지 않아도 되는 의미를 구성해 주어 화자가 길게 이야기할 필요가 없는 경우도 있다(대명사는 이런 지름길이다.).

사실 여러분은 일상 회화의 불완전한 말 속에서는 언제나 고등학교에서 배운 정확한 작문을 위한 형식적 규칙을 위반하고 있다. 그러나 일상 회화는 그 자체로 아무 부족함도 없다. 현실적으로 여러분이 누군가에게 누가 누구에게 무엇을 했는가에 대한 여러분의 정신적 모형을 전달하는 과정에서, 듣는 사람 대부분이 당시의 정황에서 빠뜨린 조각을 채워 넣을 수 있기 때문이다. 이에 비해 글로 표현된 메시지는 어떤 정황도 전제되지 않은 상태에서 그리고 듣는 사람의 얼굴에 나타난 납득했다는, 또는 무슨 소리인지 모르겠다는 표정과 같은 되먹임이 없는 상태에서 작용해야 한다. 따라서 우리는 말할 때보다는 글을 쓸 때 구문론과 문법의 규칙을 제대로 사용하면서 완결성을 높여야 한다. 따라서 문장이 더 길게 늘어질 수밖에 없다.

언어학자들은 어떤 과정을 통해 문장이 기계적으로 구사되고 이해되는가, 또 무엇이 그토록 놀라운 속도로 문장의 이해력을 얻도록 해 주는가를 알고 싶어 할 것이다. 나는 여기에 '언어 기계', 즉 lingua ex machina('기계에서 온 언어'라는 뜻의 라틴어—옮긴이)라는 이름을 붙이고자 한다. 이 말은 물론 고전극의 deus ex machina('기계에서 온 신'이라는 뜻의 라틴어—옮긴이)와 비교된다. 이 말은 그리스 연극에서 유래했는데, 그리스 연극의 무대 위에는 바퀴가 달려서 움직이는 연단(신의 등장을 위한 기계 장치)이 있었고, 그곳에 신이 등장해서 배우들에게 교훈을 주면서 문제를 해결했다. 그리하여 최근 들어서는 그 말이 구성이 어려울 때 사용하는 모든 인위적인 해결책을 가리키게 되었다. '희곡을 구성하는' 기법이 발전할 때까지는 문장 이해를 위한 우리의 알고리듬 역시 인위적으로 보일 것이다.

나는 이런 '언어 기계'가 어떻게 작용할 수 있었는가에 대해 이야기하면서, 알고리듬 방식으로 구의 구조와 논지의 구조를 결합할 것이다. 언어학자들은 그것이 최소한 다른 도식화 체계들만큼 인위적이라는 사실을 발견할 것이다. 그러나 내가 만든 진공 리프트(들어올리는 기계) 화물 운반 시스템에는 몇 단락의 지면을 할애할 만한 가치가 있다. 이것은 선적부와 생산 라인의 처리 과정처럼 단순한 처리 방법을 포함한다.

우리가 방금 이런 완전한 문장을 듣거나 읽었다고 해 보자. 'The tall blond man with one black shoe gave the other one to her(검은 구두 한 짝을 신은 키 큰 금발 신사가 그녀에게 다른 한 짝을 주었다.).' 우리는 이런 행위에 대한 정신적 모형을 어떻게 만드는 것일까? 우선 문장 속에 있는 몇 개의 작은 부분들을 상자로 포장할 필요가 있다. 전치사구는 이런 포장 작업을 시작하기에 적당한 곳이다. 우리 기계는 모든 전치사들을 알고 있고 그것들에 인접한 명사(영어 문장에서는 그 뒤에 나오는 명사고, 한국어 문장에서는 앞에 나오는 명사다.)들을 같은 상자 속에 집어넣는다. 나는 모서리를 둥글린 상자들을 사용해서 'with one blace shoe(검은 구두 한 짝을 신은)'과 'to her(그녀에게)'가 구라는 것을 표시하려 한다. 단어들을 상자에 바르게 넣기 위해 언어외적 요소들이 필요한 경우도 있다. '농부 자일스가 좋아하는 굽은 뿔이 난 소'처럼 두 가지 뜻으로 해석할 수 있는 구가 바로 그런 경우다. 만일 자일스 씨가 뿔을 수집해서 벽난로 위에 걸어 두었다는 사실을 알고 있다면, 여러분은 '농부 자일스가 좋아하는'을 '소'와 같은 상자에 넣어야 할지, 아니면 '굽은 뿔'과 같은 상자에 넣어야 할지 알 수 있을 것이다.

동사는 특수한 상자를 갖는다. 이는 동사가 특수한 역할을 담당하기 때문이다. 만일 '-ly'로 끝나는 단어(부사)나 'must' 같은 조동사가 있다면 동사 바로 옆에 붙어 있지 않더라도 동사와 같은 상자에 넣을 것이다. 이제 명사구를 상자로 묶는다. 명사를 수식하는 전치사구의 상자를 함께 묶는다. 그러면 각이 진 상자 속에 모서리를 둥글린 상자가 들어 있는 형태를 얻을 수 있다. 만일 포개진 구가 있다면 다음 상자를 만들 때 명사로 기능할 수 있을 것이다. 이제 우리는 모든 단어들을 상자에 넣었다(최소한 2개의 상자가 있어야 하지만 더 많은 상자가 필요한 경우도 많다.).

이제 그것들을 하나의 집단으로 '들어 올려서', 비유하자면, 한데 모은 재료를 작업장 밖으로 실어가야 한다. 이것이 과연 땅에서 떨어질까? 내가 만든 진공 리프터 기계에는 몇 종류의 손잡이

1. 전치사구를 상자로 포장하고, 동사(부사와 조동사 포함)를 특수한 상자에 넣는다.

The tall blond man |with one black shoe| gave the other one |to her.|

2. 명사구를 수식어(상자 속의 상자)와 함께 상자로 포장한다.

|The tall blond man |with one black shoe|| gave |the other one| |to her.|

3. 동사는 리프터에 어떤 손잡이가 와야 하는가를 결정한다. 이 경우는 주제와 두 개의 목적어가 있는 손잡이가 필요하다.

4. 아무것도 남기지 않고 '들어올릴' 수 있으면 성공이다.

5. 반드시 있어야 할 상자가 빠져 있다면 손잡이를 들어올릴 때 진공이 형성되지 않아, 상자를 들어올릴 수 없을 것이다.

|The tall blond man |with one black shoe|| gave |the other one.|

그림 3

캘빈 형 진공 리프터 화물 운반 시스템

가 달려 있다. 그리고 우리가 반드시 사용해야만 하는 하나의 손잡이는 우리가 확인한 동사(이 경우는 동사 'give'의 과거형)에 결합된다. 주어가 들어 있는 명사구를 위한 또 다른 진공 흡입기도 있다(그림에서는 이것을 작은 피라미드 모양으로 나타냈다.). 주어와 동사가 없는 문장은 없을 것이다. 만일 주어가 빠져 있다면, 주어를 위한 흡입기의 입구로 공기가 들어가면서 진공이 형성되지 않기 때문에, 리프터는 상자를 들어올릴 수 없을 것이다(이것이 갈고리가 아닌 진공 흡입기를 사용한 이유다. 진공 흡입기의 경우에는 반드시 목표물이 있어야 하기 때문이다.).

그러나 앞에서도 지적했듯이 '주다(give)'는 특별한 동사로 두 개의 목적어가 필요하다('나는 그녀에게 주었다.'나, '나는 그것을 주었다.'고는 이야기할 수 없을 것이다.). 따라서 이 리프터의 핸들은 두 가닥의 흡입관을 더 갖게 된다. 나는 여기 있는 손잡이가 진공 흡입기가 아닌, 갈고리가 달린 단순한 끈들도 가질 수 있도록 했다. 이런 갈고리들은 몇 개가 되었든 동사가 갖고 있는 모든 명사구와 전치사구들을 수송할 수 있도록 해 준다.

때로는 흡입구와 선택적인 갈고리들이 적절한 목표물을 발견하도록 해 주는 안내가 필요할 수도 있다. 예를 들어 주어-동사-

목적어의 어순은 주어의 흡입구가 적절한 명사구를 발견하도록 도울 수 있다. '그는(he)'처럼 격을 표시해 주는 것도 마찬가지다. 언어에 따라서는 주어와 동사 사이에서 볼 수 있는 성이나 수의 일치 같은 어형 변화도 일정 부분 도움을 준다. 수익자, 도구, 부정, 의무, 의도, 소유 등의 흡입구와 갈고리들이 작은 꼬리표와 함께 와서, 이 범주에 적절한 단어들과만 짝을 이룰 수도 있다. 동사 손잡이를 들어 올려 모든 꾸러미들을 운반하면서 뒤에 아무것도 남지 않고 채워지지 않는 진공 흡입구가 없도록 하는 일은 이 특수한 문법 기계에서 문장에 대한 인식을 이루는 요소다. 만일 하나의 흡입구라도 짝을 찾지 못하면 손잡이를 들어올릴 때 진공이 형성되지 않고 문장도 해석할 수 없다. 뜻이 완성되지 않는 것이다.

이미 지적했듯이 언어 기계(ingua ex machina)가 확인한 각각의 단어에는 특수한 종류의 손잡이가 있다. 예를 들어 '잠자다' 같은 자동사의 경우는 주어를 위한 단 하나의 진공 흡입구만을 갖는다. 그러나 이런 동사도 운반해야 할 다른 구들이 있는 경우에는 선택적인 갈고리들을 갖는다. '잠자다(sleep)'는 시간('저녁 식사 후에(after dinner)')과 공간('소파 위에서(on the sofa)') 같은 선택적 역할은 수반할 수 있지만, 받는 사람과 같은 역할은 수반할 수 없다.

대부분의 경우는 행위자(때로는 '얼음이 녹았다.'처럼 실질적인 행위자가 없을 수도 있지만)를 위한 진공 흡입구, 다른 역할과 관련된 흡입구들, 그 동사와 관련된 목록에 포함될 수 있는 다른 역할을 위한 몇 개의 갈고리들이 있을 것이다.

그리고 물론 전치사구가 하나의 명사로 기능하도록 하는 것과 같은 상자 속 상자의 원칙이 문장 속 문장을 가져올 수 있다. 종속절이나 '나는 내가 ……을 보았다고 생각한다.' 같은 문장을 떠올리면 이해가 쉬울 것이다.

이상이 내 화물 운반 시스템의 간단한 변형판이다. 이것이 루브 골드버그(Rube Goldberg, 미국의 만화가이자 조각가. 현재 '루브 골드버그'라는 말은 '루브 골드버그의 만화처럼 어수선한' 또는 '간단히 할 수 있는 일을 복잡한 방법으로 하는'의 뜻을 갖게 되었다.—옮긴이)에게나 어울리는 것으로 보인다면, 그가 진화의 수호 성인임을 잊지 말기 바란다.

나는 방을 가득 채우고 빙고 게임을 하는 사람들처럼 문제 해결을 위한 다양한 시도가 동시에 이루어지고 있다고 생각한다. 이는 서로 다른 원형(原型)의 문장 골격 위에 여러 문장 후보를 포개 놓는 일을 통해서 이루어질 것이다. 그리고 이런 배열은 대부분 남

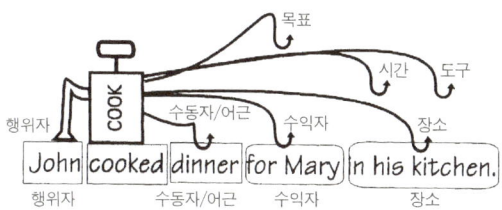

자동사의 손잡이는 특정한 역할을 위한 갈고리는 갖지 않는다.

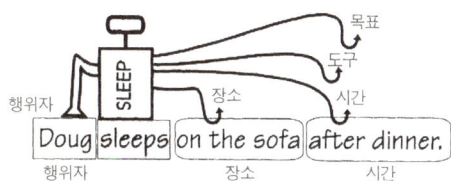

그리고 해당되지 않는 상자에는 리프터가 없다.
따라서 상자 하나가 남게 되어 작업이 완수되지 않는다.

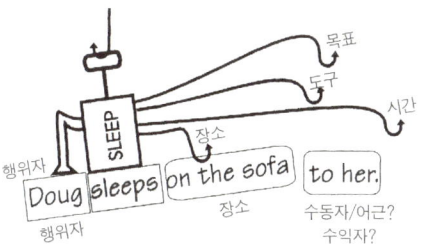

그림 4
적절한 내용의 상자를 발견할 수만 있으면, 동사의 손잡이들은 꼭 필요한 역할을 수행하는 진공 흡입관과 함께 다양한 선택적 역할을 수행하는 '갈고리'들을 갖는다.

은 단어들과 채워지지 않은 흡입구로 인해 실패할 것이다. 동사의 손잡이가 모든 것을 들어올리면 '빙고!'를 외치며 해독 게임은 끝난다(물론 무승부가 아닌 경우에 한해서 그렇다는 것이다.).

모든 것을 들어올릴 수 있는가는 적절하게 본을 만든 문장에 대한 시험일 뿐이다. 일단 성공적으로 들어올린 뒤에는 시제의 일치나 어형 변화 등은 문제가 되지 않는다. 역할을 이미 지정했기 때문이다. 이 언어 기계는 특정 종류의 무의미한 말을 들어올릴 수도 있다. 촘스키가 제시한 유명한 사례, "무색의 초록빛 개념들이 미친 듯이 날뛰며 잠잔다(Colorless green ideas sleep furiously. 이 문장의 구조가 'sleep'이라는 동사의 성격에는 맞지만 뜻은 전혀 통하지 않는다는 뜻이다.—옮긴이)."와 같은 경우다(이 경우 '잠자다(sleep)'라는 동사는 남겨진 목적어를 위한 어떤 갈고리나 흡입구도 갖지 않는다.).

관계에 대해 상식적인 정신 모형을 만드는 것이 의사 전달의 목표일 것이다. 그리고 문법적으로 맞지 않는 문장들은 간단한 단어의 연합을 제외하고는 해독할 수 없다. 그럼에도 불구하고 문장의 예상 구조에는 맞지만 그것과 관련된 어떤 합리적인 정신 모형도 없는 단어의 문법적 패턴이 생성될 수도 있다. 의미론의 시험은 문법 시험과는 다르다. 의미론은 여러 승자들 사이에서 판가름을 내기 위한 연장전이라고도 할 수 있다. KO로 승패를 가르지 못한 권투 시합에서 심판의 점수로 판정을 내리는 일과도 비슷한 방식이다. 또한 우리가 농부 자일스가 좋아하는 것이 소인지, 아니면 구부러진 뿔인지를 추측하는 방법이기도 하다.

각 문장은 비록 짧은 이야기에 불과하지만, 우리는 문장들보다 훨씬 더 광범한 연쇄에 기초한 개념 구조를 세우기도 한다. 이 구조는 채워 넣어야만 하는 필수적, 선택적 역할을 갖고 있다. 이것은 작가 캐서린 모턴(Kathryn Morton)이 관찰한 것처럼 문법의 뒤를 이어 나타난다.

> 아기가 시끄러운 애완동물이 아닌 사람이 되고 있음을 보여 주는 첫 신호는 세상 일에 이름을 붙이고 이 세상의 여러 부분을 서로 연결하는 이야기를 요구하기 시작하면서 나타난다. 이런 것들을 알게 된 뒤 아이들은 장난감 곰을 가르치려 하고, 동네 공터에서 약한 아이들에게 자신의 세계관을 강요하고, 놀면서 자기 자신이 무슨 일을 할 것인가에 대해 이야기하고, 어른이 되어 할 일의 계획을 이야기한다. 아이들은 다른 사람의 행동을 기억하고 있다가 잘못된 행동을

책임 있는 사람과 관련지어 말한다. 그리고 잠자리에 들어서도 이야기를 해 달라고 조른다.

앞으로의 일을 계획하는 능력은 유년기에 나타나는 이야기 지어내기에서 출발해서 점진적으로 발달하며, 윤리적 선택의 중요한 기초를 이룬다. 행동의 진행을 상상하고, 그것이 다른 사람들에게 미칠 영향을 그려 본 뒤, 그 일을 하지 말아야겠다고 결심하기 때문이다.

우리는 다른 가능한 행동의 조합을 판단하기 위해 통사론의 정신 구조를 차용함으로써 앞일을 계획하는 능력과 지능을 키울 수 있다. 어느 정도까지 이런 일들은 스스로에게 조용히 말하고, 다음에 어떤 일이 일어날지 이야기를 지어내고, 통사론과 같은 조합의 규칙을 적용해서 후보 시나리오들을 위험하고 어리석은 일, 단순히 어리석은 일, 가능한 일, 적당한 일, 아니면 필연적인 일 등으로 평가하는 일(다시, 요점에 대한 결정)에 의해 이루어진다. 그러나 우리의 지적인 추측은 언어와 같은 구조로 제한되지는 않는다. 사실 우리는 어떤 정신적인 관계가 제자리에 잘 들어맞으면 먼저 "유레카!"라고 외칠 수 있다. 그리고 나서 다시 몇 주 동안 이런 이해를 말로 표현하기 위해 고심한다. 우리가 그렇게 복잡한 관계에 대해서 만족스러운 추측을 할 수 있도록 해 주는 것은 뇌의 어떤 측면일까?

> 우리는 출발점에서의 가정이 우리가 수집하는 자료를 찾고 해석하는 방식에 얼마나 큰 영향을 미치는지 깨닫지 못한다. 우리는 사람 이외의 생물들이 그들만의 변형판을 갖기 위해서 사람의 언어, 도구의 이용, 정신 또는 의식 등의 모든 새로운 정의를 반드시 충족시켜야 하는 것은 아니라는 사실을 인식해야 한다. 우리는 이 행성 위에 사는 다른 생물들과 사람을 구분하는 정의를 붙잡으려다가 그만 스스로를 너무 멀리 떨어뜨려 놓았다. 우리는 우리가 발생한 생명의 장엄한 흐름에 다시 합류해, 그 속에서 우리의 현재와 미래가 있도록 한 근원을 보려고 노력해야 한다.
> ──수 새비지 럼보, 1994

언어가 무엇인지 그리고 언어가 인간이라는 종에 어떤 일을 했는지 완전히 이해하지 못하는 한, 우리 자신도 우리의 세계도 이해할 수 없다. 언어는 분명 인간이라는 종을 만들고 우리가 사는 세계를 만들었다. 그럼에도 그것이 풀어놓은 힘은 자신의 존재의 근원을 탐구하도록 하기보다는 우리의 환경을 이해하고 통제하기를 강요한다. 우리는 그 통제와 지배의 오솔길을 따르다가, 결국 가장 대담한 사람조차 그 길이 어디로 이어질지 두려워하는 지경에 놓이고 말았다. 이제 우리가 알고자 하는 대상은 우리의 힘과 지식에 대한 탐구 엔진이 되어야 한다.

———데릭 비커턴, 1990

6
끊임없이 진행되는 진화

현상에 대한 통찰력 그리고 현상을 뛰어넘는 힘은, 우리가 현상의 근원이나 가장 근본적인 성질과 관련해서 형성한 어떤 관념이 아니라, 그것의 연속성에 대한 지식에 의해 결정된다.

―존 스튜어트 밀,

『오귀스트 콩트와 실증주의(*Auguste Comte and Positivism*)』, 1865

문제를 해결하는 힘은 새로운 정보를 얻는 데서 나오는 것이 아니라, 오래전부터 알고 있었던 것을 정리하는 데서 나온다.

―루트비히 비트겐슈타인

『철학적 탐구(*Philosophical Investigations*)』, 1953

'한 가지 일이 다른 한 가지 일을 뒤따라 일어난다.'는 것은 꽤 단순한 개념으로, 많은 동물들도 터득할 수 있다. 사실 대부분의 학습은 이런 일과 관련이 있다. '파블로프의 개'에게 종소리는 이제 곧 먹을 것이 출현할 것이라는 신호였다.

더 많은 일들이 묶일 수도 있다. 많은 동물들은 걸음걸이처럼 연속적인 정교한 운동은 말할 것도 없고, 연속적이고 정교한 지저귀는 소리도 낼 수 있다. 이제 방금 알게 되었듯이 어휘와 기본적인 어순을 익히는 것은 사람이나 보노보 모두에게 그리 어려운 일이 아니다.

연속성이 그렇게 기본적인 것이라면, 앞일을 계획하는 동물을 찾아보기 힘든 이유는 무엇일까? 앞으로 닥칠 뜻밖의 새로운 일에 대비해 계획을 세우기 위해서는 어떤 정신적 기구가 더 필요한 것일까? (동사를 들어올리는 손잡이에서 볼 수 있었던 것 같은 논지의 구조인가?) 우리는 어떻게 길을 인도하는 정확한 기억도 없이 해 본 적이 없는 일을 할 수 있을까? 어떻게 그런 일을 상상하기까지 하는 것일까?

우리는 언제나 전에는 이야기해 본 적이 없는 것을 말하고 있다. 마찬가지로 우리의 생활에서 자주 작동하는(비록 잠재의식적인 경우가 많지만) 또 하나의 새로운 발동기는 '다음에는 어떤 일이 일어날 것이다.'라고 말해 주는 예언자다. 이에 대해서는 2장에서 환경적 부조화가 가져오는 감정적인 영향의 이야기에서 언급하였다.

미래에 대비하는 메커니즘은, 기본적인 어순이 '누가-무엇을-언제'에 관한 질문의 형태로 대체되는 경우처럼, 장기간의 의존 상태를 포함한 정신적인 문법이 보다 정교한 국면에서 사용되는 것과 비슷할 것이다. 구(句)의 구조가 사용하는 나무 모양 또는 논지 구조의 필수적인 역할은, 보다 일반적인 방식으로 미래에 대비하기 위해 활용할 수 있는 정신적 메커니즘일 것이다.

정신적 문법은 지적인 추측을 위해 사용할 수 있는 정신적 구조에, 미래에 대한 가장 세밀한 통찰력을 제공한다. 이 장에서는 세 가지 측면에 대해 더 알아볼 것이다. 덩어리 짓기, 순서대로 배열하기, 다원적 처리 과정이 바로 그것이다.

다지선다형 시험, 특히 유추 질문(A의 B에 대한 관계는 C의 (D, E, F)에 대한 관계와 같다.)은 동시에 여섯 가지 사물을 처리하는 능력을 측정한다. 이런 능력은 다이얼을 돌리는 시간 동안 전화번호를 기억하는 형태로 나타나기도 한다. 많은 사람들이 5~10초 동안 일곱 개의 전화번호를 기억할 수 있다. 그러나 생소한 지역 번호나 훨씬 더 긴 국제 전화번호까지 돌려야 한다면 메모지를 꺼낼 것이다.

여기에서 제한 요소로 작용하는 것은 숫자의 수가 아니라, '덩어리'의 수라는 사실이 밝혀졌다. 나는 샌프란시스코의 지역 번호 415는 하나의 덩어리로 기억하지만, 451이라는 수는 내게 아무런 뜻도 없다. 따라서 나는 그 수를 4와 5와 1의 세 덩어리로 기억해야만 한다. 덩어리 짓기는 따로 떨어진 4와 1과 5를 415라는 독립된 실체로 만드는 과정을 말한다. 4153326106 같은 샌프란시스코의 10자리 전화번호는 내게는 8개의 덩어리일 뿐이다. (415)332-6106이나 415.332.6106 같은 식으로 전화번호를 적으면서 분리 기호를 사용하는 것은 본질적으로 덩어리 짓기의 보조 기구라 할 수 있다. 우리는 이미 하나의 단어(예를 들어 영어의 19, 'nineteen')로 존재하는 두 자리 수에 익숙하므로, 파리에서 사용하는 42-60-31-25와 같은 분리 기호는 8자리 숫자의 연쇄를 쉽게 기억할 수 있도록 해 준다.

여러분은 얼마나 많은 덩어리를 기억할 수 있는가? 이는 사람에 따라 다르다. 그러나 표준적인 범위는 심리학자 조지 밀러(George Miller)의 유명한 1956년 논문의 제목 「신비의 수 7, 더하기 또는 빼기 2(The Magical Number Seven, Plus or Minus Two)」에 놓인다. 이는 마치 마음속에 제한된 수만을 위한 공간이 있는 것과 같다. 적어도 당면한 문제를 위해 사용되는 작업 공간에서는 그렇다는 뜻이다. 한계에 가까워지면 여러분은 더 많은 공간을 만들기 위해 몇 개의 항목을 무너뜨려 하나의 덩어리로 만들려고 한다. 두문자어(Intelligence Quotient를 IQ로 표현하는 것과 같은 일—옮긴이)는 많은 단어로 하나의 '단어'를 만들기 위한 변형된 형태의 덩어리 짓기다. 실제로 새로 만들어진 많은 단어는 긴 구의 대용어에 불과하다. 예를 들어 누군가가 '양면 가치'(ambivalence, '한 가지 대상물에 대하여 동시에 일어나는 정반대의 감정이 공존하는 일'이라는 뜻을 가진 심리학자 프로이트의 조어 ambivalenz에서 온 말—옮긴이)라는 단어를 만들어 냄으로써 전체적인 설명을 위한 긴 구를 절약할 수 있었던 것과 같다. 사전은 몇 세기 동안 이루어진 덩어리 짓기 작업의 결과를 집약해 놓은 것이다. 덩어리 짓기와 빠른 말의 결합은, 많은 의미를 단기 기억의 짧은 시간 안에 수용하도록 하면서 동시에 가능한 한 많은 정보를 기억하도록 하는 데 중요한 의미가 있다.

따라서 기억을 일으키는 일과 관련된 첫 번째 교훈은, 여섯 개 항목에 대해서는, 열두 개 항목에 비해 더 잘 들어맞는 제한된 수의 메모지가 있는 것처럼 보인다는 점이다. 이런 제한은 지능과(특히 지능 지수 검사와!) 일정한 관계가 있을 것이다. 그러나 지적 행동의 핵심적 특징은 창조성 있는 발산적 사고지, 기억력 그 자체는 아니다. 그리고 우리가 필요로 하는 것은 만족스러운 추측을 만들어 내는 과정이다.

언어와 지능은 매우 커다란 위력을 발휘하므로, 우리는 그 능력이 클수록 좋을 것이라고 생각한다. 그러나 진화에 대한 다양한 이론이 시사하는 바에 따르면 진화는 이렇게 똑바로 진행하는 '전진'을 방해하는, 끝이 막혀 있는 안정성으로 가득 차 있다. 이 이론들은 또한 여러 용도로 사용되는 기관을 포함한 진화의 우회 경로에 대해 이야기하고 있다. 사실 많은 기관이 여러 가지 용도를 갖고 있으며, 시간에 따라 여러 기능의 상대적인 비율이 변화한다. (뜨고 가라앉는 것을 조절하는 어류의 가스 교환 기관인 '부레'는 진화의 도정에서 언제쯤 폐가 되었을까?) 그리고 뇌를 컴퓨터 소프트웨어로 비유해도 된다면, 뇌는 다른 모든 기관에 비해 훨씬 더 다양한 용도가 있을 것이다. 게다가 뇌의 어떤 영역은 분명히 여러 용도로 쓰인다.

따라서 앞날에 대한 대비나 언어를 위한 신경 기구가 어떻게 출발했는가 하는 질문에 대해 우리는, 그것의 기초가 되는 메커니즘은 다용도 기능을 담당했을 것이며, 이런 기능 중에서 어느 한 가지가 자연선택에 의해 추진되고 이에 따라 부수적으로 다른 기능들에도 이익을 줄 수 있었음을 기억해야 할 것이다. 이는 건축가들이 복사기나 우편함을 공동 편의 시설이라고 부르는 것과 유사한 구조다. 예를 들어 입은 마시고 맛보고 먹고 발성하고 감정을 표현하는 등의 다양한 일과 관련이 있는 다용도 공동 편의 시설이다. 어떤 동물에서는 입이 숨쉬고 몸을 식히고 싸우는 기능도 갖는다. 끼워 팔기(한 가지 물건을 팔 때 다른 물건을 공짜로 끼워 주는 것)는 흔한 장사 수단이다.

사람의 어떤 능력도 음료수 값에 붙어 나오는 '무료 점심'처럼 일괄적으로 처리되는 것은 아닐까? 특히 남는 시간에 공동 편의 시설을 이용할 수 있다는 이유만으로, 통사론이나 계획을 세우는 능력이 다른 능력과 함께 일괄 처리된 것은 아닐까?

나는 '무료 점심'이라는 식의 설명이, 진화론에 대해 엄격한 적응론의 입장을 견지하는 사람들의 마음을 상하게 할 수 있음을 안다. 그들은 아무리 사소한 특징이라도 나름대로 대가를 치러야 한다고 생각하기 때문이다. 그러나 엄밀한 설명이 언제나 가장 중요한 것은 아니다. 앞에서 지적했듯이(하나를 확대하려면 모든 것을 확대해야 한다.), 포유류의 뇌가 확대되는 일은 단편적으로 이루어지지 않았다. 그리고 무료 점심은 최초의 적응론자(찰스 다윈을 말함. —옮긴이) 스스로 강조한 것을 살펴보기 위한 또 하나의 방법에 불과하다. 찰스 다윈은 자신이 말한 적응성을 일방적으로 강조하는 일을 경고하면서, 독자들에게 기능의 전환이 '매우 중요하다.'라는 사실을 일깨워 주었다.

부레에서 폐로 변화하는 것처럼, 기능이 전환하는 도중에는 다기능적인 기간이 있었을 것이다(사실 다기능적인 기간이 영원히 지속될 수도 있다.). 기능이 전환되는 동안 자연선택에 따라 해부학적 특징에 의한 어떤 새로운 기능이 크게 고양된다. 이 일은 그 새로운 기능이 그때까지 겪은 모든 자연선택을 훌쩍 뛰어넘을 정도로 일어난다. 이전부터 있었던 부양성이라는 기능은 폐를 '부트스트랩'했다. 그렇다면 뇌의 어떤 기능이 다른 기능들을 부트스트랩한 것일까? 그리고 그 일은 지능에 대해 무엇을 알려 주는 것일까?

기관의 변화에 대해 생각할 때에는 하나의 기능에서 다른 기능으로 전환될 가능성을 기억하는 것이 매우 중요하다.

— 찰스 다윈, 『종의 기원』, 1859

우리는 분명히 다른 동물들이 만들어 낸 연속성을 훌쩍 뛰어넘는 구조적인 방식으로 사물들을 함께 연결하려는 강렬한 욕구를 갖고 있다. 우리는 단어들을 문장으로 결합할 뿐만 아니라 음표들을 음악의 선율로, 발과 몸의 놀림새를 춤으로 그리고 복잡한 이야기를 절차의 규칙이 있는 게임으로 결합한다. 구조적 연속성이 언어, 이야기 지어내기, 미래의 계획, 놀이, 윤리 등에 활용되는 뇌의 공동 편의 시설이 될 수 있었을까? 어느 한 가지 능력을 위한 자연선택이 공통적인 신경의 기구를 증대시키고, 이에 따라 발전된 문법이 부수적으로 앞으로의 계획을 세우는 능력을 확대하는 데에 이바지한 것은 아닐까?

예를 들어 음악처럼 유인원의 수준을 뛰어넘는 몇몇 능력은 수수께끼를 던진다. 음악적 재능이 음치에 비해 진화에서 이익을 가져올 수 있는 환경은 상상하기 어렵기 때문이다. 노래와 춤은 어느 정도 자연선택에 더 많이 노출된 언어와 같은 구조화된 연속성이 형성한 신경 기구의 부차적 용도임이 분명하다.

유인원의 수준을 뛰어넘는 다른 능력은 강력한 자연선택의 과정을 거친 것일까? 처음에는 있을 수 없는 일처럼 보이지만, 일찍이 던지기 같은 탄도 운동(일정한 점을 지난 다음에는 명령을 바꿀 수 있는 기회가 없기 때문에 이런 이름을 붙였다.)에 대한 계획이 언어, 음악 그리고 지능의 발달을 가져왔는지도 모른다. 유인원은 망치질을 하거나 곤봉으로 때리거나 던지는 것과 같은 우리가 매우 능숙하게 할 수 있는 빠른 팔 운동의 매우 기초적인 일부 형태를 갖고 있다. 그리고 어떤 환경에서는 채집하고 먹을 것을 찾아다니는 사람과 동물의 기본 전략에서 중요한 부가물이었던 사냥과 도구 제작의 시나리오를 상상할 수도 있다. 손의 탄도 운동을 위해 사용된 것과 같은 '구조화된 연속성'이라는 공동 편의 시설이 입을 위해서 활용되었다면, 그 후에는 언어의 발달이 정교한 손놀림을 낳았을 것이다. 이 일은 다른 방식으로 작용했을 수도 있다. 정확하게 던질 수 있는 능력은 정기적으로 고기를 먹게 했고, 이에 따라 온대 지방에서 겨울을 날 수 있도록 했을 것이다. 그리고 그 결과 부수적인 이익, 즉 '무료 점심'으로서 말을 더 잘 할 수 있게 되었을 수도 있다.

여러 가지 손 운동 중에서 선택하는 일은, 대뇌 피질 뉴런의 독특한 점화 패턴처럼 운동 프로그램이 될 수 있는 하나의 후보를 그리고 다시 더 많은 후보들을 발견하는 일과 관련이 있다. 사람의 뇌에서 이런 일이 어떻게 일어나는가에 대해서는 아직까지 거의 알려진 것이 없다. 그러나 하나의 단순한 모형은 각각의 운동 프로그램, 즉 뇌의 일정한 공간을 두고 경쟁하는 각각의 프로그램에 대한 많은 복제물과 관련이 있다. 손바닥을 펴기 위한 프로그램은 가운뎃손가락과 집게손가락으로 승리의 V 사인을 하기 위한 프로그램이나 정확하게 협력해서 손을 움직이기 위한 프로그램에 비해 복제물을 만들기가 쉽다.

탄도 운동은 다른 대부분의 운동과 비교할 때 놀랄 만큼 많은 계획을 필요로 한다. 이 운동은 또한 운동 프로그램의 수많은 복제물을 필요로 하는 것처럼 보인다.

약 8분의 1초 이하로 지속되는 갑작스러운 팔 운동이나 다리 운동을 위해서는 되먹임을 통한 수정이 그리 효과적이지 못하다. 반응 시간이 너무 길기 때문이다. 신경은 매우 천천히 전달되고 만족할 만큼 신속하게 결정을 내리지 못한다. 표적이 달아나지 않는다면 다음 번 계획에는 되먹임이 도움이 될 것이다. 그러나 실제로는 이런 일이 일어나지 않는다. 곤봉으로 때리고, 망치질을 하고,

던지고, 발로 차는 마지막 8분의 1초 동안 뇌는 움직임의 모든 세부 사항을 계획해야 한다. 그리고 그 후에는 자동 피아노의 룰러를 한 번 쳐서 어떤 곡을 연주하는 것과 비슷한 방식으로 그 계획을 발산해야 한다.

'조정'하는 동안 되먹임에 의존하지 않는 탄도 운동을 위해서 우리는 거의 완벽하게 수립된 계획을 필요로 한다. 망치질을 위해

그림 5
운동의 결정
손 운동을 위한 세 가지 서로 다른 후보군이 자신의 시공 패턴을 복제함으로써 전운동 피질의 공간을 두고 경쟁할 수 있다. 단 하나의 패턴에서 충분한 코러스가 있을 때에만 움직임이 시작될 것이다.

서는 몇십 개의 근육에 대한 정밀한 연속 행동을 계획할 필요가 있다. 던지기의 경우에는 또 다른 어려움이 있다. 발사 가능 시간대, 즉 투사물을 손에서 놓아 표적을 맞출 수 있는 시간의 범위를 정해야 하기 때문이다. 투사물은 보통 감속하고 있는 손을 빠져나가게 되는데, 투사물을 놓는 일은 속도가 최고에 도달한 직후에 일어난다. 이렇게 최고 속도에 도달하는 일이 정확한 시간에 지평선으로부터 적당한 각도로 일어날 수 있게 하는 것은 상당한 기술이 필요하다.

발사 가능 시간대의 문제를 통해서 여러분은 탄도 운동을 계획하는 일이 그토록 어려운 까닭을 알 수 있을 것이다. 발사 가능 시간대는 표적이 얼마나 멀리 있는가 그리고 그것이 얼마나 큰가에 좌우된다. 여러분이 열 번에 여덟 번은 병렬 주차 공간의 길이만큼 떨어져 있는 토끼 정도 크기의 표적을 때릴 수 있다고 가정해 보자. 이는 발사 가능 시간대가 0.011초라는 것을 의미한다. 두 배 멀리 떨어져 있는 같은 표적을 똑같은 신뢰도로 때리려면 처음의 약 8분의 1, 즉 0.0014초의 발사 가능 시간대 안에 던진다는 것을 의미한다. 뉴런이 원자 시계처럼 시간 조절을 정확히 하는 것은 아니다. 신경 충격이 만들어질 때에는 시간적인 오차가 크기 때문에, 어느 한 뉴런이 혼자서 공을 놓을 시간을 정해야 한다면 차고의 넓은 면을 때리는 데에도 어려움을 겪을 것이다.

다행스러운 것은 그것들이 모두 '자기 자신의 일을 하고', 자기 자신의 실수를 하는 한, 잡음을 일으킨다고 해도 많은 수의 뉴런이 적은 수의 뉴런에 비해 더 유리하다는 것이다. 얼마간의 잡음은 결국 평균에 이른다. 여러분은 심장에서 박동수를 규칙적으로 유지하는 작용을 통해서 이 원리를 알 수 있다. 심장의 박동을 일정하게 유지하는 세포의 수가 4배로 증가하면 심장 박동의 시간적인 오차는 반으로 줄어드는 효과를 낳는다. 여러분이 어떤 물건을 던질 때 발사 시간의 오차를 8분의 1로 줄이기 위해서는, 처음에 던지기를 계획할 때 필요했던 뉴런에 비해 평균적으로 64배나 많은 뉴런이 필요하다. 여러분이 이번에는 열 번 중 여덟 번 꼴의 신뢰도로 3배 먼 거리에 있는 토끼 크기의 표적을 맞추고자 한다면 매우 많은 협력자들을 보충할 필요가 있을 것이다. 처음의 단거리 던지기에서는 충분했던 뉴런의 729배나 되는 많은 뉴런이 필요하기 때문이다. 그러나 이는 모든 대형 비행기가 착륙 장치를 내리기 위한 세 가지 방식과는 다른 의미에서의 여분이다.

이제 우리는 정교한 연속성과 관련이 있는 뇌의 세 번째 메커

시간 조절의 오차를 반으로 줄이기 위해서는 4배의 시계가 필요하다.

그림 6
큰 수의 법칙(할렐루야 코러스의 원리)

니즘에 대해 알게 되었다. 구문론의 나무 모양과 손잡이 그리고 덩어리 짓기를 조장하는 제한된 수의 메모지에 이어서, 탄도 운동과 같은 활동의 정교한 연속성이 다른 정교한 연속성과 대뇌의 영역을 공유하고 있으리라는 것을 알게 된 것이다. 그리고 시간 조절의 정확성이 중요한 의미를 가질 때에는 수백 배나 되는 여분이 필요하다는 것도 알게 되었다.

  여러분이 비규격 거리에 있는 표적을 향해 무엇인가를 던질 계획을 세우기 위해서는 커다란 공간이 필요하다. 이는 여러분이 미리 보유한 운동 계획(다트를 던지거나 농구에서 자유투를 하는 것과 같은)

을 갖지 않은 경우를 말한다. 비규격의 겨냥을 위해서는 두 가지 규격 프로그램 사이에 정렬되는 변형을 만들어서 겨냥한 표적을 가장 잘 맞출 수 있을 것 같은 한 가지를 뽑아내야 한다. 즉흥적으로 하는 일은 큰 공간을 차지한다. 만일 여러분이 일단 '가장 좋은' 변형을 골라내고 이에 따라 다른 모든 것들이 변화한다면, 여러분은 발사 가능 시간대 안에 들어가는 데 필요한 여분을 가질 수 있을 것이다. 실내에 가득 찬 독창자들이 모두 조금씩 서로 다른 곡조를 노래하다가 하나의 합창단을 이루어 노래하기 위해 협조하는 것을 상상해 보라. 그리고 마치 할렐루야 코러스에서 전문적인 성가대가 청중을 받아들이는 것처럼, 현실적인 정확성을 위해서 많은 협력자들을 보충한다고 생각해 보라.

연속성을 위한 구조화된 공동 편의 시설이 있다면 많은 문제를 해결할 수 있을 것이다. 그런 것이 정말 존재할까? 만일 그렇다면 우리는 이따금씩 비슷한 움직임 사이에서 일종의 공동 작용이나 갈등을 목격하게 될 것이다.

찰스 다윈은 처음으로 손과 입의 공동 작용을 제안한 사람이다. 그는 1872년 감정의 표현에 대한 책에 이렇게 썼다. "따라서 가위를 들고 무언가를 자르고 있는 사람의 경우, 가위 날과 동시에 턱을 움직이는 것처럼 보일 것이다. 쓰기 공부를 하는 아이들은 손가락이 움직이는 것과 동시에 우스꽝스러운 모습으로 혀를 구부리는 경우가 많다."

우리는 어떤 종류의 연속성에 대해서 이야기하고 있는 것일까? 리듬에 맞춘 움직임 그 자체는 어디에서나 찾아볼 수 있다. 씹고 숨쉬고 운동하는 일이 모두 그렇다. 이런 운동은 척수 수준의 단순한 회로에 의해서도 실행될 수 있다. 단순히 한 가지 일에 다른 일이 뒤따르는 것을 배우는 것처럼, 리듬이나 다른 연속성의 경우에는 대뇌와 뚜렷한 관련이 없다. 새로운 연속성, 그것은 지우개와 같다. 만일 보다 정교하고 새로운 운동을 위한 공통되는 연속 장치가 있다면 그것은 뇌에서 어디에 위치할까?

연속성 그 자체는 대뇌 피질을 필요로 하지 않는다. 뇌에서 일어나는 많은 움직임의 조정은 대뇌 피질 밑에 있는 영역에서 처리된다. 이곳은 기저핵 또는 뇌간 신경절로 알려진 부분이다. 그러나 새로운 운동은 전두엽 뒤쪽 3분의 2에 있는 전운동(Premotor) 피질과 전전두(prefrontal) 피질에 의존하는 경향이 있다.

대뇌 피질에는 연속적인 활동과 관련이 있는 것으로 보이는 다른 영역이 있다. 전두엽의 측배 부분(꼭대기의 옆 부분. 만일 여러분의 앞머리에 한 쌍의 뿔이 자라고 있다면 이 영역은 뿔이 나오는 곳에 있을 것이다.)은 반응이 지연되는 경우에 결정적인 의미를 갖는다. 원숭이에게 먹이를 보여 주고 먹이를 어디에 숨기는지 원숭이가 볼 수 있도록 하자. 그리고 약 20분 후에 원숭이가 그것을 찾을 수 있도록 해 보자. 이 경우 전두엽 피질의 측배 부분에 손상을 입은 원숭이는 정보를 계속 기억하지 못한다. 그것은 사실 기억하지 못하는 문제가 아니라 지속적으로 의지를 명확히 하는 문제, 어쩌면 '의사 일정(agenda)'의 문제인지도 모른다.

위대한 러시아의 신경학자 알렉산데르 루리아(Alexander Luria)는 두 팔을 이불 밑으로 내리고 있는 환자에 대해 기술한 적이 있다. 루리아는 환자에게 팔을 들라고 했다. 그는 그렇게 할 수 없는 것처럼 보였다. 그러나 루리아가 환자에게 이불 밑에서 손을 빼라고 하자 그는 그렇게 할 수 있었다. 그러고 나서 루리아가 환자에게 팔을 들었다가 내리라고 하자, 환자는 그가 말한 대로 할 수 있었다. 그 환자는 연속성을 계획하는 데에 문제가 있었다. 그는 자신을 가두고 있는 이불이라는 장애물과 관련된 조건에 사로잡혀 있었다. 왼쪽 전전두엽에 손상을 입은 환자는 적절히 연결된 행동을 하는 데에 어려움을 겪는다. 아니면 애초에 그 행동을 계획하는 데에 어려움을 겪는지도 모른다. 왼쪽 전운동 피질에 손상을 입은 환자들은 몇 가지 행동을 하나로 묶어 원활한 동작으로 만드는 데에 어려움을 겪는다. 루리아는 이런 원활한 동작을 가리켜 운동의 선율이라고 했다.

눈 바로 위에 있는 전두엽의 기부에 암이나 뇌졸중이 온 경우에도 쇼핑하는 것과 같은 연속적인 활동에 영향을 받는다. 어떤 유명한 환자는 회계사로서 높은 지능 지수를 갖고 있었고, 신경 심리학의 종합 테스트에서 매우 좋은 결과를 얻었다. 그러나 그는 자신의 생활을 조직하는 데에는 커다란 문제가 있었다. 그는 여러 직장에서 해고되었고, 파산했으며, 충동적인 결혼을 한 결과 2년 동안 두 차례나 이혼했다. 이 사람은 종종 단순하고 급한 결정조차 내릴 수 없었다. 예를 들어 어떤 치약을 사야 할지, 무엇을 입어야 할지 하는 등의 문제다. 그는 끊임없이 비교하고 대비하는 데에 사로잡혀 있었으며, 종종 어떤 것도 결정하지 않거나 완전히 닥치는 대로 결정을 내렸다. 저녁 식사를 위해 외출하고 싶다면 그는 우선 각각의 괜찮은 식당들에 대해 자리에 앉는 방법, 메뉴, 분위기, 관리 상황까지 고려해야 했다. 그는 식당으로 차를 몰고 가서 얼마나 손님

이 많은지 알아보기도 했으며, 그런 뒤에도 선택하지 못하는 경우도 있었다.

왼쪽 귀 위에 있는 옆머리의 언어 영역 또한 비언어적 연속성과 상당히 밀접한 관계가 있음을 암시하는 두 가지 중요한 증거가 있다. 캐나다의 신경 심리학자 도린 기무라와 그의 동료들은 왼쪽 옆머리에 뇌졸중을 앓아 언어 장애(실어증)를 앓고 있는 환자들은 새로운 방식으로 손과 팔의 연속 운동을 수행하는 데에 상당한 어려움을 겪는다는 사실을 밝혀냈다. 이런 증상을 가리켜 운동 신경 장애라고 한다(정교한 연쇄의 예를 들면, 주머니에 손을 넣어 열쇠 뭉치를 꺼내고, 사용할 것을 고르고, 그것을 자물쇠에 집어넣고, 열쇠를 돌리고, 그 뒤 문을 미는 등의 일이다.).

미국 시애틀의 신경외과의 조지 오즈먼(George Ojemann)과 그 동료들은 한 걸음 더 나아가, 간질 수술을 하는 동안 뇌에 전기 자극을 주어 좌뇌 옆머리의 언어 영역이 연속적인 소리를 듣는 것과도 관련이 있음을 밝혔다. 이 영역은 양쪽의 일차 청각 피질의 측두엽 상단의 브로카 영역(Broca's Area)과 인접한 전두엽의 일부와, 얼굴의 경계선 뒤에 있는 두정엽의 일부를 포함한다(다시 말해 이 영역은 '실비우스 구'의 중심에 인접해 있는 것이다.). 놀라운 사실은 이 영역이

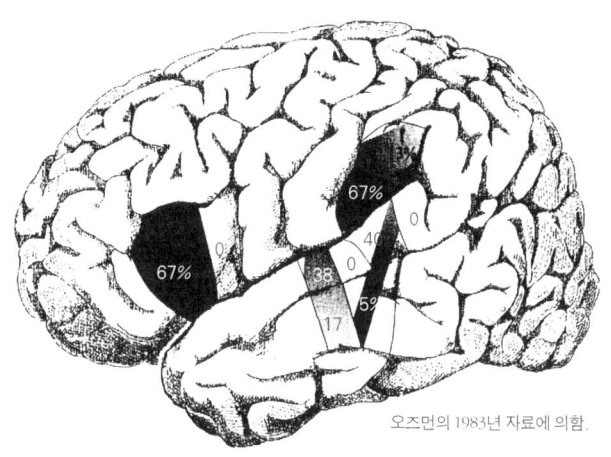

오즈먼의 1983년 자료에 의함.

그림 7
구강 안면의 연속적 처리는 음소의 지각과 같은 두 영역의 전기 자극에 의해서 교란된다.

구강 안면의 연속적인 움직임을 만드는 일과 큰 관련이 있다는 점이다. 이는 심지어 여러 가지 얼굴 표정을 흉내 내는 것과 같은 비언어적 움직임과도 관련이 있다.

뇌의 영역에 이름을 붙이는 일과 관련된 한 가지 위험성은, 언어 피질(Language cortex)이라는 것은 언어를 처리하는 일에만 관련이 있다고 기대하는 경향을 갖는다는 점이다. 그러나 오즈먼 등이 보여 준 자료는 대뇌 피질의 분화가 훨씬 더 일반적인 성향을 나타내며, 다양한 종류의 새로운 연속물과 관련이 있음을 보여 준다. 입과 함께 손을, 운동과 함께 감각을, 이야기와 함께 흉내 내기를 다루는 식이다.

많은 생물 종은 추상적인 상징과 단순한 언어에 대해 배울 수 있다. 뿐만 아니라 일부는 범주의 구분을 배울 수도 있다. 사실 동물들은 아기가 모든 성인 남성을 '아빠'라고 부르는 시기를 거치는 식으로 흔히 지나친 일반화를 한다. '~는 ~이다.', '~는 ~보다 크다.' 같은 관계를 배울 수도 있다. 바나나는 과일이다. 바나나는 호두보다 크다는 식이다.

지능에 더욱 가까운 것은 유추, 은유, 직유, 비유 그리고 정신 모형의 능력이다. 우리가 '더 큰 것이 더 빠르다.'라고 추측함으로써 '보다 크다.'와 '보다 빠르다.' 사이의 불완전한 유추를 할 때처럼, 이런 능력은 관계를 비교하는 일과 관련이 있다.

사람들은 익숙한 영역 속에서(예를 들어 문서를 서류철 속에 보관하거나, 휴지통에 던져 버리는 것과 같은) 정신적으로 일하면서, 보다 익숙하지 않은 영역으로(컴퓨터 화면의 아이콘을 움직여서 컴퓨터 파일을 저장하거나 삭제하는 것과 같은) 이런 관계를 확장한다. 우리는 하나의 정신적 영역에서 어떤 동작을 만들고 다른 영역에서 그것을 해석할 수 있다. 그러나 이런 사상(寫像)은 모두 어딘가에서 붕괴된다. 로버트 프로스트(Robert Frost, 1874~1963년. 미국의 시인)의 말을 빌리면, 우리는 하나의 은유를 어디까지 의지할 수 있는가를 알아야 하며, 그것이 언제까지 안전한가를 판단해야 한다.

여기에서 움베르토 에코(Umberto Eco, 1932~년. 이탈리아의 기호학자, 소설가)가 창조해 놓은 하나의 영역으로부터 다른 영역으로의 사상(寫像)을 생각해 보자.

세계는 사실상 매킨토시 컴퓨터 사용자와 엠에스도스(MS-DOS) 호환 컴퓨터 사용자로 나뉘어 있다. 나는 매킨토시는 구교, 즉 가톨릭교며, 도스는 신교라고 생각한다. 사실 매킨토시는 반개혁적이며 예수회가 추구하는 방법의 영향을 받은 것처럼 보인다. 그것은 쾌활하고 정다우며 회유적이다. 그것은 자신의 신실한 신도들에게 문서가 인쇄되는 순간(천국은 아니지만)에 닿기까지 한 걸음 한 걸음 어떻게 나아가야 하는지를 이야기해 준다. 그것은 교리 문답적이다. 계시의 정수는 간단한 공식과 화려한 아이콘과 더불어 다루어진다. 모든 사람은 구원받을 권리가 있다.

도스(DOS)는 신교, 그중에서도 칼뱅 파라고도 할 수 있다. 그것은 성서의 자유로운 해석을 허락하며, 힘겨운 개인적 결단을 요구하며, 사용자에게 미묘한 해석의 짐을 지우며, 모두가 구원받는 것은 아니라는 사상을 당연시한다. 도스에서는 시스템이 작동하도록 하기 위해서 여러분 스스로 프로그램을 해석할 필요가 있다. 도스 사용자는 흥청대는 사람들로 이루어진 바로크적 공동체에서 멀리 떨어져 나와 내면적 고통의 고독에 휩싸인다.

여러분은 윈도스로 넘어가면서 도스의 우주가 매킨토시의 반개혁파다운 관용에 가까이 다가섰다고 이의를 제기할지도 모른다. 사실이다. 윈도는 성공회 형태의 분파로, 대성당에서 이루어지는 장엄한 의식을 갖고 있다. 그러나 언제라도 도스로 돌아가 이상한 결정에 따라 상황을 바꾸어 버릴 가능성이 있다. ……

그리고 양쪽 시스템(또는 이런 말로 부르고 싶다면 '환경')에 놓인 기계 코드는? 그것은 구약 성서와 관련이 있는 것으로 탈무드나 카발라(cabala, 중세에서 근세에 걸쳐 퍼진 유대교 신비주의 또는 그 가르침을 기록한 책—옮긴이)와 같다.

대부분의 사상(寫像)은 대상이 음소(音素)의 연속물과 관련해서 생각나는 것처럼(이름을 붙이는 경우처럼) 보다 단순하다. 노력을 기울이면 침팬지는 'A의 B에 대한 관계는 C의 D에 대한 관계와 같다.'라는 식의 단순한 유추를 배울 수 있다. 침팬지가 이런 정신적 처리 과정을 시험 대상에 대해서만 사용하는 것이 아니라 자신의 모든 일상에 적용할 수 있다면 더 유능한 유인원이 될 것이다. 사람은 분명 이보다 더 추상적인 영역으로 사상을 계속해 가면서, 몇 단계 더 많은 층을 이룬 안정성을 획득하고 있다.

안전성은 시험적인 조합, 다시 말해 전에는 한 적이 없는 행동을 하는 일과 관련된 중요한 문제다. 심지어 순서가 정해진 것을 단순히 반전시키는 일조차 '뛰어오른 뒤에 보는 것'처럼 새로운 위험 상황을 낳을 수 있다. 1943년 영국의 심리학자 케네스 크레이크(Kenneth Craik)는 자신의 책 『설명의 본성(*The nature of Explanation*)』에서 이렇게 제안했다.

신경계는…… 외계의 사건들을 모형화하고 비교할 수 있는 계산기다.…… 만일 어떤 생물이 머릿속에 외부 현실에 대한, 자기 자신이 할 수 있는 행동에 대한 '소규모 모형'을 갖고 있다면, 그 생물은 여러 가지 대안을 시험해 보고 어느 것이 좋은지 결정하고, 미래의 상황이 벌어지기도 전에 그것에 반응할 것이다. 그리고 미래의 문제와 자신이 직면할 돌발 상황을 처리할 때 훨씬 더 충실하고 안전하고 경쟁력 있는 방식으로 반응할 수 있도록 모든 과정에 과거의 사건에 대한 지식을 활용할 수 있을 것이다.

사람들은 앞으로의 행동 과정을 시뮬레이션하여 어리석은 경로를 미리 제거할 수 있다. 철학자 칼 포퍼(Karl Popper)가 이야기했듯이 이 일은 '우리의 가정이 우리를 대신해서 죽을 수 있도록 한다.' 창조성, 즉 지능과 의식의 지고한 상태는 질적인 정신적 유희를 포함한다.

크레이크가 암시한 일과 관련이 있는 것은 어떤 정신적 기구일까?

미국의 심리학자 윌리엄 제임스는 1870년에 이미 다윈적 방식으로 작용하는 정신 과정에 대해 이야기했다. 당시는 찰스 다윈이 『종의 기원』을 발표한 지 불과 10여 년밖에 지나지 않은 때였다. 시행착오의 개념은 1855년 스코틀랜드의 심리학자 알렉산더 베인(Alexander Bain)이 개발한 것이지만, 제임스는 여기에 진화론의 사고를 덧붙였다.

다윈적 과정은 흙을 빚는 장인이 인도하는 손길 없이도 200만 년 동안 더 훌륭한 뇌를 형성했을 것이다. 뿐만 아니라 뇌에서 작용하는 또 하나의 다윈적 과정은 수백 분의 1초에서 몇 분에 이르는 시간 규모에서 하나의 문제에 대한 보다 지적인 해결책을 만들어 내고 있는 것이다. 신체 면역 반응 또한 다윈적 과정으로 보인다. 이 과정에 의해 몇 주 동안 여러 세대를 거치면서 침입자 분자에 점점 더 잘 맞는 항체들이 형성되는 것이다.

다윈적 과정은 생물학적인 기초, 즉 생식에서 출발하는 경향이 있다. 복제는 언제나 일어나고 있다. 여러분의 정신을 만드는 일에 대한 하나의 이론은, 여러분이 운동에 대한 일정한 계획(손을 펼지, 아니면 V 사인을 만들지, 아니면 정확하게 협력해서 손을 움직일지)을 세운다는 것이다. 그리고 이런 선택적인 운동의 계획들은 하나가 '이길' 때까지 서로 생식적으로 경쟁한다는 것이다. 이 이론에 따르면, 마침내 어떤 행동이 시작되기 전에 대량의 명령 클론(생물학적으로는 한 개의 세포나 개체로부터 무성 생식으로 증식한 세포군 또는 개체군을 말하는데, 여기에서는 증식의 결과로 생긴 똑같은 내용을 갖는 복제물을 가리킨다. — 옮긴이)이 필요하다.

그러나 다윈적 과정은 단순한 생식과 경쟁 이상의 것을 필요로 한다. 종의 진화와 면역 반응에 대해 알고 있는 것으로부터 다윈적 과정의 본질적인 특성을 추상화하면, 다윈 기계(Darwin Machine)는 반드시 여섯 가지 기본적인 성질을 지니는 것으로 보인다. 그리고 그 과정이 진행되려면 이 여섯 가지 요소가 모두 있어야만 한다.

- 그 과정은 '패턴을 포함한다.' 고전적으로 패턴이란 유전자라는 DNA 염기의 배열을 말한다. 리처드 도킨스(Richard Dawkins)가 『이기적 유전자(*The Selfish Gene*)』에서 지적했듯이, 그 패턴은 음악의 선율과 같은 문화적인 것일 수도 있다. 그리고 그는 이런 문화적인 성격을 갖는 패턴을 위해 '밈(meme)'이라는 새로운 용어를 만들어 냈다. 이 패턴은 어떤 생각을 하는 것과 관련된 뇌의 패턴일 수도 있다.

- 이런 패턴으로부터 '어떻게 해서든 복제물이 만들어진다.' 세포들은 분열한다. 사람들은 우연히 들은 곡조를 흥얼거리거나 휘파람을 분다. 사실 단위 패턴(이것이 '밈'이다.)은 부분적으로 신뢰할 수 있는 방식으로 복제된 것에 의해 정의된다. 예를 들어 유전자의 DNA 배열은 감수 분열 동안 2분의 1 정도의 신뢰성을 갖고 복제될 뿐, 전체 염색체나 개체가 신뢰성을 갖고 복제되는 것은 아니다.
- '때때로 패턴은 변화한다.' 이런 변화로서 가장 잘 알려진 것은 우주에서 날아오는 방사선에 의한 점 돌연변이(point mutation)일 것이다. 그러나 복제 과정 중의 실수(감수 분열 도중에 일어나는 것과 같은)와 카드 패 섞기(유성 생식 과정에서 모계 염색체와 부계 염색체가 섞이는 등의 일을 말함. ― 옮긴이)가 훨씬 더 자주 일어난다.
- 제한된 환경 공간의 점유를 위한 '복제 경쟁이 일어난다.' 예를 들어 여러 종류의 바랭이들이 집 뒤뜰에서 서로 경쟁하는 것과 같다.
- 변종의 '상대적인' 성공 가능성은 '다양한 환경 조건'의 영향을 받는다. 풀의 경우, 작용 요인은 영양 물질, 물, 햇빛, 풀을

깎는 빈도 등이다. 우리는 때때로 환경이 "선택한다."라고 말한다. 또는 선택적인 생식이나 선택적인 생존이 있다고도 한다. 찰스 다윈은 이렇게 한쪽으로 치우치는 일에 '자연선택(natural selection)'이라는 이름을 붙였다.

- 다음 세대가 어떻게 될 것인가는 '어떤 변종들이 생식할 수 있을 때까지 살아남아서' 짝을 찾는 데 성공하는가에 따라 달라진다. 어린 것들의 높은 사망률은 성체의 사망률에 비해서 환경의 영향을 훨씬 더 많이 받는다. 이는 살아남은 변종들이 생식적으로 내기를 하는 것은 중심적인 변이가 시작되는 곳이 아니라, 변화된 염기에서부터라는 뜻이다(이는 다윈이 "유전 원리"라고 부른 것이다.). 다음 세대에서는 이번에 성공한 것을 둘러싸고 다시 보급이 이루어진다. 많은 새로운 변종들은 부모 세대의 평균에도 미치지 못할 것이다. 그러나 일부는 환경의 특징적 조합에 훨씬 더 '적합할' 것이다.

이 모든 것으로부터 생물은 거의 환경을 위해 설계해 놓은 것처럼 보이는 패턴들을 향해서 놀랄 만한 다윈적 경향을 나타낸다.

성(두 벌의 카드 패를 이용해서 유전자들을 뒤섞는)이 다윈적 과정에서 가장 중요한 부분이라고는 할 수 없다. 기후 변화 역시 그렇다. 그러나 이런 요소들은 그 과정에 양념을 치고 속도를 더한다. 이는 그 과정이 수백 분의 1초 동안 일어나든 수천 년 동안 일어나든 마찬가지다. 다윈적 과정을 촉진하는 세 번째 요인은 이제부터 이야기할 분리와 격리다. 다윈적 과정은 대륙보다는 섬에서 더 빠른 속도로 일어난다. 속도를 필요로 하는(생각이나 행동과 관련된 시간 척도는 분명히 속도를 필요로 하는데) 몇 가지 다윈적 과정에서는 이런 이유로 분리 과정이 필수적일 수도 있다. 감속 요인은 분리를 피하기 위해 이리저리 마구 흔들리는 안정성의 주머니다. 대부분의 안정된 생물 종은 이런 안정된 주머니 안에 붙들려 있다.

사람들은 항상 '자연선택' 같은 특수한 부분을 전체적인 다윈적 과정과 혼동한다. 그러나 어느 한 부분도 혼자서 전체를 충족시키지는 못한다. 여섯 가지의 필수 요소가 없으면 그 과정은 이내 멈출 것이다.

사람들은 또한 다윈적 과정의 필수 요소들을 오직 생물학적 내용하고만 연관짓는다. 그러나 흐르는 물이 모래를 실어가 버리고 그 뒤에 자갈을 남길 때에도 선택적인 생존을 볼 수 있다. 그 과정의 한 부분에 대한 오해('다윈론은 선택적인 생존이다.')가 바로 과학자들이 사고 패턴 또한 반복적으로 복제될 필요가 있다는 사실 그리고 지적 추측을 빨리 진화시키기 위해서 일련의 정신적 '기후 변화'가 이루어지는 동안 '섬'에서 사고의 복제물과 선택적인 것들의 복제물이 경쟁해야만 한다는 사실을 깨닫는 데에 1세기라는 오랜 세월이 걸린 이유다.

우리는 지적 추측에 적당한 메커니즘을 찾는 과정을 통해서 지금까지 (1)연속성의 기초가 되는 통사론의 포개진 상자들, (2)그럴듯한 구실에 대한 모든 단서를 지닌 논지 구조, (3) '가까이-속에-위에' 등의 상대적 위치를 나타내는 단어, (4)메모지의 제한된 크기와 그 결과로서 생기는 덩어리 짓기의 경향 그리고 (5)탄도 운동을 이루기 위해 사용하는 여분의 신경 패턴 복제물에 매우 필요한, 정교한 연속성을 위한 공동 편의 시설 등을 확인할 수 있었다. 다윈적 과정으로부터 도출한 우리의 여섯 번째 단서는 이제 전체적인 특징을 모두 조합한 것으로 나타난다. 차이가 있는 패턴, 그것들의 복제, 실수를 통한 변종의 형성(대부분의 변종은 가장 성공적인 것에서 온다.), 경쟁 그리고 다양한 환경 조건에 의한 복제 경쟁력의 왜곡이 그것이다. 이에 덧붙여 다양한 환경은 일부는 기억되지만 일부는 흘러가 버리는 것처럼 보인다.

다행스럽게도 다원적 과정에 대한 고찰은 탄도 운동에 대한 고찰과 어느 정도 중복되는 부분이 있다. 다원적인 뒤뜰의 작업 공간은 '정리가 되어 있는' 메모지를 활용할 수도 있으며, 다원적인 복제는 시간의 오차를 줄이는 운동 명령 클론을 생산하는 데에 도움을 줄 수도 있을 것이다. 이밖에 어떤 것이 관련이 있을까? 특히 우리가 생각과 행동의 시간 규모에서 클론을 만들기 위해 필요로 하는 패턴들은 무엇인가?

사고는 감정과 기억의 조합으로 나타난다. 아니, 어떻게 보면 생각은 아직 일어나지 않은(그리고 어쩌면 결코 일어나지 않을) 움직임이다. 생각은 대부분 순식간에 덧없이 흘러가 버린다. 이 사실은 우리에게 무엇을 말해 주는가?

뇌는 팔다리나 후두 같은 기관의 근육으로 가는 신경 충격의 연발 사격을 통해서 운동을 만들어 낸다. 각각의 근육은 다소 다른 시간대에, 때로는 잠시 동안만 활성화된다. 전체적인 연속물은 불꽃놀이의 대단원처럼 조심스럽게 시간이 조절된다. 하나의 운동을 위한 계획은 한 장의 악보나 자동 피아노의 롤러와 같다. 후자의 경우, 계획은 88개의 출력 경로(피아노 건반의 88개 건을 의미함.—옮긴이)와 각 건(鍵)을 때리는 시간을 모두 포괄한다. 사실 탄도 운동은 피아노에 있는 건과 거의 같은 수의 근육과 관계가 있다. 따라서 운동은 음악의 되풀이되는 선율처럼 시공 패턴이 된다. 그것은 걸음걸이의 리듬처럼 계속 되풀이될 수도 있지만, 하나의 일시적인 패턴에 의해 점화되는 일회성의 펼침화음(아르페지오)과 비슷할 수도 있다.

뇌의 어떤 시공 패턴에는 '대뇌 코드(cerebral code)'라는 이름을 붙일 수도 있다. 어떤 뉴런들이 다른 것들에 비해 몇 가지 입력 신호의 특징에 더욱 민감하게 반응하는 것은 사실이지만, 단 하나의 뉴런으로는 여러분 할머니의 얼굴을 나타내지 못한다. 여러분의 색감이 망막에 있는 세 가지 원뿔 세포의 상대적인 활성 정도에 따라 결정되는 것과 마찬가지로 그리고 미각이 혀에 있는 약 네 가지 수용기의 상대적 활성화 정도에 따라 나타날 수 있는 것처럼, 기억의 어느 한 항목은 여러 뉴런의 '위원회'라고 할 수 있는 것을 포함하는 것으로 보인다. 피아노 건반 위의 하나의 건처럼 하나의 뉴런은 서로 다른 선율에서 서로 다른 역할을 하는 것이다(물론 그것이 가장 자주 담당하는 역할 역시 피아노의 건처럼 침묵을 지키는 일이다.).

대뇌 코드는 아마 하나의 사물이나 하나의 행동 또는 어떤 개념과 같은 하나의 추상물을 표현하는 뇌의 시공 활동 패턴일 것이다. 이는 상품 포장지의 바코드가 상품의 형태를 따르지 않으면서도 그것을 표현하는 것과 마찬가지다. 우리가 바나나를 보면 다양한 뉴런들이 자극된다. 어떤 뉴런은 노란색이 전문이고, 어떤 뉴런은 바나나의 약간 구부러진 짧게 뻗은 선이 전문이다. 기억을 일깨우는 일은 단순히 이런 활동성의 패턴을 재구성하는 일에 불과하다. 이 일은 캐나다의 심리학자 도널드 헵(Donald O. Hebb)이

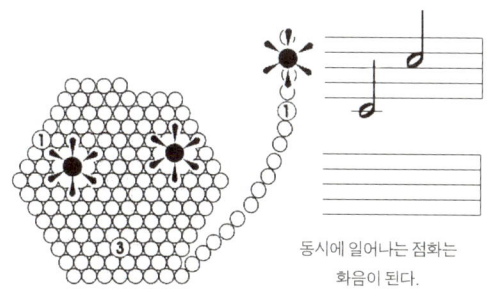

동시에 일어나는 점화는
화음이 된다.

그림 8
세포의 집합을 음계에 표시한 것. 뉴런의 집합을 건반에 옮겨 놓을 수 있다. 그러면 시공 패턴을 음악 선율의 형태로 들을 수 있다.

1949년에 제출한 세포 집합 가설에 의거한다.

뉴런을 음계를 따라 풀어놓은 것으로 가정하면, '바나나 위원회'는 선율과 같은 것이다. 어떤 신경 생리학자들은 관련된 모든 뉴런이 화음을 이루는 것처럼 동시에 발사되어야 한다고 생각한다. 그러나 나는 대뇌 코드가 여러 화음과 따로따로 연주되는 여러 음표로 이루어진 짧은 선율에 가깝다고 생각한다. 우리 신경 생리학자들은 따로따로 떨어진 음표들을 해석하기보다는 화음을 해석하는 편이 더 쉽다는 사실을 알게 되었다. 우리가 진정 필요로 하는 것은 단어와 관련이 있는 미지의 유인자들이지만, 그것은 다른 책(『대뇌 코드(The Cerebral Code)』)의 주제다.

> 음악은 우리 뇌가 어떻게 작용하는가를 스스로에게 설명하기 위한 노력이다. 우리는 홀린 듯이 바흐의 음악에 귀를 기울인다. 그 음악이 곧 인간의 정신이기 때문이다.
>
> ─루이스 토머스,
> 『메두사와 달팽이(The Medusa and the Snail)』, 1979

우리는 장기 기억이 '시'공 패턴이 될 수 없다는 것을 알고 있다. 우선 이런 기억들은 심지어 발작이나 혼수상태처럼 뇌의 전기적 활동이 대규모로 정지하는 경우에도 살아남는다. 그러나 우리는 공간 패턴이 어떻게 시공 패턴으로 전환되는가를 가르쳐 주는 많은 사례를 알고 있다. 음악의 기보법(記譜法), 자동 피아노, 레코드 음반 등이 그것이다. 자동차가 지나가면서 시공 패턴을 재창조하기를 기다리는 울퉁불퉁한 노면의 융기도 마찬가지다.

이것은 도널드 헵이 기억의 이중성이라고 일컫는 것으로, 활동 중인 단기적 변형판(시공적인)과 악보나 레코드 음반에 팬 홈과 비슷한, 공간적이기만 한 장기적 변형판이다.

이런 '대뇌의 바퀴 자국'은 레코드 음반의 흠처럼 영속적이다. 튀어나오고 팬 자취는 본질적으로 대뇌 피질이 시공 패턴의 다양한 목록을 만들어 내도록 하는 다양한 시냅스의 세기다. 이는 걷고 달리는 것 같은 우리가 알고 있는 시공 패턴을 만들어 내는 척수의 결합력과 매우 비슷하다. 그러나 단기 기억은 활동 중인 시공 패턴(심리학의 문헌에서 '일하는 기억'으로 일컬어지는 것)일 수도 있지만, 순간적이며 공간적이기만 한 패턴일 수도 있다. 이런 순간적 패턴은 영속적인 자취 위에 어느 정도 덧씌워지지만 그것을 흔들어 놓지는 않는 일시적 자취를 말한다(이것들은 대개 몇 분만에 사라진다.). 이것들은 단지 변형된 시냅스의 세기(신경 생리학 문헌에서 '촉진'과 '장기증강' 또는 '장기 시냅스 강화'라고 일컬어지는 것)로서, 반복이나 두 개의 특징적인 시공 패턴이 뒤에 남긴 자취일 뿐이다.

튀어나오고 팬 영속적인 자취들은 각 개인에 따라, 심지어 일란성 쌍둥이에서조차 독특한 양상을 나타낸다. 미국의 심리학자 이스라엘 로젠필드(Israel Rosenfield)는 이 일을 다음과 같이 설명하고 있다.

> 역사학자들은 과거의 기록을 재해석(재조직)하면서 역사를 끊임없이 새로 쓰고 있다. 마찬가지로 뇌의 일관된 반응이 기억의 일부가 될 때, 그것들은 의식 구조의 일부로 새로이 조직된다. 그것들을 기억으로 만드는 것은 그것들이 그 구조의 일부가 되어 자아에 대한 감각의 일부를 형성한다는 것이다. 자아에 대한 감각은 내 경험이 '나', 즉 그 경험을 한 사람에게 되돌려 준 확신으로부터 유래한다. 따라서 과거, 역사, 기억의 감각은 부분적으로 자아의 창조라 할 수 있다.

뇌에서는 먼 거리에 걸친 복제가 필요할 것이다. 마치 팩시밀리처럼 뇌는 하나의 패턴을 갖고 먼 곳에서 그것의 복제물을 만들어야 한다. 패턴은 편지처럼 물리적으로 전달될 수 없다. 따라서 시각 피질이 언어 영역에게 사과가 보인다고 말하고 싶을 때에는 원거리 복제가 중요해진다. 복제의 필요성은 우리가 찾는 패턴이 일하는 기억, 즉 활동 중인 시공 패턴임을 암시한다. '바퀴 자국'이 먼 거리에서 스스로를 복제할 다른 방법을 찾을 수 없기 때문이다.

정신에 대한 다원적 모형과 던지는 행위에 대한 나의 분석에 따르면 먼 곳에 있는 소수가 아니라 집중적으로 모여 있는 많은 클론이 필요할 것으로 보인다. 더욱이 다원적 과정에서는 활성화된 기억이 어떻게든 다른 시공 패턴들과 작업 공간의 점유를 둘러싸고 경쟁해야 한다. 그리고 우리가 답해야만 하는 다른 질문은, 하나의 '선율'이 다른 것보다 더 좋다고 결정하는 것이 무엇인가 하는 점이다.

몇 가지 적절한 '바퀴 자국'의 도움으로 작은 부분에서 만들어진 시공 패턴이 그런 자취를 결여한 또 하나의 대뇌 피질 영역에서 똑같은 선율을 유도했다고 가정해 보자. 그런데 그 패턴은 근처의 활발한 복제 과정으로 그곳에서 시행될 수 있다. 네 쌍이 짝을 지어 춤추는 스퀘어 댄스에서 호출을 지시하는 사람(콜러)이 없으면 춤을 출 수 없는 것과 마찬가지로, 추진하는 패턴이 없으면 스스로를 유지할 수 없다. 적절한 영역이 '충분히 가까운' 곳에 튀어나오고 팬 자취들을 갖고 있으면 그 선율은 다른 강요된 선율에 비해서 더 인기를 얻고 더 천천히 사라질 것이다. 따라서 수동적인 기억에 공명하는 것은 경쟁을 왜곡하는 다면적 환경의 어느 한 측면일 수도 있다.

이런 식으로 해서 튀어나오고 팬 영속적인 자취들은 경쟁을 왜곡한다. 몇 분 먼저 대뇌 피질의 같은 경로에서 시공적인 활동 패턴이 만든 사라지는 것들도 마찬가지 일을 한다. 현재 활동 중인 다른 곳에서 그 영역으로 보내는 입력 신호도 마찬가지다. 이는 (거의 모든 시냅스의 입력 신호처럼) 그 자체만으로는 너무 약해서 어떤 선율을 유도하거나 자취를 만들 수 없는 것들을 말한다. 아마 가장 중요한 것은 네 개의 주요 확산 투사 시스템으로부터의 분비라는 배경일 것이다. 세로토닌, 노르에피네프린, 도파민, 아세틸콜린 같은 신경 조절 물질과 관련된 것들이다. 다른 정서적 경향은 분명 소뇌 편도 같은 피질하 뇌 영역의 신피질의 투사물로부터 유래한다. 시상과 뇌량회의 입력 신호는 외부 환경으로부터 기억된 환경으로 주의를 돌려서 다른 곳의 경쟁을 왜곡할 수도 있다. 따라서 현재의 실시간 환경, 가까운 과거와 먼 과거의 환경에 대한 기억,

감정 상태, 주의는 모두 반향의 가능성을 변화시키며 생각을 형성하는 경쟁을 왜곡하는 것으로 보인다. 이것들은 대뇌 피질 영역을 두고 경쟁하는 클론들을 형성하지 않으면서 그 일을 할 수 있을 것이다.

이런 이론적인 고찰에서 나오는 구도는 하나의 퀼트 작품과 같은 것으로, 그것에 누벼져 있는 몇 장의 헝겊 조각들은 어떤 코드가 다른 것보다 성공적으로 복제됨에 따라 이웃들을 희생시키면서 확대된다. 여러분이 과일 그릇에서 사과를 꺼낼 것인지 바나나를 꺼낼 것인지 결정하는 동안, (내 이론에 따르면) 사과를 위한 대뇌 코드는 바나나를 위한 대뇌 코드와 클론 만들기 경쟁을 하고 있을 것이다. 하나의 코드(여기에서는 사과를 위한 대뇌 코드를 말함.―옮긴이)가 충분한 복제물을 갖고 행동의 회로를 여행하게 되면 여러분은 사과에 손을 뻗을 것이다.

그렇다고 해서 바나나의 코드가 사라져야 하는 것은 아니다. 대신 그것들은 잠재의식적인 사고로서 배경 속에 남아 변화 과정을 거칠 것이다. 여러분이 어떤 사람의 이름을 기억하려고 했지만 결국 생각이 나지 않을 경우, 후보가 되는 코드들이 30분 동안 복제를 계속하다가 결국 제인 스미스라는 이름이 갑자기 '마음속으로 튀어 들어온' 것처럼 생각날 수도 있다. 이는 여러분의 시공적인 주제가 결국 충분한 반향을 일으켜서 상당히 많은 동일한 복제물을 발생시킬 수 있었기 때문이다. 우리가 가진 현재의 의식적 사고는 현재의 복제 경쟁에서 우위를 차지한 단 하나의 패턴일 것이다. 그러나 이것 말고도 우위를 놓고 경쟁하는 다른 많은 변종들이 있을 것이다. 그리고 다음 순간 여러분의 생각이 초점을 바꾼 것처럼 보이는 것은 이런 변종의 하나가 이겼기 때문일 것이다.

다윈적 과정은 인식이라는 케이크 위에 입힌 크림에 불과한 것인지도 모른다. 많은 것이 틀에 박힌 것이거나 관습에 묶인 것인지도 모른다. 그러나 오늘 저녁 식탁에 어떤 음식을 차릴 것인가를 결정하면서 우리는 종종 창조적인 방식으로 새로운 상황을 처리한다. 여러분은 우선 냉장고에 그리고 부엌 선반 위에 현재 무엇이 있는가를 조사한다. 그리고 몇 가지 대안에 대해 생각하고 슈퍼마켓에 가서 어떤 것들을 사 와야 할지 생각하고 기억해 둔다. 이 모든 일들이 단 몇 초 동안 여러분의 마음속에 번뜩이며 떠오를 수 있다. 그리고 그것은 아마 활동하고 있는 다윈적 과정일 것이다. 이는 내일 어떤 일이 일어날 것인가를 추측하는 경우에도 마찬가지다.

> 우리는 우리가 살고 있는 물리적, 사회적 세계의 의미 있는 측면을 표현하기 위한 정신 모형을 건설한다. 그리고 우리는 생각하고 계획하고, 그 세계에서 일어나는 사건들을 설명하려고 애쓰면서 그 모형의 여러 요소를 조작한다. 현실에 대한 정확한 모형을 구성하고 조작할 수 있는 능력은 사람이라는 존재 특유의 적응상의 이익을 제공한다. 우리는 그것을 사람의 지성이 이룩한 더할 나위 없는 위업으로 여겨야 한다.
>
> ─고든 바우어, 대니얼 모로, 1990

표현의 상충은 여러 가지 이유로 고통을 준다. 실질적인 수준에서 볼 때, 현실에 대한 여러분의 모형이 주위 사람들의 것과 상충한다면 매우 괴로울 것이다. 주위 사람들은 머지 않아 여러분이 그것을 깨닫도록 한다. 어떤 모형이 단지 하나의 모형, 즉 우리 각자가 만들어 놓은 현실에 대한 최선의 추측에 불과하다면, 이런 갈등이 사람들을 괴롭히는 이유는 무엇인가? 그것은 어느 누구도 그 모형을 그런 식으로 생각하지 않기 때문이다. 그 모형이 여러분이 알 수 있는 유일한 현실이라면, 이제 그 모형은 현실이 된다. 오직 하나의 현실 밖에 없다면, 다른 모형을 가진 자는 분명히 옳지 않다.

―데릭 비커턴, 1990

7
지적 행동의 진화

우리의 이해가 현상계를 다룰 때 사용하는 도식화는…… 사람의 영혼 깊은 곳에 숨어 있는 기술이다. 따라서 우리는 대자연이 여기에서 사용한 불가사의한 책략을 거의 추측할 수 없을 것이다.

─이마누엘 칸트, 『순수 이성 비판』, 1787

도도새가 말했다.

"가장 좋은 설명은 직접 해 보는 거야."

─루이스 캐럴, 『이상한 나라의 앨리스』, 1865

이 장이 정말로 없어서는 안 되는 것일까? 사실 그렇지는 않다. 많은 사람들이 마지막 장으로 건너뛰어도 빠진 것이 없다고 느낄 것이라는 의미에서다.

그것은 모두 여러분이 조직화 도표에 얼마나 만족하는가에 따라 결정된다. 어떤 사람들은 더 이상 알고 싶지 않을 것이다. 그들은 "세부 사항은 건너뛰고, 실질적인 요점에만 주목하면 된다."라고 말한다. 그러나 이 장은 마지막 장에서 생략한 세부 사항에 대한 것이 아니다. 이것은 원리로부터 추론한 것이 아니라, 하위 요소에서 출발해서 전혀 다른 관점에서 쓰여진 것이라고 볼 수 있다.

불행히도 많은 원리가 조직화 도표, 즉 소묘적이고 편리한 허구에 더욱 가깝다. 진정한 조직화는 포장이나 꼬리표로는 포착되지 않는 정보와 결정의 흐름을 갖는다. 도표는 사람들을 고려하면서 그들이 서로 어떻게 대화하는가를 다루는 데 실패하고 있으며, '조직된 기억'을 다루지도 못한다. 도표는 또한 전문화된 부분이 얼마나 많은 방면에서 영향력을 발휘할 수 있는지, 하나의 수준에서 결정된 사항이 또 다른 수준에서 결정된 사항과 어떤 상호 관계를 맺는지에 대해서도 아무 이야기도 해 주지 못한다. 뇌에 대한 모든 도식적인 평가는 조직화 도표의 불충분한 점을 함께 나누고 있을 것이다.

이런 식의 지능에 대한 설명은 뉴런(뇌의 신경 세포)에 대해 그리고 뉴런들이 서로 어떻게 대화하는지, 그것들이 과거의 사건을 어떻게 기억하는지, 또 그것들이 얼마나 집단적으로 국부적인 규모의 결정을 내리는지에 대해 충분히 이야기해 주지 못한다. 그중 일부는 지금까지 전혀 알려지지 않은 것들이다. 그러나 대뇌 코드 사이의 복제 경쟁을 그럴듯하게 설명할 수 있다는 것은 분명한 사실이다.

과학에 대해 이야기할 때 언제나 명심해야 할 하나의 훌륭한 보편 법칙은 구체적인 사례를 들라는 것이다. 제대로 확립된 메커니즘이 아니라 하나의 가능한 메커니즘에 불과한 경우에도 그렇다.

내가 이 장에서 여러분에게 제공하려는 것은 바로 이런 내용이다. 우리의 대뇌 피질이 어떻게 다윈 기계(Darwin Machine)로서 기능하는가 그리고 그 과정에서 어떻게 의식의 끊임없이 이동하는 초점을 만들어 내고 불러내지 않았는데도 그토록 자주 전면에 떠오르는 잠재의식적 사고까지 창조하는가를 나타내는 사례가 바로 그것이다. 이런 내용은 우리가 어떻게 현실 세계에서 앞으로의 행동을 시뮬레이션할 수 있는 오프라인(off-line, 중앙 처리 장치가 직접 제어하지 않는 상태―옮긴이)적인 능력을 획득할 수 있는가를 보여 준다. 이는 만족스러운 추측을 위한 지능의 가장 본질적인 능력이다.

정신을 만들어 낼 수도 있는 메커니즘을 상상할 수 없다는 것이, 많은 문지기의 꿈과 컴퓨터의 정신을 거부하는 가장 핵심적 이유다. 이 장에서는 생각하는 기계가 어떻게 구성되는가를 상상할 수 있도록 해 주는 기본 구성 단위에 대해 기술하고 있다. 여러분이 지금까지 걸어온 길은 매우 다양할 것이다. 그러나 바로 이 단 한 장(章)의 글을 통해서 우리의 정신세계가 의식적으로, 잠재의식적으로, 또한 새로운 일에 대해, 틀에 박힌 일에 대해 어떻게 일하는가를 다루는 하부 구조로부터의 기계론적 사례를 알아볼 수 있는 기회가 주어져 있다.

뇌의 회백질(灰白質)은 사실 죽은 뇌에서만 회백색을 띤다. 살아 있는 뇌의 회백질은 붉은색의 혈액을 충분히 공급받고 있다. 폭풍우가 지나간 뒤에 붉은색과 회색, 갈색이 어우러진 강물을 생각해 보면, 살아 움직이는 '회백질'의 정확한 색을 알 수 있을 것이다.

그러나 뇌의 백질(白質)은 실제로 흰 도자기와 같은 색을 띠고 있다. 뉴런의 긴 섬유질 부분을 감싸고 있는 지방질의 피막 때문이

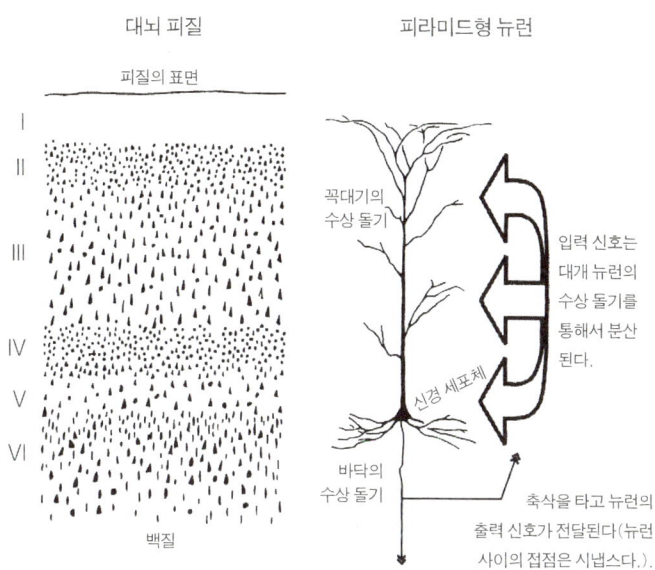

그림 9
뉴런에서의 입력 신호와 출력 신호의 전달(캘빈과 오즈먼의 1994년 자료에서 인용)

다. 뉴런의 긴 섬유질 부분을 '축삭(axon, 軸索)'이라고 하는데, 이는 전선처럼 뉴런의 출력 신호를 가깝고 먼 표적에 전달하는 일을 한다. 축삭을 에워싸고 있는 지방질의 절연 물질을 가리켜 '미엘린

초' 또는 '수초'라고 한다.

백질은 전화국 건물의 지하실에서 볼 수 있는 것과 같은, 모든 방향으로 이어진 전선 꾸러미에 불과하다. 뇌의 대부분은 힘들게 일하고 있는 훨씬 더 작은 부분들을 연결하는 절연체로 싸인 전선으로 되어 있다.

축삭의 한쪽 끝은 뉴런의 신경 세포체다. 이는 핵을 포함한 세포의 구형 부분으로, 핵 안에는 그 세포가 매일 활동할 수 있도록 하는 DNA 청사진이 들어 있다. 세포체에서는 수상 돌기(樹狀突起)라는 많은 나무 모양 가지들이 나와 있다. 신경 세포체와 수상 돌기에는 흰색의 절연 물질이 없으므로 그것들이 많이 모여 있으면 '회백색'으로 보인다. 뉴런에서 축삭의 말단은 흐름의 아래쪽에 위치한 뉴런의 수상 돌기와 접하고 있는 것처럼 보인다. 그러나 전자 현미경으로 자세히 관찰하면 두 뉴런 사이에서 시냅스라는 틈을 발견할 수 있다. 흐름의 위쪽에 위치한 뉴런은 이곳으로 소량의 신경 전달 물질을 방출한다. 그러면 이 물질은 시냅스 틈을 건너 흐름의 아래쪽에 위치한 뉴런의 세포막에 이온 채널을 열어 놓는다(일부 역행하는 신경 전달 물질이 있기는 하지만, 시냅스는 대개 한 쪽으로만 흐르는 길이고, 따라서 흐름의 '위쪽' 뉴런과 '아래쪽' 뉴런이라는 표현을 쓸 수 있다.).

전체적으로 하나의 뉴런은 한 그루의 관목 또는 생강 같은 풀의 뿌리처럼 보인다. 뉴런은 전형적인 산정 단위로서, 몇천 개 입력 신호(예금과 수표처럼 대개는 자극을 유발하지만 일부는 억제적인)의 영향을 개괄하며, 수천 개 배선으로 이어진 청취자들에게 한 목소리로 말한다.

이 '당좌 예금 계좌'로부터 전달되는 메시지는 주로 '계정 잔고'와 이 잔고가 얼마나 빠르게 증가하고 있는가를 나타낸다. 계정 잔고가 어느 한계를 넘어야만 메시지가 전달된다. 예금의 액수가 크면 특별 배당금과 함께 이자가 지불된다는 중요한 메시지를 낳는다. 그러나 충분히 세게 치지 않으면 피아노 건이 소리를 내지 않는 것처럼, 입력 신호가 크게 증대하지 않는 한 대뇌 피질의 뉴런들은 대개 침묵을 지킨다. 그리고 그때 뉴런의 출력 신호는 계정 잔고에 의해 어느 정도로 자극받았는가에 비례한다(과도하게 단순화한 선택 모형에서는 대부분 하나하나의 뉴런을, 소리를 내기 위한 한계값은 있지만 세게 친다고 해서 소리가 커지지는 않는 건반 악기 하프시코드의 건과 비슷한 것으로 다루고 있다.).

짧은 뉴런으로부터 전달된 메시지가 더 단순할 수는 있지만, 축삭의 길이가 약 0.5밀리미터 이상인 뉴런들은 언제나 신호 증폭기를 사용한다. 신경 충격, 즉 (하프시코드 건의 소리의 세기와 마찬가지로) 표준적인 크기를 가지면서 순간적으로 올라갔다가 내려가는 전압의 변화가 그것이다. 확성기로 증폭되고 부양되면 신경 충격은 딸깍 소리를 내면서 스위치를 올린 것처럼 된다(그래서 우리는 이런 뉴런을 '점화'되었다고 한다.). 신경 충격은 표준 크기의 한계값 가까이 오르기 위해서 대부분 계정 잔고에 비례해서 반복된다. 하프시코드 건반을 재빨리 되풀이해서 두드리면 세게 친 피아노 소리 비슷한 것을 얻을 수 있는 것과 같은 이치다. 때로는 대뇌 피질에서는 수천 개의 입력 신호 중에서 극소수의 입력 신호만이 상호 작용하면서 신경 충격을 일으키기도 한다.

정말로 관심이 가는 회백질은 대뇌 피질에 있다. 정말로 관심이 가는 이유는 이곳에서 대부분의 새로운 연관(聯關)이 만들어지는 것으로 생각되기 때문이다. 예를 들어 빗에 대한 시각이 여러분 손에 들고 있는 빗의 촉감과 배합되는 식이다. 시각과 촉각을 위한 대뇌 코드는 서로 다르다. 그러나 이 감각들은 대뇌 피질 속에서 어떻게든 '빗'이라는 소리 또는 빗의 이를 드르륵 긁을 때 나는 독특한 소리의 청각과 연관을 맺게 된다. 여러분은 결국 이런 식으로 빗을 식별하게 된다. 대뇌 피질에는 '연관된 기억을 위한 수렴 영역'이라는 특수한 부분이 있다는 가설이 있다. 서로 다른 패턴이 이곳에서 하나로 모인다는 것이다.

출력과 관련해서 여러분은 이미 '빗'이라고 발음하기 위한 대뇌 코드와 빗으로 머리를 빗는 동작을 하기 위한 대뇌 코드를 결합해 놓았다. 따라서 '빗'이라는 단어의 감각적인 변형판과 다양한 움직임을 표현하는 일 사이에서, 우리는 빗과 연관된 열 몇 가지 대뇌 코드를 발견할 수 있을 것으로 기대한다.

우리를 위해 이 모든 연관을 맺어 주는 대뇌 피질의 영역은 백질이라는 케이크 위에 입힌 얇은 설탕옷의 층이다. 대뇌 피질에는 깊게 팬 주름이 있지만 그 두께는 2밀리미터에 불과하다. 신피질(측뇌실의 측두부에 있는 해마상 융기와 후각 영역의 일부를 제외한 대뇌 피질의 모든 부분)은 놀라울 정도로 균일한 밀도로 싸여 있다(1차 시각 피질 층은 예외다.). 대뇌 피질 표면에 눈금을 긋는다면 1제곱밀리미터에서 약 14만 8000개의 뉴런을 발견할 수 있을 것이다. 언어 피질이든 운동 피질이든 마찬가지다. 그러나 깊이 2밀리미터 이내의 층들을 옆에서 보면 영역에 따른 몇 가지 차이점이 나타날 것이다.

이런 층들을 포함하고 있는 것은 케이크 자체가 아니라 케이크에 입힌 설탕옷이다. 제과점과 관련된 더 나은 비유는 크루아상에서 층을 이룬 얇은 파이 껍질이다. 가장 깊은 곳에 있는 뉴런의 층은 외부 우편함과 같은 것으로, 대부분 대뇌 피질을 떠나 시상이나 척수처럼 먼 곳에 있는 피질 밑 구조와 연결되는 선을 갖고 있다. 가운데 층의 뉴런은 내부 우편함으로, 시상이나 비슷한 곳에서 도착한 선을 갖고 있다. 표면에 있는 뉴런 층은 구내 우편함과 같다. 여기에서는 가깝고 먼 다른 영역의 표면층과 함께 '피질과 피질' 사이의 연결 부분을 만든다. 뇌량(좌우의 대뇌 반구 사이를 연결하는 신경 섬유의 집단—옮긴이)을 통해 뇌의 다른 부분으로 가는 것은 바로 이 뉴런들의 축삭이다. 그러나 대부분의 구내 우편물은 몇 밀리미터 이내의 범위에서 지역적인 배달망을 갖는다. 이런 축삭의 가지들은 긴 'U자형 섬유'의 가지처럼 백질을 경유해서 우회하는 것이 아니라, 직접 옆으로 뻗어 나간다.

어떤 영역에는 출판사 편집부의 책상에서 볼 수 있는, 편집자에게 온 편지들을 처리하는 상자형 용기처럼 커다란 내부 우편함과 작은 외부 우편함이 있다. 나아가 이렇게 층을 이룬 수평의 조직 위에는 신문의 난과 비슷한 아주 흥미로운 수직 방향의 배열이 포개져 있다.

대뇌 피질의 각 뉴런을 돌아가면서 감청해 보면, 비슷한 일을 하는 뉴런들은 수직 방향으로 배열되어, 피질 칼럼으로 알려진 원기둥을 형성하는 경향이 있음을 발견하게 된다. 피질 칼럼은 대뇌 피질의 거의 모든 층을 가로질러 뻗어 있다. 이는 파티에 모인 사람들 사이에서 자발적으로 조직되는 모임과 비슷한데, 이런 모임에서는 서로 비슷한 관심사를 가진 사람들끼리 모이는 경향이 있다. 이런 대뇌 피질의 모임에는 물론 이름이 있다. 이름 중에는 그 모임의 크기를 반영하는 것도 있고, 그 모임들의 외견상의 전문 분야(우리가 아는 한도 내에서)를 반영하는 것도 있다.

그중에도 가는 원기둥, 즉 '미니 칼럼'의 지름은 약 30마이크로미터에 불과하다(이는 거미줄만큼 가는 실과 같다.). 가장 잘 알려진 미니 칼럼은 시각 피질의 방위 칼럼이다. 이 피질의 뉴런은 특수한 각도로 기울어진 선이나 경계를 가진 시각 대상을 좋아하는 것으로 보인다. 방위 칼럼에 속한 어떤 미니 칼럼의 뉴런들은 35도로 기울어진 경계선에 가장 잘 반응할 것이다. 그리고 다른 미니 칼럼의 뉴런들은 수평 방향, 수직 방향 따위의 경계선에 가장 잘 반응할 것이다.

여러분은 현미경을 통해 셀러리 줄기처럼 한데 묶인 대뇌 피

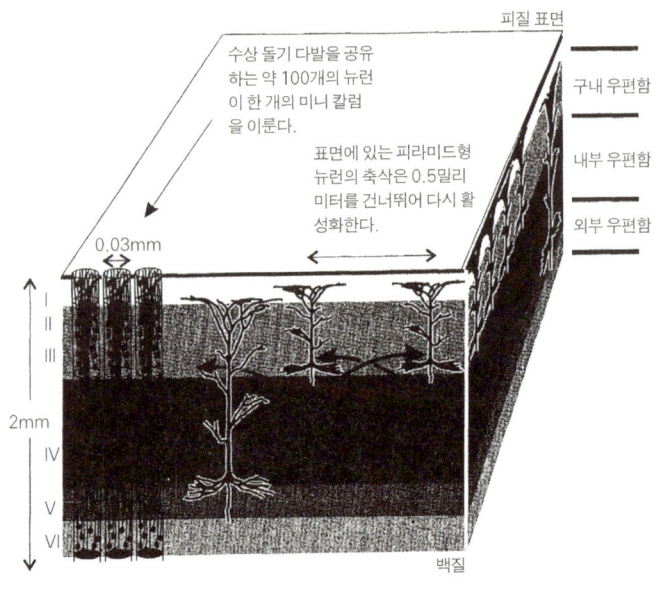

그림 10
대뇌 피질

질 뉴런의 다발을 볼 수 있다(신경 해부학 기술이 한 세기를 거쳐 발전했음에도 불구하고 이런 관찰은 아직도 상당한 노력을 필요로 한다.). 대뇌 피질에는 신경 세포체로부터 대뇌 피질의 표면 쪽으로 뻗어 있는 긴 '꼭

대기의 수상 돌기'가 있다(삼각형으로 보이는 경우가 많아서 이 수상 돌기는 '피라미드형 뉴런'이라는 이름을 갖는다.). 앞에서 이야기한 한데 묶인 다발은 바로 이 피라미드형 뉴런의 꼭대기에 있는 수상 돌기들이다. 이 다발은 인접한 다발과 0.03밀리미터의 거리를 두고 있다. 어느 한 층의 다발 속에는 꼭대기의 수상 돌기가 12개 정도밖에 없음에도 불구하고, 한 개의 미니 칼럼에는 이런 다발 주위로 약 100개의 뉴런이 조직되어 있다. 시각 피질 밖에서도 다발을 이루는 일이 다반사로 일어난다. 따라서 해부학적 구조만 보면 미니 칼럼들은 대뇌 피질 조직의 공통 요소처럼 보인다. 그러나 다른 경우에 대해서는 어떤 미니 칼럼에 속한 뉴런의 '관심사'가 무엇인지 모르고 있다.

'관심사를 함께 하는' 다른 집단은 더 큰 것으로, 100개 이상의 미니 칼럼으로 이루어져 있다. 이것을 '매크로 칼럼'이라고 하는데, 이것들은 지름이 0.4~1.0밀리미터로(가는 연필심의 굵기), 때로는 정확한 원기둥 모양이 아닌 늘어진 커튼 주름에 가까운 형태를 나타낸다. 매크로 칼럼은 입력 신호의 조직화로 인해 나타나는 것으로 보인다. 예를 들어 시각 피질에서 왼쪽 눈에서 정보를 나르는 축삭은 오른쪽 눈에서 정보를 나르는 축삭과 0.4밀리미터 간격으로 교대되는 경향을 나타낸다. 대뇌 피질 자체가 다른 부분으로부터 받는 입력 신호도 같은 일을 하는 것으로 보인다. 예를 들어 뇌량 바로 앞의 대뇌 피질 영역에서는, 전전두 피질에서의 입력 신호가 매크로 칼럼을 형성하고, 이것의 어느 한 쪽이 두정엽 입력 신호의 집합으로 형성된 매크로 칼럼에 접해 있는 것을 볼 수 있다.

색과 관련된 대뇌 피질의 뉴런은 '블롭(blob, 방울 부분)' 속에 (배타적이지는 않지만) 함께 모여 집단을 이루는 경향이 있다. 매크로 칼럼과 달리 블롭은 대뇌 피질의 모든 층으로 뻗어 있지 않다. 블롭은 표면에 있는 뉴런층에서만 발견되는데, 구내 우편함과 같은 역할을 하는 곳이다. 그런데 블롭은 색감과 관련된 전문적인 뉴런으로만 이루어져 있지는 않다. 같은 블롭 속에 있는 뉴런의 30퍼센트만이 색에 대한 감수성이 있다. 블롭 사이의 거리는 매크로 칼럼 사이의 거리와 (똑같지는 않지만) 비슷하다.

조직화의 다음 단계는 무엇인가? 변화하는 층의 두께를 기초로 해서 볼 때, 사람 뇌의 각 반구에는 52개의 '브로드만 영역(Brodmann Areas)'이 있다. 서로 다른 이 영역 사이의 경계에서 구내-내부-외부 우편함이 쌓여 있는 상대적 비율이 변화한다. 이는 마치 인접한 각각의 '책상'에서 들어오는 우편물과 나가는 우편물 그리고 구내 우편물의 상대적인 양이 다른 것과 같다.

17번 영역은 1차 시각 피질로 더 잘 알려져 있지만, 조직화 도표 위에 분할선을 긋는 것처럼 이런 영역에 기능적 꼬리표를 붙이는 것은 대부분 시기상조라고 할 수 있다(예를 들어 19번 영역에는 기능적으로 재분할된 6개 부분이 있다.). 브로드만 영역은 주름을 모두 편 상태로 계산하면 평균 21제곱센티미터 정도의 넓이를 갖는다. 시각 피질에서 볼 수 있는 이런 비율이 다른 곳에서도 그대로 유지된다면 평균적인 대뇌 피질 영역에는 1만 개 정도의 매크로 칼럼과 100만 개 정도의 미니 칼럼이 있을 것이다.

여기에서는 100이라는 인수가 계속 되풀이해서 나타나고 있다. 100개의 뉴런이 미니 칼럼으로, 다시 약 100개의 미니 칼럼이 매크로 칼럼으로 그리고 매크로 칼럼 100개의 100배가 대뇌 피질의 영역을 이룬다(이는 100개의 매크로 칼럼 수준에서 조직된 중간적인 '슈퍼 칼럼' 또는 '소영역'이라 할 만한 것을 빠뜨린 것은 아닌지 의심하게 만드는 일이다.). 그리고 양쪽 대뇌 반구를 합쳤을 때, 100개 남짓한 브로드만 영역이 있다.

이런 100의 인수를 더 확대할 수 있을까? 그러면 사회 조직의 단위로 넘어갈 것이다. 100개의 뇌에는 어떤 것이 있을까? 미국

상원 의회 정도의 조직을 암시한다. 그리고 UN은 100개 이상의 의회를 대표한다.

대뇌 피질 영역이나 미니 칼럼 같은 뇌 조직의 항구적인 요소에 대해서는 쉽게 알 수 있다. 그러나 우리는 뇌의 일시적인 작업 공간에 대해서도 이해할 필요가 있다. 이는 메모지에 가까운 것으로, 해부학적 조직의 보다 항구적인 형태 위에 인화된 것으로 생각된다.

이 새로운 것을 다루기 위해서는 오트밀을 요리하다가 휘젓지 않았을 때 생기는 육각형 모양과 같은 경험적 조직화의 몇 가지 유형이 필요할 것이다. 이는 일시적으로 사용되다가 사라져 버리는 형태다. 가끔은 이런 조직화 형태의 어떤 측면이 상호 연결력 면에서 충분한 '바퀴 자국'을 형성해서, 이런 형태에 생명력이 깃들 수 있다. 이 경우 경험적 조직화는 새로운 기억이나 습관이 되어 버린다.

우리는 특히 대뇌 코드에 대해 그리고 무엇이 대뇌 코드를 창조하는가에 대해 알 필요가 있다. 대뇌 코드는 우리가 사용하는 어휘의 각 단어들을 표현하는 패턴이다. 우선 우리는 4차원 패턴을 다루는 것으로 보인다. 활성 뉴런은 3차원 구조의 대뇌 피질로 뻗어 나가는 동시에 일정한 시간 속에서 일하기 때문이다. 그러나 미니 칼럼이 비슷한 관심사를 둘러싼 대뇌 피질의 층을 모두 조직하는 것처럼 보이므로, 대뇌 피질에 대해 연구하는 대부분의 사람들은 그것이 망막과 비슷한 2차원의 평면이라고 생각한다(사실 망막은 0.3밀리미터의 두께를 가지며 몇 개 층으로 나누어지지만, 망막에 맺히는 것은 분명히 2차원 영상이다.).

따라서 우리는 대뇌 피질에 대해서는 2차원 공간에 시간의 차원을 더해서 생각할 수 있다(이는 영화 스크린이나 컴퓨터 단말기 위에서 영상을 포착하는 것과 같은 방식이다.). 다른 대뇌 피질의 층이 서로 다른 일을 할 때에는 투명한 덮개와 같은 것이 있다고 보면 된다. 파이 껍질처럼 네 장의 타자 용지 위에 펼쳐진 사람의 대뇌 피질을 상상해 보라. 그리고 그것들이 메시지 전송판의 화소처럼 빛을 발하는 작은 조각들을 갖고 있다고 생각해 보라. 대뇌 피질이 빗을 보고 있을 때 우리는 어떤 패턴을 관찰하게 될까? '빗'이라는 소리를 들을 때에는 어떨까? 대뇌 피질이 손에 머리를 빗으라는 명령을 내릴 때에는 어떨까?

기억을 되살리는 일은 뉴런의 점화가 나타내는 시공적 연속성을 창출함으로써 가능할 것이다. 이는 아마 기억으로의 입력이 일어나는 시간에 점화하는 연속성과 비슷할 테지만, 그것을 촉진한 비본질적인 내용은 일부 제외했을 것이다. 되살아난 시공 패턴은 경기장의 전광판과 비슷한 것으로, 불이 들어왔다 나갔다 하면서 전체적인 패턴을 창조할 것이다. 이런 헵형(形) 세포의 집합에 대한 좀 더 일반적인 변형판은 시공 패턴을 특수한 세포에 고정시키려 하지 않고 전광판의 글자가 옆으로 주욱 지나가는 것과 같은 방식을 취할 것이다. 다른 전구로 표현되는 경우에도 그 패턴들은 계속 같은 뜻을 나타낸다.

우리는 빛이 들어온 곳에 초점을 맞추는 경향이 있지만, 빛이 들어오지 않은 곳도 패턴을 형성하는 데에 기여하고 있다. 만일 빛이 무작위적으로 들어온다면(예를 들어 발작에 의해) 패턴이 흐려질 것이다. 뇌진탕에서 이와 비슷한 일이 일어나는 것으로 보인다. 부상당한 미식축구 선수는 부축받아 경기장 밖으로 나가는 동안에는 자신이 어떤 경기를 하고 있었다고 말할 수 있지만, 10분 후에는 자신에게 어떤 일이 일어났는지 전혀 기억하지 못하는 경우가 많다. 부상에 의해 서서히 많은 뉴런에 '불이 들어오게' 되고, 이에 따라 패턴이 희뿌연 안개처럼 희미해지는 것이다. 이렇게 희뿌연 상태를 가리켜 등산가들은 '화이트아웃(whiteout, 땅이 눈으로, 하늘이 구름으로 덮여 있을 때, 그 부근이 전체적으로 하얗게 보여 방향이나 거리를 알 수 없게 되는 현상—옮긴이)'이라고 한다(때로는 화이트아웃으로부터 블랙아웃, 즉 시각 상실이 온다는 사실을 기억하라.).

무엇인가를 의미하는 가장 기본적인 패턴은 어떤 것일까? 내가 볼 때 이 질문에 답하기 위한 가장 중요한 실마리는 여러 가지 이유로 패턴을 복제할 필요가 있다는 것에서 찾을 수 있다.

DNA가 그 위용을 드러내기 전까지, 유전학자와 분자 생물학자들은 세포 분열이 일어나는 동안 확실하게 복제될 수 있는 분자 구조를 찾고 있었다. 1953년 왓슨과 크릭이 이중 나선 구조를 발견했을 때 그 구조가 사람들에게 그토록 깊은 확신을 줄 수 있었던 하나의 이유는(나는 지금 이 글을 케임브리지 대학교 구내의 그들이 연구한 건물과 뜰 하나를 사이에 둔 곳에서 쓰고 있다.), 그것이 상보적인 DNA 염기쌍을 통해서(시토신은 구아닌과, 아데닌은 티민과 짝을 이루는 방식으로) 복제물을 만든다는 점이었다. 지퍼를 열고 이중 나선을 반으로 나눠 두 개의 독립된 부분을 만들면 각각의 반쪽 지퍼에 있는 각각의 DNA 염기는 오래지 않아 상보적인 염기와 쌍을 이룰 것이다. 이 일은 뉴클레오티드의 수프 속을 이리저리 떠다니는 유리된 염기가 다가와서 이루어진다. 그 결과 이전에는 하나밖에 없었던 곳에 두 개의 똑같은 이중 나선이 생긴다. 이런 복제 원리는 불과 몇 년 뒤 유전 암호를 이해하기 위한(세 개의 염기가 한 벌을 이룬 DNA의 트리플렛 코드가 어떻게 단백질을 이루는 아미노산의 사슬을 '표현'하는가를 가르쳐 주는) 길을 닦아 주었다.

대뇌의 활동 패턴에도 이와 비슷한 복제 메커니즘이 있을까? 그리고 그것이 헵형 세포의 집합과 큰 관련이 있음을 확인시켜 줄까? 그 복제 메커니즘은 우리가 마땅히 대뇌 코드라고 부를 수 있는 것이다. 그것은 어떤 대상을 나타내기 위한 가장 기초적인 방법(하나의 단어, 하나의 상상된 사물에 대한 특수한 함축적 의미 등)이기 때문이다.

뇌에서는 아직 복제가 관찰되지 않았다. 많이 가까이 다가가기는 했지만, 현재로서는 만족스러운 시공간적 분석 도구가 없다. 그러나 나는 세 가지 이유에서 틀림없이 복제가 일어난다고 생각한다.

- 뇌에서 복제의 존재를 가장 강력하게 주장하는 근거는 다원적 과정 그 자체의 성격이다. 이 과정은 본래부터 다면적인 환경

에 의해 왜곡되는 복제 경쟁을 뜻한다. 이 일은 무작위성을 어떤 정교한 대상으로 구체화하기 위한 너무나도 기본적인 방법이므로, 뇌가 그 방법을 사용하지 않는다면 오히려 이상할 것이다.
- 복제는 던지기와 같은 정밀한 탄도 운동을 위해서도 반드시 필요하다. 발사 가능 시간대를 맞추기 위해 필요한 것은 바로 이런 수십 가지에서 수백 가지에 이르는 운동 명령 패턴의 클론들이다.
- 그리고 앞에서 나온, 뇌의 의사 전달 과정이 팩시밀리와 비슷하다는 주장을 들 수 있다. 뇌에서의 의사 전달에 패턴의 원거리 복제가 필요하다는 뜻이다.

1991년 이래로, 시공 패턴의 복제물을 만들 수 있는 국부 신경 회로의 후보 중에서 내가 가장 선호하는 것은, 구내 우편을 담당한 층이 서로를 보강하는 회로였다. 이 대뇌 피질 표면층의 배선은 정말 독특해서 신경 생리학자들도 깜짝 놀랄 정도다. 이런 회로들을 보면 어떻게 신호가 밖으로 달아나버리지 않는지, 왜 발작과 환각 같은 사건들이 자주 일어나지 않는지 의문을 품게 된다. 그런

데 바로 그 회로들이 시공 패턴의 클론을 만드는 데에 특히 적합한 결정 형성의 경향을 분명하게 나타낸다.

한 미니 칼럼 안에 있는 100개의 뉴런 중에서 약 39개는 피질 표면층의 피라미드형 뉴런이다(이는 이 뉴런들의 신경 세포체가 제2와 제3 표면의 층에 놓여 있다는 뜻이다.). 이 뉴런들의 회로는 매우 특이하다.

다른 모든 피라미드형 뉴런처럼 이것들도 대부분 글루탐산염인 신경 전달 물질을 분비한다. 글루탐산염 그 자체에는 아무런 특이점도 없다. 글루탐산은 아미노산의 한 가지로, 펩티드와 단백질을 이루는 기본 단위로 쓰인다. 글루탐산염은 시냅스 틈을 가로질러 확산되면서 다음 세포의 수상 돌기 막에 있는 몇 가지 이온 채널을 열어 놓는다. 첫 번째 이온 채널은 전문적으로 나트륨 이온이 통과하도록 한다. 이 일은 차례대로 흐름 아래쪽 뉴런의 내부 전압을 올린다.

글루탐산에 의해 활성화된 두 번째의 아래쪽 이온 채널은 NMDA 채널로 알려져 있는데, 이것은 좀 더 많은 나트륨 이온과 함께 칼슘 이온이 아래쪽 뉴런으로 들어오도록 한다. 신경 생리학자들은 특히 NMDA 채널에 관심이 있는데, 이는 이 채널들이 소위 장기 증강(long-term potentiation, LTP), 즉 신피질에서 몇 분 동안 지속되는 시냅스 세기의 변화를 일으키는 원인이 되기 때문이다(실제로 몇 분이라는 시간은 신경 생리학적으로는 '단기'에 가깝다. 그러나 대뇌 피질의 단순한 구식 변형판이라고 할 수 있는 해마상 융기에서는 장기 증강이 며칠 동안 지속되기도 한다. '장기'라는 명칭은 이런 사실에서 유래한다.).

장기 증강은 흐름의 아래쪽 뉴런들에서 여러 입력 신호들이 거의 동시성(100분의 몇 초에서 10분의 몇 초 이내에)을 가질 때 발생한다. 이 일은 몇 분 동안 이 입력 신호들을 위한 '음량 조절' 수위를 높일 뿐이다. 이것은 일시적으로 특수한 시공 패턴을 쉽게 재창조하게 해 주는 '튀어나오고 파인 자취'다. 장기 증강은 정신적 혼란에도 불구하고 살아남을 수 있는 단기 기억의 가장 유력한 후보다. 그것은 또한 시냅스에서 정말 오래 지속되는 구조 변화를 만들기 위한 기초 발판으로 생각된다. 여기서 말하는 구조 변화는 오랫동안 쓰이지 않은 시공 패턴을 재창조하는 데에 도움이 되는, 항구적으로 튀어나오고 팬 자취를 말한다.

구내 우편을 담당한 층은 대부분의 NMDA 채널이 있고 거의 모든 신피질의 장기 증강이 발생하는 곳이다. 이 표면층은 두 가지의 특이점을 더 갖고 있다. 즉 그것들은 모두 그 층의 피라미드형 뉴런이 이루는 상호 연결과 관계가 있다. 대뇌 피질에 있는 하나의 뉴런은 대개 반지름 0.3밀리미터 범위 안에 있는 모든 뉴런의 10퍼센트 이하와 접촉하고 있다. 그러나 표면층에 있는 한 피라미드형 뉴런에 자극을 주는 시냅스의 약 70퍼센트는 0.3밀리미터 거리 이내의 피라미드형 뉴런으로부터 온 것이다. 따라서 이 뉴런들은 이례적으로 강력하게 서로를 자극하는 경향이 있다고 할 수 있다. 이런 일은 신경 생리학자에게 온갖 종류의 위험 신호를 발동한다. 주의 깊게 통제되지 않는다면 커다란 불안과 거센 동요를 일으킬 수 있기 때문이다.

'되풀이되는 자극적' 연결에도 특이한 패턴화가 있다. 이는 더 낮은 피질의 층에서는 볼 수 없는 패턴화다. 표면에 있는 피라미드형 뉴런의 축삭은 다른 뉴런들과 어떤 시냅스도 만들지 않은 채 옆으로 일정한 거리로 뻗어 나가, 촘촘한 말단부의 덩어리를 형성한다. 그리고 그것은 마치 급행 열차처럼 중간역들을 지나친다. 원숭이의 1차 시각 피질의 경우, 신경 세포체에서부터 말단부 덩어리까지의 거리는 약 0.43밀리미터다. 그 옆에 있는 2차 시각 피질 영역에서는 0.65밀리미터 정도, 감각 피질의 좁고 긴 영역에서는 0.73밀리미터 정도다. 그리고 운동 피질에서는 0.85밀리미터다. 편의를 위해 이렇게 건너뛰는 공간이 전체적으로 0.5밀리미터라고 가정해 보자. 그러면 축삭은 같은 거리만큼 이어져서 또 다른 말단부 덩어리를 만들 것이고, 이 급행 열차의 선로는 몇 밀리미터까지 이어질 수 있을 것이다.

이렇게 공간을 건너뛰는 것은 대뇌 피질의 신경해부학에서는 매우 특이한 일이다. 이런 일의 기능은 아직 알려져 있지 않다. 그러나 이 일은 0.5밀리미터 떨어진 영역들이 때때로 같은 일을 할 수 있다는 생각이 들게 한다. 벽지 속의 되풀이되는 무늬처럼 반복되는 활동 패턴이 있을 수 있다는 것이다.

벌써 눈치챘을지 모르지만, 뉴런의 축삭이 건너뛰는 공간은 0.5밀리미터 정도로 매크로 칼럼 사이의 거리와 같다. 또한 색감과 관련된 블롭도 서로 그 정도 거리만큼 떨어져 있다. 그러나 차이점이 있다.

표면에 있는 첫 번째 피라미드형 뉴런으로부터 0.2밀리미터 떨어져 있는 두 번째 뉴런은 스스로 다른 급행 열차의 정차역이 있는 축삭을 가질 것이다. 두 번째 뉴런의 축삭은 계속 0.5밀리미터 거리를 건너뛰지만, 여기서 생기는 각각의 덩어리는 첫 번째 뉴런

덩어리에서 0.2밀리미터 떨어져 있을 것이다. 내가 대학을 다닐 때 시카고 철도는 A 열차와 B 열차로 이루어진 이런 체계를 갖고 있었다. 이 체계는 A 열차들은 '짝수' 번째 역에, B 열차들은 '홀수' 번째 역에 정차하고, 열차를 갈아타기 위해 몇 개 역에 공동 정차하는 방식으로 운영되었다. 물론 때로는 어느 한 지하철역이 도시의 한 블록 이상 뻗어 있을 수도 있다. 이와 마찬가지로 표면의 피라미드형 뉴런들도 어느 한 지점에 위치하지 않을 수 있다. 때로는 뉴런의 수상 돌기들이 신경 세포체로부터 0.2밀리미터 이상 옆으로 뻗어 있기 때문이다.

이를 매크로 칼럼과 대조해 보자. 지금까지 그것들은 입력 신호의 공통된 출처가 있는 영역이었다. 이는 마치 같은 우편 수취자 명단을 근거로 미니 칼럼의 집단 둘레에 울타리를 그리는 것과 같다. 그리고 블롭은 공통되는 출력 신호의 목표 지점(색감을 전문화한 2차 피질 영역)을 갖고 있다. 따라서 공간을 건너뛰는 일이 인접한 조직화 수준에서 매크로 칼럼의 원인(또는 결과)일 수 있다고 해도, 우리는 옆으로 뻗어 나가는 자극성 축삭 가지가 달린 매크로 칼럼에 대해 이야기하지는 않을 것이다. 나뭇가지들이 얽혀 있는 숲을 상상해 보라. 그 숲에 있는 나무들은 전화선을 하나씩 갖고 있는데,

이 전화선은 그 나무를 떠나 멀리 있는 나무에 닿아 있다. 이 선은 중간에 있는 나무들을 우회할 뿐만 아니라 숲을 다시 작은 구간으로 나누는 공통 입력의 울타리를 건너뛰기도 한다.

옆으로 '되풀이되는' 연락은 실제 신경의 세망 조직에서는 흔한 일이다. 외측 억제는 두 차례에 걸쳐 노벨상의 주제가 되었다(1961년의 게오르크 폰 베케시(Geory Von Békésy)와 1967년의 케퍼 하틀라인(H. Keffer Hartline)의 수상). 그것은 공간 패턴에서 희미한 경계를 선명하게 만드는 경향이 있다(이 일은 희미한 경계를 보정할 수 있지만 착시와 같은 부작용을 낳을 수도 있다.). 그러나 표면의 피라미드형 뉴런들은 서로에 대해 자극적이다. 이는 억제성 뉴런이 방해하지 않는 한, 번져 나가는 들불처럼 그것들이 스스로를 부양할 수 있음을 암시한다. 여기에서는 어떤 일이 계속되는 것일까? 되풀이되는 자극은 억제성 뉴런들이 피로할 때 대뇌 피질이 간질 발작을 일으키는 원인이 될까?

나아가 표준적인 공간 건너뛰기는 왕복 여행이 가능할 수도 있음을 뜻한다. 이는 초기의 신경 생리학자들이 가정한 것과 같은 일종의 반사회로다. 0.5밀리미터 떨어져 있는 두 개의 뉴런은 계속 서로를 유지할 수도 있다. 어떤 뉴런은 하나의 신경 충격이 생성된 뒤에는 감응하지 않는 기간, 즉 일종의 '죽은 시간대(dead zone)'를 갖는다. 이는 수백 분의 1초 정도로, 이때에는 다른 신경 충격이 거의 일어날 수 없다. 0.5밀리미터를 움직이는 데 걸리는 시간 또한 수백 분의 1초 정도다. 그리고 다시 시냅스에서 약 2,000분의 1초의 시간이 지연된다. 따라서 두 뉴런 사이의 연결이 충분히 강력하다면 여러분은 두 번째 뉴런에서 만든 신경 충격이 첫 번째 뉴런이 또 하나의 신경 충격을 만들어 낼 수 있는 능력을 회복할 때쯤 그 뉴런으로 되돌아오는 것을 상상할 수 있을 것이다. 그러나 뉴런 사이의 연결은 대부분 그리 강력하지 않으며, 점화가 시작되도 그렇게 신속한 점화가 계속 유지되지도 않는다(그러나 심장에서는 실제로 인접한 세포 사이의 연결력이 충분히 강력하고 손상으로 인해 진행 시간이 늦춰질 때에는 순환적 재자극이 병리학적으로 중요한 의미를 갖는다.).

대뇌 피질의 표준적인 공간 건너뛰기가 함축하는 것이 계속 꼬리를 무는 신경 충격이 아니라면, 과연 그것은 무엇일까? 그것은 아마 동시성일 것이다.

여러분이 만일 합창단에서 노래를 부르고 있다면 다른 사람들의 소리를 들으면서 그들과 동시성을 유지할 것이다. 자기 자신의 소리를 들은 뒤에 시간을 맞추려고 하면 대부분 너무 늦거나 너무 빨리 시작하는 결과를 낳는다. 물론 여러분도 다른 사람에게 영향을 주고 있다. 만일 모두가 약한 난청이라고 해도 오래지 않아 동시성을 획득할 것이다. 이는 모두 되먹임의 공로다.

합창단에서 여러분의 자리는 신피질 표면의 피라미드형 뉴런의 그것과 매우 비슷하다. 이 뉴런들도 모든 방향으로 이웃한 것들로부터 자극적인 입력 신호를 받고 있기 때문이다. 표면의 신피질에 대해서는 아니지만, 이런 세망 구조에 대해서는 광범위한 연구가 이루어졌다. 동시성은 소량의 되먹임만으로도 일어난다(이 점이 앞에서 여러분이 난청이라고 가정한 이유다.). 두 개의 똑같은 진자가 가까이 있다면 그것들은 스스로가 만든 공기의 진동과 매달린 곳의 진동으로 인해서 동시성의 경향을 보인다. 여자 기숙사에서는 월경 주기가 동시성을 나타낸다고 한다. 진자와 같은 진동체는 동시성을 획득하는 데에 어느 정도 시간이 걸리지만, 뉴런에서 만들어지는 신경 충격처럼 단선적이지 않은 시스템에서는 동시성이 매우 빨리 나타날 수 있다. 서로의 관계가 미약한 경우에도 그렇다.

그렇다면 이런 동시성의 경향은 시공 패턴을 복제하는 일과 어떤 관련이 있을까? 다행히 그것은 단순한 기하학의 문제로서,

고대 그리스 인들이 그들의 목욕탕 바닥에 있는 타일 모자이크를 응시하는 동안 발견할 수 있었던(그리고 많은 현대인들이 벽지의 무늬에서 다시 발견하고 있는) 종류의 것이다.

하나의 '바나나 위원회'가 만들어지고 있다고 가정해 보자. 이는 여러분이 본 바나나의 어떤 특징에 반응한 1차 시각 피질 주위에 흩어진 모든 표면의 피라미드형 뉴런으로부터 형성되고 있다. 바나나의 윤곽선은 경계선과 방위를 전문적으로 다루는 뉴런들에 특히 커다란 자극이 된다. 그리고 노란색을 좋아하는 블롭 뉴런들도 자극을 받는다.

그것들은 서로를 자극하기 쉬우므로 축삭 말단부의 덩어리들까지 0.5밀리미터의 건너뛰는 거리가 주어지면, 동시성을 띠는 경향을 보일 것이다. 내가 '1번 노랑'이라고 부를 뉴런의 신경 충격이 모두 '2번 노랑'의 신경 충격과 동시성을 갖는 것은 아니지만, 몇 퍼센트는 서로에 대해 수백 분의 1초 이내에 발생할 것이다.

이제 또 다른 표면의 피라미드형 뉴런이 있다고 가정해 보자. 이것은 1번 노랑 뉴런과 2번 노랑 뉴런 모두에서 0.5밀리미터의 같은 거리에 있다. 이 뉴런은 미약한 노란색 입력 신호만 받고 있으므로, 점화되어 노란색 신호를 보내고 있지는 않을 것이다.

그러나 이제 이 '3번 노랑' 뉴런은 1번과 2번 모두에서 입력 신호를 받게 되었다. 더욱이 1번과 2번에서 오는 입력 신호의 일부(1, 2번에서 동시성을 갖게 된 것들)는 3번 수상 돌기에 동시에 도착할 것이다(이 신호들은 모두 0.5밀리미터라는 같은 전달 거리를 갖고 있다.). 이는 하

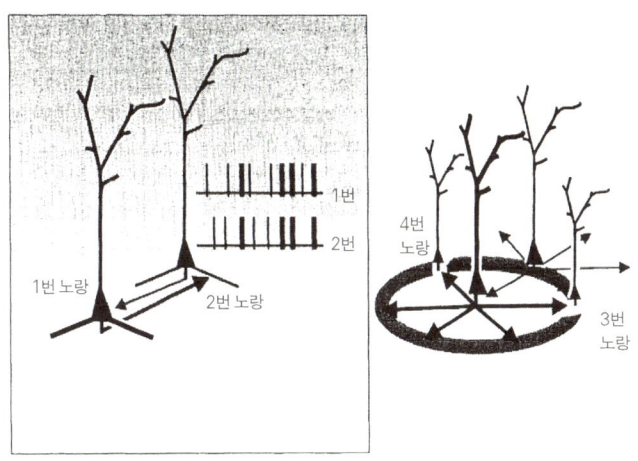

그림 11
표준 길이의 자극성 축삭이 주어지면, 서로를 추동한다. 어떤 세포 쌍 사이의 되풀이되는 자극은 서로에 대해 점화 패턴을 만든다.(A) 서로를 추동하는 한 쌍의 뉴런은 같은 거리의 세포들을 더 모집하는 경향이 있다. 그 결과 동시성 뉴런들의 삼각형 모자이크가 형성된다.(B)

이파이 오디오를 즐기는 사람들이 '핫 스폿(hot spot)'이라고 부르는 지점과 일치한다. 핫 스폿은 양쪽 스피커에서 같은 거리에 있는 등변삼각형의 꼭짓점을 말한다(어느 쪽으로든 조금만 움직이면 스테레오의 환상이 가까운 스피커 속으로 붕괴하고, 결국 모노(mono)의 음만 남게 된다.). 3번과 가까운 곳에 있는 대뇌 피질의 핫 스폿에서는 두 시냅스의 입력 신호들이 더해져서 2+2=4(대략)가 된다. 그러나 신경 충격의 역치까지 남아 있는 거리는 10일 수도 있다. 그러면 3번은 침묵을 지키게 된다.

이 정도로는 그리 흥미롭지 않을 것이다. 그러나 이들은 표면의 대뇌 피질 층에 있는 글루탐산 시냅스들이다. 따라서 이들은 시냅스를 건너서 흐름의 아래쪽에 있는 뉴런으로 나트륨과 칼슘이 모두 들어가도록 하는 NMDA 채널을 갖고 있다. 물론 이것만으로는 그리 중요하지 않다.

그러나 나는 한 가지를 잊고 있었다. 신경 생리학자들이 다른 시냅스 채널과 달리 NMDA 채널에 그토록 매혹되는 이유가 무엇인가를 여러분에게 이야기하지 않은 것이다. 이 채널들은 도착하는 글루탐산뿐만 아니라 시냅스 후 세포막을 가로질러 처음부터 존재하는 전압에도 민감한 반응을 나타낸다. 이 전압을 올리면 다음에 도착하는 글루탐산은 더 큰 효과를 낳는다. 때로는 그것이 기준량의 두 배에 달하기도 한다. 평상시에 많은 NMDA 채널들이 마개로 틀어막힌 채 가만히 놓여 있는 이유는 막을 관통하는 이온 채널의 가운데에 마그네슘 이온이 고착되어 있기 때문이다. 그런데 상승한 전압은 그것을 밖으로 튀어나가게 한다. 이렇게 문이 열린 다음에는, 다시 도착한 글루탐산이 전에 봉쇄되어 있던 나트륨과 칼슘 이온들이 수상 돌기 속으로 흘러들 수 있도록 한다.

그 결과는 매우 중요하다. 이는 동시에 도착한 신경 충격이 2+2로 예상할 수 있는 것보다 더 큰 효과를 나타낸다는 뜻이다. 그 합은 이제 6이나 8이 될 수 있다(비선형의 세계에 오신 것을 환영합니다.). 두 입력 신호가 거의 동시성을 갖는 일이 반복되면, 그것들은 서로의 이온 채널에서 마그네슘 마개를 치워 버리게 되고 영향력도 훨씬 더 커진다. 반복적으로 동시성을 갖게 된 1번 노랑 뉴런과 2번 노랑 뉴런으로부터의 입력 신호는 단시간 내에 3번 노랑 뉴런에서 신경 충격을 촉발할 수도 있다.

표준적인 거리의 상호 재자극과 NMDA 시냅스 세기의 증대는 손과 장갑처럼 꼭 맞는 이런 흥미로운 측면을 갖고 있다. 이는 모두 동시성을 획득하려는 경향 때문이다. 밖으로 드러나는 성질은 이렇게 겉보기에는 전혀 관련이 없는 것처럼 보이는 것들의 조합에서 오는 경우가 많다.

우리에게는 현재 세 개의 활동 뉴런이 있고, 이들은 정삼각형의 꼭짓점을 이루고 있다. 그런데 1번과 2번의 다른 쪽으로 역시 0.5밀리미터 떨어진 같은 거리에 네 번째 뉴런이 있을 수 있다. 표면의 피라미드형 뉴런 하나에서 얼마나 많은 축삭 가지들이 나와 있는지는 아직 많은 자료가 나와 있지 않다.

그러나 위에서 보면, 염색해서 철저하게 재구성한 표면에 있는 피라미드형 뉴런 하나에서는 많은 방향으로 난 가지들이 보인다. 따라서 그 뉴런으로부터 약 0.5밀리미터 떨어진 곳에는 분명히 자극의 둥근 고리가 형성되어 있을 것이다. 서로 0.5밀리미터 떨어져 있는 중심(1번 노랑 뉴런과 2번 노랑 뉴런 같은)을 갖는 이 두 고리들은 두 개의 교점(交點)을 갖는다. 이는 기하에서 하나의 선분을 이등분할 때 생기는 두 호의 교점과 같은 것이다.

따라서 1번 노랑 뉴런과 2번 노랑 뉴런이 일단 동시성을 갖고 행동하게 된 뒤에 3번 노랑 뉴런과 4번 노랑 뉴런을 모두 보충한다는 것은 그리 놀라운 일이 아니다. 1번 노랑 뉴런과 3번 노랑 뉴런이 이룬 쌍의 핫 스폿에는 또 다른 뉴런이 있다. 그리고 이 5번 노랑 뉴런이 이미 충분한 입력 신호를 받아서 쌍을 이룬 입력 신호가 이 뉴런의 역치를 넘어섰다면 5번도 합창단에 합류할 것이다. 이제 여러분도 알 수 있듯이 대뇌 피질의 표면을 따라 몇 밀리미터로 뻗을 수 있는, 동시성 뉴런들은 삼각형의 배열을 이루는 경향이 있다.

하나의 뉴런은 여섯 개의 다른 뉴런으로 둘러싸이고, 이 뉴런들은 모두 그 하나의 뉴런에게 특정한 시간에 점화하라고 이야기한다. 따라서 우리는 오차를 보정할 수 있다. 하나의 뉴런이 무언가 다른 일을 도모했다 하더라도 끈질긴 이웃들이 확립한 합창단의 패턴으로 돌아갈 수밖에 없을 것이기 때문이다. 이는 기본적으로 일종의 오차 보정 과정으로, 팩시밀리와 같은 구조를 필요로 한다. 피질과 피질 사이의 긴 축삭 말단이 같은 영역에 있는 것들이 하는 일을 하기만 하면 그렇다. 이는 하나의 점에서 끝나는 것이 아니라 약 0.5밀리미터 떨어진 조각들 속으로 흩어져 가는 것이다.

그리고 그것들은 헝겊 조각을 모으는 수예 기법인 패치워크와 거의 비슷한 형태로 흩어져 나간다.

연관된 기억을 위한 '수렴 영역'이라는 주장은, 뇌의 좌반구

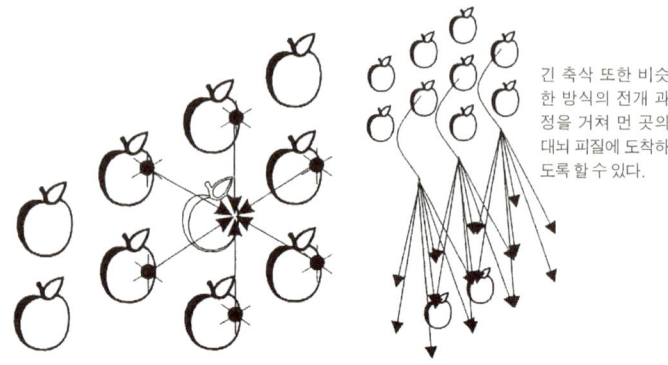

긴 축삭 또한 비슷한 방식의 전개 과정을 거쳐 먼 곳의 대뇌 피질에 도착하도록 할 수 있다.

표면층에서의 국부적인 수평 방향 연결은 되풀이되는 동시 입력 신호에 의해 일치하게 된다.

팩시밀리와 같은 구조: (7개 중) 두세 개 입력 신호만 동시에 도착해도 패턴의 점화가 재구성된다.

그림 12
'결정 형성'을 통한 오차 보정

에서 우반구로 뇌량을 통과하는 것처럼 먼 거리의 피질과 피질 사이에서 메시지 전달이 일어나는 동안 시공 코드의 동일성을 유지하는 문제를 불러일으킨다. 정확한 지형적 사상(寫像)의 결여로 인한 시공 패턴의 왜곡(축삭의 말단은 항상 산개하며 한 점에서 끝나지 않는다.) 또는 시간의 분산(전도 속도가 일정하지 않다.)은 정보가 오직 한 방향

으로만 흐르는 곳에서는 중요하지 않을 것이다. 이 경우 한 임의의 코드는 그 경로의 또 다른 임의의 코드로 대체된다.

그러나 먼 대뇌 피질 영역 사이의 연결은 대체로 (7개 경로 가운데 6개는) 상호적이다. 따라서 특수한 시공 패턴을 감각이나 운동 구조의 지엽적인 코드로 유지하기 위해서는 앞으로 전달되는 동안 일어나는 원래의 시공 점화 패턴의 왜곡을 반대 경로에서 보정할 필요가 있을 것이다. 여러분은 압축 파일을 풀듯이 역변환을 통해 왜곡된 것을 바로 펼 수 있을 것이다. 또는 앞에서 말한 오차 보정 메커니즘으로 그것을 고칠 수도 있을 것이다. 아니면 이름과 별명처럼 부분적으로 같은 것을 의미하는 서로 다른 코드를 가질 수도 있다. 이런 것들은 여섯 가지 DNA 트리플렛 코드가 모두 류신이라는 한 가지 아미노산을 나타낼 때처럼 축퇴 코드라고 일컫는다. 과거에 나는 어느 대안이든 오차 보정안보다는 가능성이 더 크다고 생각했다. 그러나 당시 나는 되풀이되는 자극과 동시성에 감응하는 NMDA 채널을 수반할 수밖에 없는 결정 형성에서 오차 보정 과정이 얼마나 간단히 나타날 수 있는지를 깨닫지 못하고 있었다.

하나의 대뇌 피질 영역을 다른 쪽의 상응하는 영역으로 연결하는 광섬유의 배열을 상상해 보라. 실제로 광섬유 다발은 한 영상을 여러 개의 점으로 나눈다. 그러고는 관을 통해서 각각의 점을 먼 곳까지 정확하게 나른다. 이렇게 해서 여러분은 광섬유 다발 끝 부분에서 맨 앞에 있었던 것과 똑같은 빛나는 점의 패턴을 볼 수 있다.

축삭은 광섬유와 같지 않다. 이는 모두 끝에 나온 '싹' 때문이다. 그것은 한 점에서 끝나지 않는다. 한 축삭은 많은 말단으로 흩어져서 매크로 칼럼의 규모 이상으로 뻗어 나간다. 실제로 축삭의 다발은 한 번 옆에 붙어 있는 섬유는 계속 옆에 붙어 있도록 접착된 광섬유 다발과 다르다. 축삭들은 서로 얽힐 수 있으며, 따라서 한 점이 다른 길로 빠져서 다른 쪽 끝에서는 자리를 옮길 수도 있다. 실제로 축삭은 전도 속도에서도 어느 정도 다양성을 갖는다. 함께 출발한 신경 충격들이 서로 다른 시간대에 도착해서 시공 패턴을 왜곡할 수 있기 때문이다.

그러나 지엽적인 오차 보정의 성질은, 피질과 피질 사이 다발의 먼 끝에서는 이런 점들이 그리 문제가 되지 않을 것임을 암시한다. 이 경우 시작점에서 비롯된 삼각형 배열로 인해서 여분의 시공 패턴이 전달되고 있다. 먼 끝에 있는 각각의 점은 아주 정확한 표적 축삭으로부터 하나의 입력 신호를 취할 것이다. 여기에 0.5밀리미터 거리에 이웃한 것들로부터 되돌아오는 여섯 개의 입력 신호가 더해질 것이다. 어떤 신경 충격은 유실되고, 어떤 신경 충격은 너무 늦게 도착한다. 그러나 수신 뉴런은 우선적으로 되풀이되는 동시성 입력 신호에 주의를 기울인다. 그리고 그중 몇 가지만으로도 원래 지점의 점화 패턴을 재현할 수 있을 것이다. 이때 낙오자와 방랑자는 사실상 무시된다.

시공 패턴의 작은 영역이 먼 끝에서 일단 다시 개편된 뒤에는, 확대되어 앞에서 설명한 것과 같은 식으로 더 넓은 영역에 클론을 만들 수 있다. 이렇게 해서 동시성을 갖게 된 삼각형의 배열은 그리 완벽하게 정리되지 못한 배선을 통해서 대뇌 피질 먼 곳까지 시공 패턴을 보낼 수 있다. 이는 여러분이 어떤 시공 패턴의 12개 정도 되는 공간적 복제물에서 출발해서 먼 곳에서 같은 패턴의 충분한 영역과 함께 끝낼 수 있다는 뜻이다.

하나의 배열은 얼마나 커질 수 있을까? 건너뛰는 공간이 경계에서 변화한다면 그것은 원래 그것의 브로드만 영역으로 제한될 것이다. 예를 들어 원숭이의 경우 1차 시각 대뇌 피질의 건너뛰는 공간은 0.43밀리미터고, 그 옆에 있는 2차 시각 영역에서는 0.65밀리미터다. 경계를 넘어서 보충하는 일은 일어나지 않겠지만, 그것은 경험의 문제다. 그리고 삼각형의 배열에 더 많은 뉴런을 보충하는 일은 이미 미약하게나마 바나나와 관련이 있는 후보들을 필요로 한다.

따라서 '노랑' 뉴런들의 삼각형 배열은 노란 바나나의 상을 받아들이는 시각 피질 부분보다 그리 크지는 않을 것이다. 선의 방위에 감응하는 뉴런들도 같은 일을 할 것이다. 여러 개가 동시성을 갖고 움직이면서, 경향성이 있는 것들로 합창단이 보충되고, 이에 따라 다른 곳에 중심을 둔 0.5밀리미터의 삼각형 배열을 하나 더 형성하는 것이다. 각각 독립적으로 탐지된 바나나의 특징에 대해서는 서로 다른 삼각형의 배열이 존재할 것이다. 그리고 이들은 대뇌 피질을 가로질러 반드시 같은 거리로 뻗어 나갈 필요는 없다. 평평하게 편 대뇌 피질을 내려다볼 수 있다면(그리고 신경 충격이 점화되면 미니 칼럼에 불이 들어온다고 가정하면), 우리는 명멸하는 수많은 빛을 보게 될 것이다.

시야를 0.5밀리미터의 범위로 제한하면 우리는 동시성을 별로 볼 수 없을 것이다. '노랑'들 중 하나가 1초에 서너 번 깜박이고, '선'들 중 하나가 1초에 열두 번 정도 깜박이는 식일 것이기 때문이다. 그러나 몇 밀리미터 범위로 시야를 넓히면 우리는 동시에 대여섯 개의 점에 불이 들어오고, 그 후에는 다른 그룹에 불이 들어오는 것을 보게 될 것이다. 각각의 전문 분야를 가진 것들은 자기 자신의 삼각형 배열을 갖는다. 그리고 함께 선택된 이런 다양한 배열이 '바나나 위원회'를 구성하게 된다.

새로운 뉴런의 보충이 시작되기 전에 있었던 최초의 '노랑'과 '선'의 위원회는 0.5밀리미터의 범위를 넘었을 것이라는 점을 지적해야겠다. 원래 위원회가 몇 밀리미터 범위에 흩어져 있었다고 해도 삼각형의 배열은 훨씬 더 작은 단위 패턴을 만들어 내도록 힘을 보탠다(그리고 패턴을 다시 불러내면서 다시 만들어 내는 것은 더 쉬울 수도 있다.). 우리는 사실상 코드가 원래 점유하고 있던 것보다 작은 공간으로 코드를 압축했을 뿐만 아니라 여분의 복제물을 만들기도 했다. 여기에는 몇 가지 흥미로운 함의가 있다.

지금까지 이야기한 것이 바나나의 표현과 일정한 관계가 있는 시공 패턴인 것은 분명하지만, 그것을 바나나에 대한 '대뇌 코드'라고 할 수 있을까? 그것은 중요한 것을 하나도 빠뜨리지 않은 가장 작은 패턴, 즉 '선'과 '노랑'의 삼각형 배열이 재창조될 수 있는 가장 기본적인 패턴이라고 하겠다.

화상을 천천히 확대하면서 깜박이는 미니 칼럼에 대한 우리의 시야를 좁혀 갈 때, 동시성을 가진 미니 칼럼을 더 이상 발견할 수 없는 지점에서 우리의 시야가 포괄하는 범위는 어느 정도일까? 그렇다. 약 0.5밀리미터의 범위일 것이다. 그러나 그것은 지름 0.5밀리미터의 원이 아니라, 마주보는 평행한 변 사이의 거리가 0.5밀리미터인 정육각형이다. 이는 단순한 기하 문제다. 육각형 타일의 상응하는 점들(예를 들어 모든 타일에서 위의 오른쪽에 있는 꼭짓점들)은 삼각형의 배열을 이룬다. 이 육각형보다 조금이라도 큰 것은 또 다른 삼각형 배열로 표현되는 여분의 점들을 포함하기 시작할 것이다(그리고 우리는 때때로 일정하게 제한된 시야에서 동시성을 나타내는 두 점들을 보게 될 것이다.).

기본적인 패턴은 대부분 육각형을 채우지 않을 것이다(나는 그것이 육각형 속에 있는 100개 또는 그 이상의 미니 칼럼 중에서 활성화된 여남은 개의 미니 칼럼이라고 상상한다. 나머지 것들은 패턴을 흐리지 않도록 침묵을 지켜야 한다.). 우리는 윤곽을 이루는 경계선을 볼 수는 없을 것이다. 따라서 하나의 영역에서 클론이 만들어지는 동안 대뇌 피질의 표면을 내려다본다고 해도 벌집 모양을 보지는 못할 것이다. 사실 벽지 디자이너들이 반복 패턴을 만들어 낼 때에는 패턴 단위의 경계를 쉽사리 알아차릴 수 없도록 하는 경우가 많다. 전체 패턴에 이은 부분이 없는 것처럼 보이기 위한 것이다. 삼각형의 배열이 새로운 뉴런들을 보충하고 치밀한 패턴을 만든다고 해도, 그것은 육각형들이 클론을 만드는 것과 같은 일이다.

삼각형의 동시성이 그리 오래 유지될 필요는 없다. 그것은 매우 쉽게 사라지는 조직화의 형태로서, 대뇌 피질의 흥분성 감소와 관련이 있는 뇌파(EEG) 리듬의 특정한 시기 동안에 지워질 것이다. 만일 사라져 버린 시공 패턴을 다시 만들어 내고 싶다면, 두 개의 인접한 육각형에서부터 시작할 수 있을 것이다. 사실 펼쳐진 바나나 모자이크가 처음에 포함하고 있었던 두 개의 인접한 육각형이면 어디에서나 가능하다. 그것이 반드시 원래의 쌍일 필요는 없는 것이다. 시공 패턴을 소생시키는 데에 필수적인 융기와 바퀴 자국, 즉 기억의 자취는 인접한 두 육각형 속의 회로만큼 작을 수도 있다.

따라서 최소한의 패턴을 반복적으로 복제하는 일을 통해서 어떤 영역을 개척할 수도 있을 것이다. 이 일은 결정이 자라거나 벽지가 기본적인 패턴을 반복하는 것과 비슷한 방식으로 이루어진다. 그 선율이 중단되기 전에 충분히 여러 번 되풀이된다면, 어떤 곳에서는 시공 패턴이 쉽사리 재개되는 것 같은 방식으로 장기 증강이 그대로 남을 것이다.

공간적 패턴이 비교적 드물다면, 몇 가지 대뇌 코드(사과와 귤을 위한 대뇌 코드)가 포개져서 과일과 같은 범주를 이룰 수도 있다. 도트 프린터에서 몇 개의 문자를 겹쳐서 인쇄하면 뭔지 모를 검은색의 결과물을 얻게 될 것이다. 그러나 입출력 회로망을 드문드문하게 채우면 각각의 문자들을 다시 살려낼 수도 있다. 그것들이 각각 특유의 시공 패턴을 만들기 때문이다. 따라서 이런 유형의 코드는 여러 가지 표본으로 나눌 수 있는 범주를 형성하는 데에 알맞다. 서로 겹쳐 있는 선율을 따로따로 들을 수 있는 것과 마찬가지다. 원거리 복제의 측면으로 인해, 여러분은 복합 양식의 범주를 형성할 수 있을 것이다. '빗'이 갖고 있는 모든 함축적 의미가 바로 그런 것이다.

내 친구 돈 마이클(Don Michael)은 명상이 의미 없는 코드, 다시 말해 의미 있는 공명이나 연상을 갖지 않는 코드의 광대한 모자이크라고 주장한다. 즉 만트라(呪文)에 의해서 창조성과 연관을 맺는다는 것이다. 여러분이 만일 충분히 오랫동안 그 석판(石版)에 묻어 있던 걱정거리나 몰두하던 일을 깨끗이 씻어 버려 이런 단기적인 흔적들이 자취를 감추게 하면, 단기적인 관심사에 매달리지 않는 장기적인 기억의 자취에 접근하기 위한 출발점에 설 수 있을 것이다.

> 무심히 자아에 침잠하는 명상의 지고한 상태는 애석하게도 그리 오래 지속되지 않는다. 그것은 내면으로부터 쉽게 어지럽혀진다. 마치 무에서 생겨나기라도 하는 것처럼 여러 가지 기분, 느낌, 열망, 근심, 나아가 생각까지 아무 의미 없는 혼란 속에서 자제할 수 없을 정도로 솟아오른다. 그것들은 부자연스럽고 터무니없을수록 그리고 사람이 자신의 의식을 확립한 기반과 관계가 없을수록 더욱 끈질기게 달라붙는다. …… 이런 어지러운 것들이 효력을 발휘하지 못하도록 하는 유일한 방법은 계속 조용히 그리고 무심하게 호흡하면서, 눈앞에 나타나는 모든 것과의 호의적인 연관성 속으로 들어가, 스스로 그것에 익숙해져서, 마음의 평정 속에서 그것을 보고, 마침내 그것을 보는 데에 둔감해지는 것이다.
> ── 오이겐 헤리겔, 『활쏘기의 선(禪)』, 1953

표면에 있는 피라미드형 뉴런에 대한 분석에서 도출되는 것에는 우리의 마음을 붙잡는 몇 가지 특징이 있다. 도널드 헵은 그것을 매우 좋아할 것이다. 그것이 장단기 기억의 가장 큰 수수께끼인 몇 가지 특징을 세포의 집합으로 어떻게 설명할 수 있는가(기억의 자취는 교란된 방식으로 저장되어 있으며, 그것을 되살려 내는 데에 한 위치가 절대적인 것은 아니라는 점 등)를 보여 주기 때문이다. 형태 심리학자(요소 심리학에 반대하여, 정신과 의식을 단순한 요소의 총화로 해소되지 않는 경험의 통일적 전체 형태, 즉 게슈탈트로 보는 심리학자—옮긴이)들은 사물의 경계를 넘어서 뻗어 나갈 가능성이 있는 삼각형 배열로 형태와 배경을 비교할 수 있는 방식에 호의를 보일 것이다. 이는 형태와 배경을 결합한 시공 패턴을 형성하는 일이다.

그리고 찰스 다윈이나 윌리엄 제임스라면, 정신세계가 다면적인 환경에 의해 왜곡되는 복제 경쟁을 포함한다는 사고를 좋아했을 것이다. 지그문트 프로이트(Sigmund Freud)는 어떻게 해서 잠재의식의 연관이 때때로 의식의 전면으로 튀어나올 수 있는가를 암시하는 메커니즘에 커다란 호기심을 느꼈을 것이다.

나는 분산적 사고가 신피질 다윈 기계를 활용하는 가장 중요한 측면이라고 생각하지만, 우선 그것이 어떻게 수렴적 사고의 문제를 다루는가를 설명해야겠다. 어떤 물체가 여러분 옆을 지나치면서 펑 소리를 내고 날아가 의자 밑으로 사라져 버렸다고 하자.

여러분은 그것이 둥근 모양에 주황이나 노란색일 거라고 생각하지만, 그것이 너무 빨리 움직였고 이미 시야에서 사라져 버렸으므로 다시 볼 수가 없다. 그 물체는 무엇이었을까? 답이 명확하지 않을 때 여러분은 어떤 추측을 할 것인가? 우선 몇 가지 후보를 발견해야 할 것이다. 그리고 그 뒤에는 그것들을 조리 있게 비교할 필요가 있을 것이다.

다행히 클론 만들기 경쟁이 그 일을 할 수 있다. 그 물체에 대해서는 그것이 활성화한 모든 특징 탐지기에 의해 형성된 임시적인 대뇌 코드가 있다. 색, 모양, 움직임 그리고 바닥에 떨어지면서 난 소리 따위의 코드다. 이 시공 패턴은 말하기와 비슷한 방식으로 스스로 클론을 만들기 시작한다.

그것이 이웃한 클론을 만들 수 있는가의 여부는 이웃한 것의 공명에 의해 결정된다. 이는 바로 시냅스 세기의 패턴 그리고 인접한 피질에서 계속되고 있는 다른 모든 것이 제공한 길 위의 자취다. 여러분이 전에 그 물체를 여러 번 보았다면 아마 완벽한 공명이 있을 것이다. 그러나 여러분은 그 물체를 여러 번 보지 못했다. 그럼에도 불구하고 임시적인 대뇌 코드는 둥글고, 노랗고, 빠르다는 특질의 요소를 갖고 있다.

테니스공에는 해당 속성들이 있으며, 여러분은 테니스공에 대한 좋은 공명을 갖고 있다. 따라서 이웃한 영역은 테니스공이라는 선율로 뛰어들어 버린다(무질서한 유인자의 특징은 가까운 것의 적합성을 사로잡아 특유의 패턴으로 변형할 수 있다는 점이다.). 빈약한 공명으로 클론을 만드는 일은 몇 가지 요소를 탈락시키고, 이에 따라 귤에 대한 여러분의 공명은, 그 색이 그리 정확하지 않더라도 또 다른 대뇌 피질 경로에서 변형된다.

클론 만들기 경쟁은 어떨까? 이제 우리에게는 클론을 만드는 '미지의 것', '테니스공' 그리고 '귤'의 대뇌 코드가 있다. '사과'도 튀어나올지 모른다. 여러분이 몇 분 전에 누군가가 사과 먹는 것을 보았다면 사과에 대한 일시적인 자취가 있을 것이다. 그 패턴에서 강화된 NMDA 시냅스 때문이다. 그러나 그 뒤 사과는 클론을 만드는 귤의 패턴에 잠식당한다. 현재 '미지의 것'에 대한 영역의 다른 측면에서는 '테니스공'이 매우 활발하게 작용하면서, '미지의 것'을 잠식해서 대신하고, 심지어 '귤'의 영역까지 침범하고 있다. 이때쯤 여러분은 '그것은 테니스공이었어.'라고 생각하게 된다. '테니스공'의 합창단에 매우 많은 클론이 생기면서 여러분 좌뇌 측

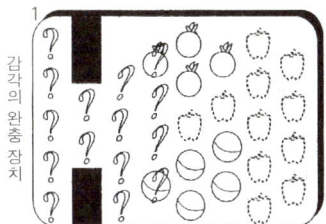
억제의 울타리가 오차 보정을 방해하며, 변형들이 '문'을 통과하도록 한다.

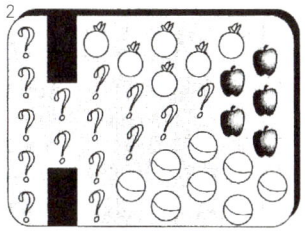
하나의 유인자가 변형들을 포착하는 과정을 거쳐 3개의 후보가 발견된다.

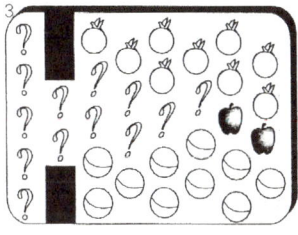
뒤이어 경쟁이 일어나는데, 외적인 경향과 희미해지는 자취가 그것을 왜곡한다.

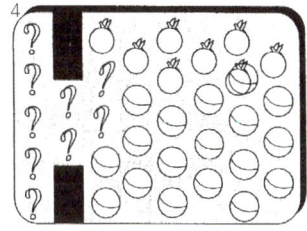
결론을 내리기에 충분한 양이 되었다. "그건 테니스공이었어!"

그림 13
다윈 기계는 여러 가지로 해석할 수 있는 것을 처리하여, 후보를 발견하고 결정을 내린다.

두부의 언어 피질을 통해 일관된 메시지를 갖게 되었기 때문이다. 이 일은 후두엽에서 측두엽으로 가는 대뇌 피질과 피질 사이의 경로에서 이루어진다.

이제 무언가 다른 일이 일어난다. 새로운 시공 패턴이 작업 공간을 통해 클론을 만들기 시작한 것이다. 이때 여러분은 무언가 매우 친숙한 것(의자)을 보고, '의자' 뉴런들의 합창은 어떤 실질적인 경쟁도 없이 빠르게 확립된다. 감각의 시공 패턴이 어떤 변형이 진행되기도 전에 즉시 공명을 울리기 때문이다. 그러나 테니스공과 귤의 패턴에 사용된 NMDA 시냅스는 아직 활발하게 연주를 계속하고 있고, 앞으로도 5분 동안은 그것들이 제일 마지막에 차지한 작업 공간에서 평소보다 쉽게 이런 시공 패턴을 다시 만들 수 있을 것이다. '귤'은 아마 계속 클론을 만들고 시행착오를 거듭하면서, '과일'의 공명을 울릴 것이다. 그래서 1분 뒤 여러분은 테니스공이라는 생각이 잘못된 것은 아닐까 하는 의심을 품게 된다.

앞에서 이야기한 우리의 잠재의식적 과정이 때때로 30분이나 지나서 누군가의 이름을 떠올리는 일도 이런 경로를 따라 이런 방식으로 일어날 수 있었던 것이다. 패턴의 공명은 척수의 작용을 위해 움직임을 상상하는 것과는 다르다. 여기에는 접속성, 즉 다양한 뉴런 사이의 모든 시냅스 세기가 있다. 그리고 일정한 초기 조건만 주어진다면 여러분은 '산책'을 실시하는 시공 패턴의 공명 속으로 뛰어들 수도 있다. 다른 초기 조건이 주어지면, '산책' 대신에 '조깅', '도약', '달리기' 등으로 뛰어들 것이다.

감각 피질에서 오렌지도 귤도 아닌 다른 과일을 볼 때에도 여러분은 '오렌지'나 '귤'로 뛰어들 수 있다. 5장에서 이미 언급했듯이, 범주의 문제는 일본인이 영어의 L과 R 발음에서 그토록 곤란을 겪는 이유다. 일본어의 특정한 음소를 위한 정신적 범주는 이 두 발음을 모두 포착한다. 이때 현실은 재빨리 정신 모형으로 대체된다. 미국의 사상가 헨리 데이비드 소로(Henry David Thoreau)는 이렇게 말했다. "우리는 이미 반은 알고 있던 것만을 듣고 깨닫는다."

대뇌 피질은 감각이든 아니면 운동이든 새로운 패턴을 신속히 배우고 그것들에 변화를 주는 일에 몰두하고 있다. 그 변화는 경쟁에 의해서 어떤 패턴이 접속하는 것과 가장 잘 공명하는가를 결정하고, 이런 경쟁은 다시 많은 감각의 입력 신호와 정서적 요인에 의해 왜곡된다.

다양한 관계 또한 감각 혹은 운동의 도식과 마찬가지로 시공 패턴에 의해서 코드화될 수 있다. 왼손으로 연주하는 리듬이 오른손으로 연주하는 선율에 겹쳐지는 것 같은 방식으로 코드를 결합해서 새로운 임의의 패턴을 만들기만 하면 된다.

5장의 '언어 기계(lingua ex machina)'는 정교한 관계(문장 속에서 보이는 것 같은)가 어떤 것을 포함할 수 있는가에 대한 몇 가지 특수한 예를 제시해 주었다. 그것들은 모두 필수적, 선택적 역할이다. '주다' 같은 동사에 대한 이런 필수적인 논의는 관계에 대한 것이다. 그리고 필수적인 역할이 채워지지 않으면 결과적으로 인지의 부조화가 생긴다(이는 광고회사들이 발견한 사실에서 알 수 있다. '그에게 주어라(Give Him.).' 같은 광고 문안은 무얼 빠뜨리지는 않았나 하고 다시 한 번 광고 게시판을 보도록 유도하여, 그 광고를 더 잘 기억하게 만든다는 것이다.).

그렇다면 한 문장은 단지 하나의 큰 시공 패턴으로서, 다른 문장 코드와의 경쟁에서 클론을 만들어 내고 있는 것일까? 반드시 그렇다고는 볼 수 없다. 우리는 어떤 것을 결심하기 위해 복제 경쟁을 필요로 하지는 않는다. 단순한 평가를 위한 도식이면 충분하고, 특별히 새로운 것은 아무것도 없다. 2장의 가마우지를 떠올려 보라. 가마우지의 결심을 위해서는 평가 도식이면 족하다. 선택사항들(수영하고, 잠수하고, 날개를 말리고, 날아가고, 주위를 둘러보는 일)이 이미 여러 세대에 걸친 진화 과정을 통해 확고하게 자리 잡았기 때문이다. 여러분이 일단 표준적인 의미에 충분히 접근해 있다면 복제할 수 있는 도식이 전부는 아니다.

    많은 유인원이 대뇌 피질의 표면에 잠시 동안 지속되는 삼각형의 배열을 예측하도록 하는 정규적인 건너뛰기 배선을 갖고 있다. 어떤 동물이 벽지 무늬와 같은 육각형 패턴을 위해 이런 배선을 얼마나 자주 사용하고 있는가는 알려진 것이 없다. 그것은 아마 용도에 의해 결정되는 관계를 안내하는 일종의 시험 패턴으로서, 출생 전의 발생 시기에 잠깐 동안만 일어날 것이다. 그리고 다시는 일어나지 않을 것이다. 아니면 대뇌 피질의 어떤 영역은 상근직의 전문 분야에 종사하고 있어서 결코 그렇게 잠시 동안 지속되는 패턴의 클론을 만들지 않는 반면, 다른 영역들은 종종 옆으로의 복제를 지속시키고 다원적 과정을 형성하기 위한 작업 공간을 지워서 깨끗하게 만들 수 있을지도 모른다. 운동 명령의 클론들은 시간 조절의 오차를 줄일 수 있으므로 던지기에 특히 유용했을 것이다. 따라서 호미니드로의 진화 과정에서는 던지기의 정확성을 위한 넓은 작업 공간을 위한 자연선택이 있었을 것이다. 그것들은 모두 경험의 문제다. 일단 우리의 기록 기술에 대한 해결책을 내놓은 뒤에는 육각형 클론 만들기가 가능성 스펙트럼의 어느 부분에 놓이는

가를 알아야 할 것이다.

그러나 다윈 기계의 본질적 요소를 충족하기 위해서는 이런 클론 만들기 경쟁과 흡사한 어떤 것이 필요하다. 그 점이 바로 내가 독자들을 이런 대뇌 피질의 미로 속으로 안내한 이유다. 여기에서 우리는 적어도 (1)특유의 패턴, (2)복제, (3)변이, (4)작업 공간을 위한 경쟁의 가능성, (5)경쟁을 왜곡할 수 있는 다면적인 환경(현재의 환경과 기억 속의 환경 모두) 그리고 (6)가장 큰 영역을 가진 클론들로부터 확립된 여러 변형을 거쳤을 가능성이 큰 다음 세대(큰 영역은 더 많은 경계를 갖는데, 이런 경계 부분은 변형들이 오차 보정의 경향을 피해서 새로운 패턴의 클론을 만들 수 있는 곳이다.)를 갖고 있다.

신피질의 다윈 기계 자체를 다루는 더 긴 책 『대뇌 코드(The Cerebral Code)』에서 나는 여러분이 성(sex), 섬(island) 그리고 기후 변화에 대한 대뇌적 변형판으로부터 얻을 수 있는 흥취와 속도의 모든 것을 설명하였다. 만족스러운 추측을 위한 지능을 제공하기 위해서 뇌의 다원적 과정이 빠르게 진행되어야 한다면, 우리에게는 속도가 필요하다.

우리는 대뇌 피질을 분화된 '전문가'의 기본 단위로 분할하기 위한 노력을 계속하고 있다. 그것은 전문화를 위한 훌륭한 연구 전략이지만, 나는 그것이 연합피질이 어떻게 일하는가를 개괄해 주는 것이라고는 생각지 않는다. 우리에게는 지우개로 지워서 깨끗하게 할 수 있는 어느 정도의 작업 공간이 필요하다. 그리고 어려운 작업을 위한 협력자를 보충할 필요가 있다. 이는 어떤 '전문가'의 기본 단위도 다방면의 일을 할 수 있음을 암시한다. 신경외과의가 위급한 상황에서는 의료 보조원의 일을 할 수 있는 것과 마찬가지다. 잠시 지속되는 육각형 모자이크에 대해서 내가 특히 선호하는 한 가지 점은 그것이 전문성 대 다방면의 일을 할 수 있는 성질의 딜레마에 대한 해답을 암시한다는 것이다. '전문성'이 있는 장기적 자취를 지닌 대뇌 피질조차 작업 공간으로 일하면서 덧씌운 단기적 자취를 이용해서 경쟁 관계를 왜곡할 수 있다.

이런 모자이크는 때에 따라서는 잠재의식의 사고가 두서없이 진행되다가 의식의 흐름에 과거로부터의 관련 사실이 떠오를 수도 있음을 시사한다. 무엇보다 좋은 것은 변형들 스스로 일시적인 성공을 위한 방법의 클론을 만들 수 있기 때문에, 기워 맞춘 퀼트 작품이 창조적이라는 점이다. 그것은 소박한 기원으로부터 질적으로 높은 수준의 것을 이루어 낼 수 있다. 은유와 같은 보다 고차원적인 관계는, 대뇌 코드가 임의성을 띠고 새로운 조합을 이룰 수 있기 때문에 나타나는 것으로 생각된다. 누가 알았으랴. 여러분 모두 움베르토 에코가 사용한 매킨토시 피시의 비유를 위한 대뇌 코드를 갖게 되었음을.

다윈적 복제 경쟁에 관한 흥미로운 함축적 의미를 지닌 동시성 삼각형 배열은 정교한 언어와 관련한 함축적 의미도 지니는 것으로 밝혀졌다. 그리고 이는 또 다른 방향에서 지능의 발달을 낳을 수 있다.

조어(祖語, 5장 참고)와 발달한 통사론을 갖춘 언어 사이에는 커다란 간격이 있다. 그리고 언어학 연구자들은 그 중간 형태가 있을 수 있다고 본다. 조어는 충분한 어휘가 갖추어졌다고 해도 구조적이지 않아서, 대체로 메시지를 전달하는 몇 단어 사이의 단순한 정황상의 조합에 의존한다. 여기에 구조를 더하면 큰 차이가 나타난다.

되풀이 끼워 넣기('나는 그가 집으로 가는 것을 보았다고 생각한다.'처럼 문장 속에 문장을 넣는 일)를 위한 뇌의 메커니즘은 보편 문법의 핵심 요소로 여겨진다. 언어학자들의 또 다른 중요한 요구 사항은 대명사를 그것이 지칭하는 대상에 결합하는 것과 같은 광범위한 의존 메커니즘이다. 이런 결합은 보다 긴 연결 고리들을 필요로 한다.

더욱이 되풀이 끼워 넣기는 그들 사이에 위계를 세울 것을 요구한다. 우리가 아는 대로 '빛'의 시각과 관련된 함축적 의미가 시각 피질 가까이 저장되고, 그것의 청각과 관련된 함축적 의미가 청각피질 가까이 저장되는 식이라면 대뇌 피질의 이웃하지 않은 영역들도 수많은 연관 맺기에 참여하고 있을 것이다.

그런데 피질과 피질 사이의 축삭 다발은, 이웃한 것끼리 계속 붙어 있지 않은 비접착 광섬유 다발보다 사정이 더 나쁘다. 한 점 대 한 점의 일대일 관계가, 마치 손전등 빛이 퍼져나가듯이 각 축삭이 여러 말단으로 갈라지는 과정에서 없어질 수도 있는 것이다. 뒤범벅이 되고 희미해졌어도 왜곡된 패턴 중에 몇몇은 경험을 통해 먼 곳에서도 인지될 수 있을 것이다. 이때 사용되는 것이 범주 지각과 비슷한 군집 분석 메커니즘이다. 이런 일은 선원들의 신호 깃발에서처럼 연습이 잘 된 특별 케이스가 전달될 수 있도록 할 것이다(비록 동시에 전달되는 것이 너무 적어서 대뇌 피질 영역 간에 전달될 수 있는 새로운 연관성이 제한을 받는다고 해도). 끼워 넣기는 구를 들여놓는 정도로 제한될 것이다. 이렇게 결합력이 약한 피질과 피질 간의 전달 능력은 틀림없이 조어를 다룰 수 있을 것이다.

그러나 오차 보정 메커니즘은 임의의 시공 패턴이 피질과 피질 사이의 신경 다발을 따라 전달될 수 있음을 시사한다(그리고 첫 시도에 성공하면 표적피질은 더 이상, 의미 있는 특별 케이스로 인식되어 온 시공간적으로 왜곡된 패턴의 범위로 제한받지 않는다.). 이런 피질과 피질 사이의 긴밀한 결합은 새로운 연관성이 전달될 수 있음을 뜻한다. 나아가 이제는 원천 영역과 표적 영역이 모두 같은 시공 점화 패턴을 공유할 수도 있다. 표적피질은 비슷한 오차 보정을 하고 그것을 다시 돌려보내 원천 피질에서 자동적으로 인식하도록 할 수 있다. 이중으로 왜곡된 것을 조정해서 처음의 시공 점화 패턴과 일치시킬 필요가 없는 것이다.

같은 암호를 이용한 역투사는 우리가 널리 흩어져 있는 합창단을, 다시 말해 서로 멀리 떨어져 있어서 구성원의 분포가 임계 크기를 초과하는 합창단원들을 보유할 수 있음을 의미한다. 역투사된 노래가 완전한 합창곡으로 완성될 필요는 없을 것이다. 그것은 한 사람이 화음 없이 다음 절을 미리 일러주고 여러 명이 그것을 음악적으로 정교하게 따라 부르는 노래 부르기 모임의 기법에 가까울 수 있다. 역투사는 모호함의 문제를 해결할 수 있는 오디트 트레일(출력 데이터의 특정 항목에 대해 출력 처리의 각 단계를 거꾸로 더듬어 입력 데이터까지 추적하는 기법 — 옮긴이)과 같은 것을 제공하기도 한다

('누가 얼버무렸어요? 다시 노래해요. 처음부터 끝까지!'). 문장 구조를 유지할 수 있는 연결 고리가 있으면 끼워 넣기가 가능해진다. 그러면 더 이상 'the tall blond man with one black shoe(검은 구두 한 짝을 신은 키 큰 금발 남자)'라는 여덟 단어 조합의 정신 모형이 'the blond black man with one tall shoe(긴 구두 한 짝을 신은 금발의 흑인)'와 뒤섞일 위험이 없다.

따라서 피질과 피질 사이의 정밀한 연결 그 자체가 조어(祖語)에서 Language로 나아가도록 하는 커다란 발걸음이 될 수 있다(논의 구조 수준에서는 여전히 수많은 작은 규칙들이 필요하겠지만). 실제로 임의의 코드 전달로의 이행은 단번에 보편 문법의 두 가지 중요한 혁신, 즉 끼워 넣기와 장거리 연결을 위한 도구를 제공했을 수 있다. 이제 우리에게는 지능과 언어의 비약적 발전을 불러일으켰을 후보들을 가지고 있다. 다윈 기계 그리고 피질과 피질 사이의 연결이 그것이다. 그리고 바로 그것이 약 25만 년 전, 혁신이 어려운 호모 에렉투스 문명이 호모 사피엔스의 끊임없이 변화하는 문명으로 진화하도록 한 동인이었을 수 있다.

모든 연구에 대한 결론을 내리면서 우리는 다시 한번 사람의 영혼을 생물 전기(生物電氣)의 소음이 아니라 영혼으로, 사람의 의지를 단순한 호르몬의 쇄도가 아닌 의지로, 사람의 심장을 섬유질의 끈적거리는 펌프가 아니라 오성을 은유하는 기관으로 경험하려는 노력을 기울여야 한다. 그것들이 형이상학적 존재라고 믿을 필요는 없다. 그것들이 자신을 구성하는 살과 피처럼 생생하기 때문이다. 오히려 우리는 실재하는 것으로 그것들을 믿어야 한다. 분해된 단편들이 아니라 그것들에 대한 우리의 관조에 의해, 우리가 그것들을 언어로 변화시킨 방식에 의해 만들어진 전체로서 보아야 한다. 그것들이 비록 우리 눈앞에서 해부된다고 할지라도 우리는 그것들을 불가침한 것으로 경외해야 한다.

—멜빈 코너, 1991

8
지능의 미래

나의 '자아'가 알려진 수와 정확한 크기를 가진 본능의 꾸러미에 지나지 않는다면, 그 꾸러미를 깔끔하게 묶어서 그것을 가장 잘 활용할 수 있도록 하라. 그러나 의심스럽고 만족스러운 포부와 타락과 노력과 영원성과의 교감을 가진 이 알 수 없는 존재가 단지 고장난 바퀴와 제한된 최대 마력을 가진 기계가 아니라, 무한히 변화할 수 있고, 끊임없이 주위 환경에 자신을 적응시키고, 헤아릴 수 없이 많은 것을 성취할 수 있고 애처로울 정도로 하찮을 수 있으며, 어떤 의미에서는 자신의 운명을 지배하는 살아 있는 존재라면 그리고 만일 그 자유가 환상이 아니며 그 영적 체험의 가능성이 거짓이 아니라면, 그렇다면 우리는 스스로를 기계론적 유물론자들의 낡은 오류 속으로 떨어지도록 해서는 안될 것이다.

— 찰스 레이번, 『조물주의 영(*The Creator Spirit*)』, 1928

우리는 정신세계의 삶을 살고 있다. 그리고 우리가 우리 스스로를 만들 수 있는(그리고 날마다 새롭게 만들 수 있는) 것은 정신세계의 역동적인 다원적 과정 때문이다. 정신세계, 이 책의 출발점에서 혼란을 주었던 그것은 이제, 찰스 레이번(Charles E. Raven)의 자아를 지각할 때 필요한 도구를 줄 수 있는 하나의 다원적 과정으로 상상할 수 있을 것이다. 이는 층을 이룬 안정성의 수준에서도 꼭대기에 가까운 높은 수준의 것이다. 이런 깊이와 융통성은 클론을 만들고, 다른 대뇌 코드와 영역을 두고 경쟁하며, 새로운 변형을 만들어 내는 대뇌 코드에서 나올 수 있었던 것이다.

그것은 컴퓨터가 아니다(적어도 자신의 행동을 정확하게 반복할 수 있는 믿음직한 기계라는, 우리가 늘 사용하는 뜻에서의 컴퓨터는 아니다.). 대부분의 사람들에게 그것은 기계론 영역에서는 전혀 새로운 그 무엇으로, 이미 알려져 있는 다른 다원적 과정을 제외하면 비유할 만한 것이 전혀 없다. 그러나 여러분은 그것이 어떨지를 느낌으로 알 수 있다. 대뇌 피질의 (가상적으로 평평하게 만든) 표면을 내려다보면 모자이크 무늬를 보는 것처럼 느껴질 것이다. 이는 결코 쉬지 않는 '헝겊 조각'들을 기워 맞춘 역동적인 퀼트 작품과 같은 것으로서, 가까이에서 보면 각각의 조각은 되풀이되는 벽지의 무늬처럼 보일 것이다. 그러나 각 단위 패턴은 전통적인 정적 패턴이 아니라 역동적으로 빛을 발하는 시공 패턴일 것이다. 서로 이웃한 조각 사이의 경계는 마치 전선(戰線)처럼 어떤 때는 안정되고 어떤 때는 움직일 것이다. 때때로 그 단위 패턴들은 한 영역으로부터 사라지고, 삼각형의 배열은 대응하는 점들이 더 이상 동시성을 갖지 않도록 할 것이다. 그러면 경쟁자가 없는 또 하나의 단위 패턴은 신속하게 조직되지 않는 영역의 개척에 나설 것이다.

그 복제 경쟁에서 현재의 승리자, 즉 출력 경로의 처리를 놓고 다투는 가장 큰 합창단을 가진 것이 의식의 후보다. 우리의 의식에서 초점이 이동하는 일은 또 다른 클론이 전면에 나서는 과정일 것이다. 우리의 잠재의식은 지금 우세하지 않은 활성화되기 쉬운 다른 패턴일 수도 있다. 대뇌 피질의 어떤 영역도 다른 것이 인계받을 때까지 아주 오랫동안 '의식의 중추'로 기능하지는 않는다.

변화하는 모자이크 또한 지능의 후보다. 그것들이 형성한 시공 패턴 중에는 새로운 움직임을 위한 명령이 포함되어 있다. 발전하는 모자이크는 호러스 발로의 새로운 질서를 발견할 수 있다. 시공 패턴이 달라지면서 새로운 공명을 발견할 수 있기 때문이다. 그 모자이크는 케네스 크레이크가 강조한 것처럼 현실 세계의 행동을 시뮬레이션할 수 있다. 장기적인 기억과 현재의 감각적 입력 신호의 공명을 배경으로 해서 움직임의 도식을 위한 대뇌 코드를 판단할 수 있기 때문이다. 그것은 다음에 무엇을 할 것인가가 명확하지 않은 상황의 처리와 관련된 장 피아제의 특징을 갖고 있다.

그리고 그 모자이크는 우리 정신세계의 특징인 끝이 열린 면을 갖고 있다. 이는 크로스워드 퍼즐 같은 새로운 복잡성의 수준을 만들어 낼 때, 또는 새로운 수준의 의미를 재현하는(시처럼) 복잡성의 수준을 만들어 낼 때 나타난다. 대뇌 코드는 감각과 운동의 도식뿐만 아니라 생각도 나타낼 수 있기 때문에 우리는 훌륭한 은유를 상상할 수 있다. 그리고 우리가 허구의 세계로 들어갈 때 콜리지(coleridge, 영국의 시인, 평론가—옮긴이)가 말하는 '자발적인 불신의 중지(독자가 작품을 읽을 때 허구의 내용을 일시적으로 진실로 받아들이는 일, 일부러 속아 주려는 마음—옮긴이)'가 어떻게 일어나는가를 상상할 수도 있다.

대뇌 코드와 다윈적 과정은 이 책의 첫 부분에서 언급한 내용이었다. 그때 나는 독자 여러분이 책의 마지막 부분에 도달할 때쯤이면 의식을 낳고 잘 추측하는, 이해가 빠른 지능을 구성할 수 있을 정도로 충분히 빠르게 작용하는 과정을 상상할 수 있을 것이라고 말했다. 이 마지막 장에서는 지능의 증대가 함축하는 의미와 현실로 다가온 인공 지능의 문제에 대해 이야기할 것이다. 먼저 서로 경쟁하는 설명들에 대해 잠시 살펴보기로 한다.

모든 과학이 열망하는 (때로는 부적절하지만) 가장 확실한 설명은 추상적이고 수학적이다. 누군가가 한 벌의 추상적인 정의와 공리로부터 한 걸음 도약하는 추론의 연쇄를 펼쳐보일 수 있다면, 그 일은 분명히 깊은 인상을 줄 것이다. 플라톤의 이데아(플라톤이 말하는 존재자의 원형을 이루는 영원 불변하는 실재―옮긴이)에서부터, 데카르트와 칸트는 모두 정신이 어떻게 수학적으로 작용하는가를 이해하고자 노력했다. 우리는 마침내 이런 몇 가지 질문에 답할 수 있는 시점에 놓인 것으로 보인다.

그러나 지금까지 오랫동안 과학적 시도는 많은 도전을 받아 왔다. 과학이 사람의 정신을 설명하려고 하면 이런 도전이 다시 활발하게 활동을 시작할 것이다. 신비주의자와 비합리주의자의 진리에 대한 관점은 연역(演繹)이 아니라 계시에서 온다. 그들의 눈에 과학의 진리는 순수한 관조를 통해 얻을 수 있는 것과 비교했을 때 저급하고 조급한 것으로 보인다. 두 번째 도전은 교조(教條)에서 온다. 갈릴레오가 고초를 겪은 것은 그의 천문학 연구 때문이 아니라 끊임없는 도전과 수정을 특징으로 하는 그의 과학적 방법론이, 종교계에서 그들의 세계관이 영원하며 내적 일관성을 갖춘 것으로 보이도록 하기 위해 사용한 진리 그 자체를 위협했기 때문이다. 세 번째로는 문학 평론가 조지 슈타이너(George Steiner)가 '낭만적 실존주의 논객'으로부터의 도전이라고 이름 붙인 것이 있다. 그 사례로는 니체가 무익한 연역에 대해 본능적 지혜를 선호한 일, 또는 블레이크(Blake, 영국의 시인, 화가—옮긴이)가 무지개에 대한 뉴턴의 광학 연구를 비판한 일'등이 있다. 네 번째 계열의 공격은 모든 곳에서 배후의 동기를 보거나, 진리는 정치적 관점과 관련이 있다고 주장하는 것이다.

이 모든 도전은 근본적으로 과학 전통 외부로부터의 도전이다. 현재 이런 주장을 지지하는 사람들은 일상에서의 과학 혼란을 포착해서 그것을 이용하려 한다. 이는 기독교 원리주의자들이 진화의 생물학 그 자체를 공격하는 것과 같은 방식으로 이루어진다.

이런 설명들은 오랫동안 과학과 경쟁하면서 지금까지 몇 차례의 단기적인 승리(라 메트리의 망명과 같은)와 여러 차례의 장기적인 패배를 기록했다. 오늘날에는 '이성의 시대(age of reason)'와의 분리를 주장하는 움직임 속에서 이 네 가지 모두에서 이어져 온 흐름을 발견할 수 있다.

따라서 우리는 우리의 과학적 설명을 확신할 수 있도록 노력해야만 하며, 불필요한 대립을 만들어서는 안 된다. 여기에서 불필요한 대립이란 유전적 돌연변이에 의한 진화의 이론과 자연선택에 의한 진화의 이론 사이에 있었던 유명한 충돌 같은 것이다. 이 혼란은 몇십 년을 끌다가 결국 1940년대의 '현대적 종합 이론(다윈의 진화론과 멘델의 유전 법칙을 지지하는 여러 분야의 연구 결과를 통합한 이론—옮긴이)'에 의해 해결되었다. 우리는 밝히고 설명하기보다는 현혹하고 압도하기 쉬운 수학 개념의 사용을 피해야만 한다. 또한 오만이나 조급성으로 인해, 우리가 발견한 해답 이외에는 달리 방도가 없다고 결론을 내리는 것 같은 '상상력 결핍에 의한 증거' 제시를 경계해야 한다. 특히 뇌의 문제에 대해서는 반드시 우리의 이론을 기계론적 설명의 적절한 수준에 두도록 조심해야 할 것이다.

따라서 현재의 뇌와 정신에 대한 현대적인 묘사를 제공하는 뉴런 수준의 기술(記述)은 보다 심오한 수준에 있는 세포 골격의 작용이 만들어 낸 그림자에 불과하다. 그리고 우리가 정신의 물리적 기초를 탐구해야 할 곳은 바로 이런 보다 심오한 수준이다.

―― 로저 펜로즈, 『마음의 그림자(Shadows of the Mind)』, 1994

나는 일부 의식물리학자들과 에클스 같은 신경 과학자들이, 앞의 여러 장에서 이야기한 모든 내용에도 불구하고 그 기계에는 아직도 유령이 필요하다고 주장할 것임을 안다. 그들은 층을 이룬 안정성의 중간에 있는 여러 수준을 뛰어넘어, 뉴런의 세포 골격에 있는 미소관 속의 그곳까지 내려가 정체불명의 양자 역학에 가장 중요한 역할을 부여할 것이다. 이곳에서는 실체가 없는 '영(spirit)'이 뇌의 생물학적 기계와 협력할 수 있다. 사실 이 이론을 내놓는 사람들은 대부분 '영'이라는 단어를 회피하고, 양자의 장(場)에 관한 무엇인가를 이야기한다. 나는 대니얼 데닛의 신비에 대한 정의, '사람들이 어떻게 생각해야 할지 모르는 현상'이라는 정의를 이용해서 '신비'와 화해하는 것으로 만족할 것이다. 의식물리학자들이 한 일은 하나의 신비를 또 하나의 신비로 대체한 것뿐이다.

지금까지는 그들의 설명에서 조합을 통해 다른 것을 설명할 수 있는 세세한 부분을 찾아볼 수 없다.

그리고 그들이 그 조합을 개선한다고 해도, 동시성이 있는 미소관의 어떤 영향도 우리가 의식하는 경험의 단일성을 위한 또 다른 후보를 제공해 줄 뿐이다. 이는 기계론적 세부 사항 속에서 완전한 적용 범위를 놓고 다른 수준의 설명과 경쟁해야만 하는 것이다. 지금까지의 다원적 과정은 의식의 중요한 측면에서 나타나는 성공과 문제점을 설명하기에 적당한 주요 부분들을 갖고 있는 것으로 보인다.

우리는 앞으로도 기계가 진실로 어떤 것을 이해할 수 있는가, 그것들이 과연 우리와 같은 종류의 의식을 가질 수 있는가 하는 등의 논점을 놓고, 한 사람의 철학자가 또 다른 철학자를 무력화시키려고 애쓰는 지루한 논쟁을 계속 보게 될 것이다. 그리고 모든 과학자와 철학자들이 어떤 과정을 거쳐 뇌에서 정신이 출현하는가에 동의한다고 해도, 그 주제의 복잡성 때문에 대부분의 사람들은 계속 그 복잡성을 추상화해서 '영(spirit)'과 같은 보다 단순하게 상상할 수 있는 개념을 사용할 것이다. 그리고 "많은 이론가들이 주장하는 것처럼 디지털 컴퓨터는 사람 뇌의 단순한 변형판일 뿐인가? 그렇다면 그것이 내포하는 의미는 두렵기만 하다."라고 말한 (과장된 표현일 것이다.) 서평자처럼 느낄 것이다.

두렵기만 하다고? 개인적으로 나는 두렵기만 한 것이 무지라는 사실을 안다. 무지는 정신 질환을 귀신이 들렸다고 '설명'하는 일 그리고 마녀 재판이나 종교 재판과 관련이 있는 모든 것과 함께 상당한 실적을 올린 바 있다. 우리에게는 양자 역학의 신비보다 더욱 유용한 은유(隱喩, metaphor)가 필요하다. 우리에게는 우리가 지각할 수 있는 정신세계와 그것을 초래하는 신경 메커니즘 사이에 성공적으로 다리를 놓아 줄 은유가 필요하다.

지금까지는 실제로 두 가지 은유가 필요했다. 뉴런의 대합창에 대한 사고의 지도를 만들어 줄 꼭대기에서 아래로 내려오는 포괄적 은유와, 혼돈처럼 보이는 뉴런의 대합창으로부터 사고가 어떻게 출현하는가를 설명해 줄 아래에서 위로 올라가는 하부 구조에서 연유한 은유가 그것이다. 그러나 신피질의 다윈 기계는 이 두 가지 은유 모두에 유용하다고 할 수 있다. 그것이 진실로 그 창조적인 메커니즘이라면.

내게는 신피질의 다윈 기계 이론(Darwin Machine theory)이 적절한 수준의 설명으로 보인다. 그것은 시냅스나 세포 골격으로 내려가지 않고 수십 개에서 수천 개의 뉴런을 포함한 역동성의 수준으로 올라와 있으며, 움직임의 선구자인 시공 패턴을 만들어 낸다. 그리고 그 움직임은 뇌의 외부 세계에 대해 행동을 일으킨다. 더욱이 이 이론은 1세기에 걸친 뇌에 대한 연구 결과에서 얻은 여러 현상과 모순되지 않으며, 시험할 수 있는(뇌의 영상이나 미소 전극 배열의 시간, 공간적 분석 방법의 발전을 통해서) 특징을 갖는다.

최소한 생물학자들은 다윈적 과정을 본질적으로 창조적인 메커니즘으로 이해하고 있다. 우리는 1세기에 걸쳐서 이런 복제 경쟁이 얼마나 강력할 수 있는지 그리고 그것이 수천 년의 시간 규모로 일어나는 무작위적인 변이로부터 언제 일정한 특질을 형성하는가를 깨닫게 되었다. 최근 수십 년 동안 우리는 며칠이나 몇 주의 시간 규모에서 작용하는, 면역성이 더 강한 항체를 만들어 내는 것과 같은 과정을 볼 수 있게 되었다. 내가 말한 신피질의 다윈 기계가 수백 분의 1초에서 몇 분 동안 작용할 수 있다는 것은 규모의 변화일 뿐이다. 우리는 다윈적 과정이 진화생물학과 면역학에서 이루어 놓은 것에 대한 이해를 사고와 행동의 시간 규모로 이전할 수 있어야 한다.

내게는 이제 와서 우리의 정신세계에 대한 윌리엄 제임스의 관점을 채택하는 것이 너무 늦은 일로 생각된다. 그러나 과학자들을 포함한 많은 사람들이 아직도 다윈론을 단지 선택적 생존으로만 보는 진부한 관점을 견지하고 있다(애석하게도 다윈은 자기 이론에 겨우 다섯 번째나 여섯 번째 필수 요소에 불과한 자연선택이라는 이름을 붙임으로써 이런 혼란을 일으킨 장본인이다.). 내가 이 책에서 바라는 것은 다윈적 과정을 가속하는 측면은 물론, 그 과정의 모든 필수 요소를 하나로 그러모아 영장류의 신피질에서 이 과정을 실행할 수 있었던 특수한 신경 메커니즘을 묘사하는 일이다. 개량된 은유가 아닌 메커니즘으로서, 이 시점에서 나의 신피질 다윈 기계를 위해서 가장 좋은 것은, 대뇌 피질의 신경 해부학과 서로를 추동(推動)하는 진동체의 이론이 다윈적 과정의 여섯 가지 필수 요소와 가속화 요인에 적합한 상태를 제공해 준다는 것이다.

이것이 뇌에서 계속되는 가장 중요한 과정인지, 아니면 또 다른 과정이 의식과 추측을 지배하는지를 판단하기란 쉬운 일이 아니다. 생물학이나 컴퓨터 과학에는 전례가 없는 것이 있을 수 있다. 이는 어떤 중간적인 은유를 먼저 발견하지 않고는 상상할 수 없는 것이다. 사실 나는 정신 이상이나 우울증을 피하기 위해 클론 만들기 경쟁을 '지배'하는 과정이 그것 자체의 보다 높은 수준의 묘사를 필요로 하는 것은 아닐까 하고 생각한다(나는 여기서 일상적인 뜻의 '지배'라는 용어를 말한 것이 아니라, 제트 기류나 엘니뇨가 세계의 기후 패턴에 강력한 영향을 미치는 방식과 비슷한 것을 생각하고 말한 것이다.). 심리학 용어로는 이런 지배가 레이번이 말한 '의심스럽고 만족스러운 포부와 타락과 노력을 가진 알 수 없는 존재'와 비슷한 무엇을 가리키는지도 모른다.

다윈적 복제 경쟁으로 구체화되는 복합적인 대뇌 코드는 우리 정신세계의 많은 부분을 설명할 수 있을 것이다. 복제 경쟁은 인간이 다른 동물들보다 훨씬 더 많은 새로운 행동을 할 수 있는 이유를 암시해 준다(우리는 비표준적인 움직임의 계획에 대한 오프라인적 진화의 결과를 갖고 있다.). 이는 우리가 어떻게 유추에 의한 추리를 할 수 있는가를 시사한다(관계 그 자체가 경쟁할 수 있는 코드를 가질 수 있다.). 대뇌 코드는 여러 단편에서 형성될 수 있으므로, 여러분은 일각수(유니콘)를 상상하고, 그것에 대한 기억을 형성할 수도 있다(튀어나오고 팬 자취들은 일각수에 대한 시공 코드를 다시 활성화할 수 있다.). 무엇보다 훌륭한 것은 다윈적 과정이 은유를 위한 기계를 준비해 준다는 것이다. 이에 따라 우리는 다양한 관계 사이의 관계를 코드화하고 그것들을 보다 질 높은 것으로 구체화할 수 있다.

　　이런 지적 의식을 위한 설명은 우리에게 은유와 상상 영역에서의 작용에 대한 통찰력을 준다. 그리고 그것은 틀림없이 생각과 다른 정신 작용 사이의 유사점을 가르쳐 줄 것이다. 내가 제안한 설명의 경우, 탄도 운동과 음악은 생각이나 언어와 밀접한 관계가 있는 것으로 보인다. 우리는 이미 새로운 연속성에 대한 강조가 언어에 도움이 되는 비언어적 자연선택을 허락한다는 것을 알고 있다(이것의 반대, 즉 비언어적 특징에 도움이 되는 언어의 자연선택 또한 마찬가지다.). 구강 안면의 연속성과 손과 팔의 연속성 사이의 중복(실행증(失行症)적 실어증에서 볼 수 있는 것과 같은)은 두 가지가 모두 같은 신경 기구를 사용하고 있음을 암시한다.

　　신피질 다윈 기계의 중요한 두 번째 용도는 탄도 운동과는 다른 예기된 움직임을 위한 것이다. 이는 몇 초, 몇 시간, 며칠, 생애 등의 시간 규모를 갖는 계획을 말한다. 그것은 여러 조합을 충분히 시험해 보고, 그것들이 어떤지 판단하고, 그것들을 세련화하는 등의 일을 하도록 해 준다. 우리는 이런 일을 잘 하는 사람들을 지적이라고 표현한다.

―

지능에 대한 모든 설명은 우리에게 지구의 생물이 지금까지 걸어온 것과는 다른 지능을 향한 경로에 대한 통찰력을 주어야 할 것이다. 간단히 말해서 그것은 인공 지능(artificial intelligence, AI)을 위한, 동물과 사람의 지능을 증대하기 위한 그리고 외계의 지적 존재가 보내온 신호를 발견하기 위한 함축적 의미를 가져야 한다는 것이다. '다른 어딘가에 있는 지적 존재'라는 문제에 대해서는 아직 단언을 내릴 수 없다. 그러나 인공 지능과 지능의 증대 문제에 대해서는 나름대로 시사점을 주는 행동학적 관점에 대해 이야기해 보겠다.

먹을 것을 발견하고 포식자를 피할 필요에서 해방된 지적 존재는 (인공 지능과 마찬가지로) 움직일 필요가 없을지도 모른다. 따라서 이런 존재의 지능은 동물적인 지적 존재가 갖고 있는, 다음에 어떤 일이 일어날 것인가에 대한 지향을 결여하고 있을 것이다. 우리는 우선 움직임의 문제를 해결한다. 그리고 계통 발생에서든 개체 발생에서든 나중에 가서야 더 추상적인 문제를 숙고하는 보다 높은 단계로 나아가, 앞날에 대해 추측함으로써 미래를 선취하려 한다.

높은 지능을 얻을 수 있는 다른 방법도 있을 것이다. 그러나 우리가 가진 패러다임은 움직임으로부터 더 높은 수준을 이루는 것이다. 그런데 이상하게도 심리학이나 인공 지능을 다룬 문헌에서 이런 점이 언급되는 경우는 거의 없다. 움직임으로부터 더 높은 수준을 이루는 일을 강조하는 뇌 연구가 오랫동안 계속되어 왔음에도 불구하고, 감각의 세계를 지적으로 분석하는 수동적 관찰자를 강조하는 인지 기능에 대한 논의를 훨씬 더 자주 볼 수 있다. 그리고 정신에 대한 대부분의 접근 방식에서도 세계에 대한 관조가 아직도 우위를 차지하고 있다. 그러나 이런 접근 방식만으로는 완전히 잘못된 결과를 낳을 수 있다. 우리가 이런 논점을 지적으로 구성하는 과정에는 끊임없이 계속되는 추측과 다음에 무엇을 할 것인가에 대한 간헐적인 결정 그리고 그 개인의 세계에 대한 탐구가 반드시 포함되어야 할 것이다.

높은 지능을 가진 존재가 진화 시스템에서 얼마나 자주 출현할 것인가를 추정하기란 쉬운 일이 아니다. 이는 여기 지구에서도 그리고 우주의 다른 곳에서도 마찬가지다. 대부분의 추측을 무의미하게 만들어 버리는 가장 중요한 한계는, 자연계의 막다른 상태를 어떻게 극복하는가에 대한 지식이 우리에게 없다는 것이다. 평형 상태에 놓여 있을 때에는 한 가지 방법에 사로잡히기 쉽다. 그리고 그 후에는 연속성을 요구하게 된다. 이런 길을 한 걸음 한 걸음 따라가면서 그 생물 종들은 매우 안정된 상태가 되어 자멸하지 않고, 충분한 경쟁력을 갖고 단순한 전문가들에게 지지 않을 수 있다.

지능이 가진 속성의 목록은, 충분히 전달되기만 하면 다른 생물 종(또는 컴퓨터)에 대해 사람과 같은 방식으로 지능 지수를 검사하는 것과 비슷할 수 있다. 그러나 이제 우리는 어느 정도는 어떤 종류의 생리적 메커니즘이 뇌가 바르게 추측하고 새로운 질서를 발견하는 데에 도움이 되는가를 알게 되었다.

우리는 모아서 정리할 수 있는 지능의 구성 단위와 피할 수 있는 장애물의 수를 헤아려 봄으로써 유망한 생물 종(또는 인공적 창조물 또는 증대의 도식)을 평가할 수 있을 것이다. 현재 내 평가 목록은 다음과 같은 것들에 중점을 두고 있다.

- 움직임의 다양한 목록, 여러 단어와 같은 개념 그리고 다른 도구들. 그런데 긴 수명과 문화적인 공유 과정을 통해 많은 어휘를 갖고 있다고 해도, 높은 지능은 질적으로 새로운 조합을 만들기 위한 추가 요소를 계속 필요로 한다.

- 창조적인 혼란을 견딜 수 있는 힘. 이런 힘은 개체가 때에 따라 낡은 범주를 벗어나 새로운 범주를 창조하도록 해 줄 것이다.
- 하나의 개체가 갖는, 동시에 처리할 수 있는 여섯 개를 약간 웃도는 작업 공간('창, windows'). 여러 유추 중에서 선택하기에는 충분하지만, 덩어리를 만들어 새로운 어휘를 창조할 가능성을 완전히 없앨 정도로 많아서는 안 된다.
- 작업 공간에서 개념들 사이의 새로운 관계를 확립할 수 있는 방안. 많은 동물들이 이해할 수 있는 '~는 ~이다.', '~는 ~보다 크다.'보다 더 정교한 관계를 말한다. 나무 모양의 구조는 우리가 사용하는 종류의 언어 구조에서 특히 중요한 것으로 보인다. 두 가지 관계를 비교하는 능력(유추)은 은유적인 공간에서 효과를 발휘하도록 해 준다.
- 현실 세계에서 행동하기 전에 오프라인을 형성할 수 있는 능력. 이는 다윈적 과정이 움직임이 아닌 사고의 수준에서 작용할 수 있도록, 어떻게 해서든 여섯 가지 다윈적 과정의 필수 요소(다음 세대의 변형들을 위해 중심 부분을 제공하는 보다 성공적인 패턴과 함께, '복제'하고, '변화'하고, 다면적 '환경'에 의해 판정되는 '경쟁'하는 '패턴')와 가속화 요인('재조합', '기후 변화', '섬'에 해당하

는 요인)을 지름길로 통합하는 것이다.
- 단기적인 전술뿐만 아니라 장기적인 전략까지 세울 수 있는 능력. 이는 미래의 일을 위한 단계를 배치하도록 돕는 매개 수단을 형성한다. 협의 사항을 끌어내고, 그 과정을 감시하는 것은 훨씬 큰 도움이 된다.

몇 가지 요소는 빠뜨리고 있을 테지만, 침팬지와 보노보는 현세대의 인공 지능 프로그램보다 많은 요소를 획득하고 있다.

나의 다원적 이론이 내포하는 또 하나의 의미는, 이 모든 요소를 갖고 있다고 해도 상당한 지능의 차이를 예견할 수 있다는 점이다. 이는 각각의 개체들이 지름길을 활용하고 유추를 사용할 때, 추상화의 적정한 수준을 발견하고 속도를 조절하고 인내할 때, 저마다 차이를 나타내기 때문이다(권태가 더 좋은 변형의 발전 기회를 허락하는 것처럼, 언제나 다다익선인 것은 아니다.).

복잡한 정신 상태를 가진 생물 종이 더 많이 존재하지 않는 것은 무엇 때문일까? 물론 곤충도 겉으로 표현되지 않는 지혜를 갖고 있다고 여기게 만든, 연재만화가 조장한 환상이 있기는 하다.

유인원이 앞으로의 일을 계획하는 우리 능력의 10분의 1만 갖고 있어도 그들은 아프리카 대륙의 공포로 돌변할 것이다.

나는 높은 지능을 가진 생물 종이 더 많이 존재하지 않는 까닭은 극복해야 할 난관이 있기 때문이라고 생각한다. 그리고 그것은 뇌의 크기라는 루비콘 강(시저가 "주사위는 던져졌다."라고 말하며 로마의 대권을 잡기 위해 건넌 강—옮긴이)도, 다른 사람을 흉내 낼 수 있게 해 주는 몸에 대한 심상도, 호미니드에서 볼 수 있는 유인원을 뛰어넘는 다른 열 몇 가지의 개선 사항도 아니다. 그것은 바로 '약간 높은 지능은 위험할 수 있다.'는 것이다. 그것이 외계의 것이든 인공적인 것이든 사람의 것이든 모두 그렇다. 유인원의 수준을 능가하는 지능은 계속해서 쌍을 이룬 위험 사이를 항해해야 한다. 마치 고대의 선원들이 이탈리아의 시칠리아 섬 앞바다를 지나면서 스킬라라는 바위섬과 카리브디스라는 소용돌이에 맞서야 했던 것과 같다. 위험한 혁신의 소용돌이는 더 분명한 위협이다.

앨리스는 여전히 조금씩 숨을 헐떡이며 말했다. "우리나라에서는, 지금 우리처럼 이렇게 오랫동안 빨리 달리면, 대개는 어딘가 다른 곳에 도착하거든요."

붉은 여왕이 말했다. "아주 느린 나라로군! 명심해. 이제 여기에서는, 같은 곳에 머무르기 위해서도 힘이 닿는 데까지 달려야 해. 어딘가 다른 곳에 가고 싶다면 적어도 그보다 두 배는 빨리 뛰어야 할 거야!"

—— 루이스 캐럴, 『거울 나라의 앨리스』, 1871

이에 비해 바위의 위험은 더욱 포착하기 어려운 문제다. 모든 것을 평소대로 처리하는 보수성은 붉은 여왕이 앨리스에게 설명한 것과 같은, 같은 곳에 머무르기 위해서는 달려야 한다는 것을 무시하고 있다. 예를 들어 작은 배를 타고 급류를 지날 때 본류 속에서 속도를 유지하는 데에 실패하면 단단한 바위로 밀려가 부딪히고 말 것이다. 지능 또한 그 자체의 부산물과 함께 급류 속에 놓여 있다.

앞날에 대한 통찰은 우리가 하고 있는 특수한 달리기의 다른 이름이다. 이것은 진화 생물학자 스티븐 제이 굴드(Stephen Joy Gould)가 오래 살아남기 위해 필요하다고 지적한 지적 관리인이 반드시 갖추어야 할 사항이다. "우리는 지능, 즉 영광스러운 진화의 사건이 가져온 힘으로, 지구의 생명 연속성을 책임지는 관리인이 되었다. 우리가 이런 역할을 요청한 것은 아니지만 그것을 버려둘 수는 없다. 우리는 그 일에 적합하지 않을지 모른다. 하지만 지금 우리는 여기 있다."

지능을 갖춘 또 다른 종에 대해 이야기해 보자. 우리 스스로 만들어 낼 수 있는 것은 어떨까? 실리콘 속에 사람의 정신을 심는 일, 다시 말해 어떤 사람의 뇌를 자세한 구조까지 복제할 가능성은 어느 정도 주목을 받았다.

이런 일종의 '불사(不死)의 기계', 즉 사람을 본뜬 컴퓨터에 사람의 뇌를 전송하는 것은 제대로 기능하지 않을 것 같다. 일부 물리학자들과 컴퓨터 과학자들이 태평스레 가정하는 것처럼, 언젠가 우리 신경 과학자들이 판독의 문제를 해결한다고 해도 사람을 본뜬 기계의 회로가 고도로 조율되지 않는 한(그리고 계속 그렇게 유지되지 않는 한) 얻을 수 있는 것이라고는 고작해야 치매나 정신 이상, 발작 정도일 것이다. 망상이나 강박 현상으로 고통받는 사람을 생각하면 된다. 정신 병원이 시간의 흐름을 벗어나 더 이상 사람의 수명으로 제한받지 않을 때, '끝 없는 쳇바퀴에 붙들린다.'는 말은 전혀 새로운 의미를 갖게 될 것이다. 어느 누가 그런 생지옥을 걸고 내기를 하겠는가?

이어지는 세대에 걸쳐 유전자와 밈을 모두 복제하는 일의 필수 사항을 알게 된다면 훨씬 더 좋을 것이다. 리처드 도킨스는 『이기적 유전자』에서 이런 복제의 관계를 분명히 그려 보였다. 그리고 내 친구인 미래학자 토머스 맨델(Thomas F. Mandel) 역시 폐암을 이기고 살아남을 가능성이 점점 희미해져 가는 가운데, 자신의 사이버공간 친구들에게 전송한 글에서 같은 일을 했다.

사실 내게는 이런 화제를 열어 놓는 또 하나의 동기가 있다. 그것은 내가 암이라는 진단을 받은 뒤 5개월 동안 전송한 거의 모든 것에 일관되게 흐르는 것이다.

나는 다른 모든 사람들처럼 내 육체적인 자아가 영원히 살지 않으리라고 생각한다. 그리고 내게는 보험 통계에서 배당해 준 것보다도 적은 시간이 남아 있으리라. 그러나 내가 통신 회선에서 알고 있는 모든 사람과 접촉할 수만 있다면…… 나는 내 가상 자아의 자질구레한 것들과 토머스 맨델을 이루는 밈을 쏟아 부을 수 있을 것이다. 그러면 내 몸이 죽을 때, 정말 떠나지 않아도 될 것이다. …… 나의 큰 덩어리들이 여기에서, 이 새로운 공간의 일부가 될 것이다.

독창적인 생각은 아니지만 이 일은 노력할 만한 가치가 있다. 그리고 언젠가는 누군가 그 맨델 덩어리 속의 조각들을 재구성할 수 있을 것이다. 그러면 나는 오만하고, 고집 세고, 다정하고, 인정 많은 존재가 될 수 있다. 그리고 여러분이 나에 대해 느끼는 다른 어떤 존재라도 될 수가 있다.

인공 지능의 특별한 계획으로도 지적인 로봇을 생산할 수 있을지 모른다. 그러나 나는 신경 과학 분야에서 발견한 원리의 도움으로 사람처럼 말하고, 애완동물처럼 사랑스럽고, 은유를 사용하고, 여러 수준의 추상적 개념을 처리하는 컴퓨터를 만들 수 있을 것으로 생각한다.

사람을 본뜬 최초의 기계는 최소한 추론하고 분류하고 사람의 말을 이해해야 할 것이다. 나는 사람을 본뜬 최초의 기계는 확인될 수 있는 '의식'을 갖고 있으며, 사람처럼 자기 중심적일 것이라고 생각한다. 여기서 나는 알아차리고, 깨어 있고, 감각이 예민하고, 자극받을 수 있는 것과 같은 의식의 사소한 측면을 말하는 것이 아니다. 그리고 자기 자신을 인식하는 대수로울 것 없는 측면을 말하는 것도 아니다. 자기 중심적인 의식을 쉽게 성취할 수 있을 것이다. 그러나 그것이 지능으로 이어지도록 하는 것은 더 어려울 것이다.

더 발전한 사람을 본뜬 기계는 지적 의식의 측면을 획득할 것이다. 마음대로 방향을 바꿀 수 있는 주의력, 정신적인 시연(리허설), 통사론에 의해 유도되는 언어의 사용, 추상화, 상상력, 잠재의식의 처리, '~하면 어떨까' 하는 계획, 전략적인 결정 등이 그것이다. 그리고 특히 사람들이 깨어 있거나 꿈꾸는 동안 스스로에게 말하는 이야기도 이런 의식의 측면에 포함된다.

우리 뇌에서 사용하는 것과 비슷한 원리를 따르기는 하지만, 사람을 본뜬 기계의 경우에는 문제가 발생했을 때 재부팅(rebooting)할 수 있도록 조심스럽게 처리해야 한다. 나는 이미 이런 처리 방식의 한 종류를 확인할 수 있었다. 다원적 과정의 필수 요소들과 대뇌피질의 배선 패턴을 사용한 것이다. 이 패턴은 삼각형 배열을 그리고 이에 따라 변형과 잡종 사이에서 육각형의 복제 경쟁을 낳는다. 우리 뇌에서 이루어지는 수백 분의 1초라는 시간 규모보다 훨씬 빠른 속도로 이런 기능들이 작용한다면, 우리는 사람을 본뜬 기계로부터 '초인'적 능력이 출현하는 것을 볼 것이다. 사람을 본뜬 기계들이 만일 새로운 수준의 조직화(새로운 수준의 은유!)를 이룰 수 있다면, 그것들은 사람을 같은 단계에 이를 수 있게 하는 교육 방법을 가르쳐 줄 것이다.

그러나 그것은 쉬운 부분이다. 컴퓨터 기술, 인공 지능 그리고 사람의 뇌에 대한 신경 심리학과 신경 생리학 지식에 기존의 경향성을 외삽하는 일이기 때문이다. 지식으로부터 지혜를 정제하는 일이 자료에서 지식을 정제하는 일보다 훨씬 더 오랜 시간이 필요함은 자명한 사실이다. 그리고 그 일에는 최소한 세 가지 난제가 있다.

> 미래 세계는 우리 지능의 한계를 넘어서려는 훨씬 더 많은 고투를 요구할 것이다. 그 세계는 로봇 노예들의 시중을 받으며 누워 있을 수 있는 안락한 그물 침대가 결코 아니다.
>
> ―노버트 위너, 1950

첫 번째 난제는 초인적인 지적 존재가 사람을 비롯한 여러 동물 종으로 이루어진 생태 환경에 적합한가를 확인하는 문제다.

특히 인간에 대해 그렇다. 경쟁은 유연 관계가 가까운 종 사이에서 가장 격렬하기 때문이다. 이는 우리의 친척이라 할 수 있는 오스트랄로피테쿠스와 직립 원인들이 살아남지 못한 이유며, 오직 두 종류의 잡식성 유인원들만이 살아남은 이유이기도 하다(다른 유인원들은 채식만 하는데, 이들은 큰 부피의 음식물에서 적은 열량이라도 뽑아낼 수 있도록 소화관이 길다.). 기후 변화가 다른 유인원과 호미니드의 원인 종을 일소해 버린 것이 아니라면, 그 일을 한 것은 그들의 경쟁자였던 인간의 조상일 것이다.

1948년 환경보호론자 앨도 레오폴드(Aldo Leopold)는 이렇게 말했다. "모든 바퀴와 톱니의 이를 유지하는 것이 지적인 수선 작업의 첫째 가는 유의 사항이다." 생태계에 새로운 강력한 종을 도입하는 것은 가볍게 다룰 사안이 아니다.

자동화의 재조정이 굶주리는 사람이 생기지 않도록 점진적으로 일어난다면 유익할 수 있다. 한때 모든 사람은 자기가 먹을 양식을 스스로 채집하거나 사냥했다. 그러나 농경 기술은 산업국의 경우, 농업 종사 인구의 비율을 약 3퍼센트로 줄여 놓았다. 그리고 그 일은 많은 사람들을 해방하여 다른 일을 추구하며 시간을 보낼 수 있도록 했다. 최근 수십 년 동안 많은 사람들이 제조업에서 서비스업으로 이동한 데서 볼 수 있듯이, 직업의 상대적인 비율은 시간에 따라 변화했다. 1세기 전만 해도 선진국의 가장 중요한 두 가지 직업군은 농장 노동자와 집안의 하인이었다. 이제 이런 직업에 종사하는 사람들은 전체 인구의 아주 일부에 불과하다.

그러나 사람을 본뜬 기계는 더 많이 교육 받은 노동자들까지 대신할 것이다. 교육을 제대로 받지 못했거나 평균 이하의 지능을 가진 사람들은 지금보다도 훨씬 더 열악한 상황에 놓일 것이다. 그러나 사람들에게 몇 가지 이익이 있을 수도 있다. 교사를 보조하는 초인적인 교습 기계를 상상해 보라. 그것들이 학생들과 실질적인 대화를 나눌 수 있고, 반복 연습을 시키면서 지루해하지 않으며, 학생들이 계속 흥미를 느끼도록 하기 위해 필요한 다양한 자료의 준비를 게을리하지 않으며, 학생의 특수한 요구에 맞추어 필요한 것을 제공할 수 있으며, 실독증(失讀症, 발음 기관에 이상이 없고 글을 읽을 지식이 충분한데도 글을 읽을 수 없는 병적 상태—옮긴이)과 같은 발달 장애의 신호를 정기적으로 검사할 수 있다고 생각해 보라.

실리콘 초인은 그들의 재능을 다음 세대의 초인들을 교육하는 데에 적용해서 변이와 선택을 통해 훨씬 더 똑똑한 것들을 진화시킬 수도 있다. 어쨌든 뛰어난 실리콘 학생들은 클론화할 수 있을 것이다. 클론이 된 각각의 자손들은 조금 다른 방식의 교육을 받을 것이다. 다양한 경험을 통해 어떤 것들은 바람직한 형질을 획득할 것이다. 사회성이나 복지에 대한 사람의 배려 같은 가치관이 그것이다. 다시 한 번 우리는 클론을 만들기 위해 뛰어난 학생들을 선택할 수 있을 것이다. 이 복제 과정에는 그때까지의 기억이 포함되기 때문에(재부팅과 더불어 실리콘 지적 존재의 또 다른 이점이다. 클론을 만들면서 필요에 따라 판독 능력을 포함시킬 수 있다.) 경험이 축적될 것이다. 이는 실로 라마르크(획득 형질이 유전된다는 이론에 기초해서 용불용설을 주장한 프랑스의 진화론자—옮긴이)적이라 할 수 있다. 이들의 자손은 부모의 시행착오를 되풀이하지 않을 것이다.

두 번째 난제는 가치관이다. 실리콘 지적 존재에 대해 그리고 그것을 실행시키는 문제에 대해 합의에 도달하는 문제다.

사람을 본뜬 최초의 기계는 애완동물이나 어린아이처럼 도덕관념이 없을 것이다. 그저 가공되지 않은 지능과 언어 능력이 있을 뿐이다. 그들은 애완동물이 가진, 한 집에 살아도 안전할 수 있도록 하는 유전 형질조차 없다. 애완동물들은 인간을 자신의 어미(고양이의 경우)나 무리의 지도자(개의 경우)로 대하는 경향이 있다. 그들은 인간에게 모든 것을 맡기고 복종한다. 애완동물들이 보이는 이런 인식의 혼란 때문에 우리는 그들의 타고난 사회적 행동으로부터 이익을 취할 수 있다. 우리는 지적 기계에 대해서도 이와 비슷한 것을 원할 것이다. 그러나 그것들은 애완동물들보다 훨씬 더 큰 문제를 일으킬 수 있으며, 따라서 우리는 현실적인 안전 장치를 원할 것이다. 재갈, 가죽 끈, 울타리보다 더 정교한 것이 필요할 것이다.

아이작 아시모프의 로봇 공학 3원칙(제1조, 로봇은 사람을 해쳐서는 안 된다. 위험을 지나침으로써 사람에게 해를 끼쳐서도 안 된다. 제2조, 제1조에 위배되지 않는 한 로봇은 사람의 명령에 복종해야 한다. 제3조, 제1조와 제2조에 위배되지 않는 한 로봇은 자기 자신을 방어해야 한다. 아시모프가 자신의 과학 소설에서 발표한 법칙이다.—옮긴이) 같은 추상적인 안전 장치를 어떻게 짜 넣을 수 있을까? 추측컨대 이 일을 위해서는 개를 길들이는 과정과는 다른, 뛰어난 학생을 여러 차례에 걸쳐 클론화하는 과정이 필요할 것이다. 여러 세대의 초인적 존재에 걸친 이런 점진적 진화는 선천적인 생물학적 유전을 부분적으로 대신할 수 있을 것이다. 이에 따라 실리콘 초인이 나타낼 수 있는 반사회성을 최소화하고, 그들의 위험 행동을 제한할 수 있을 것이다.

이런 추정이 사실이라면 가공하지 않은 지적 존재(사람을 본뜬 최초의 기계)에서 지속적인 감독 없이 안전한 초인적 존재를 얻는 데에 수십 년의 세월이 걸릴 것이다. 초기의 모형은 똑똑하고 말이 많은 반면 신중하거나 현명하지는 않을 것이다. 이는 매우 위험한 조합으로, 반사회성을 나타낼 가능성이 있다. 그것들은 최상의 능력은 있을 테지만, 그 토대로서 능력에 대해 충분한 시험을 거친 진화의 앞 세대는 갖지 못했을 것이다.

> 과거를 언명하고, 현재를 진단하고, 미래를 예언하라.
> ——히포크라테스(기원전 460~377), 『의사들에 대한 권고』

세 번째 난제는 예견되는 도전에 대한 인류의 반발을 완화하는 문제다. 어떤 항원에 대한 면역계의 과도한 반응이 알레르기와 자가 면역 질환으로 우리 몸을 해칠 수 있는 것처럼, 실리콘 초인에 대한 사람들의 반응이 현대 문명에 엄청난 긴장을 몰고 올 수도 있다. 일단 사람을 본뜬 기계가 경제 활동에서 중요한 역할을 담당하게 되면, 심한 반발이 일어나 3퍼센트의 농민이 나머지 97퍼센트를 먹여 살리는 현재 체제가 붕괴될지도 모른다. 사람들이 굶주려 죽는 것은 분배 시스템에 문제가 있기 때문이지, 세계적으로 식량이 모자라서가 아니라는 사실을 기억하라.

그러나 21세기판 러다이트 운동(19세기, 산업 혁명으로 일자리를 잃은 영국 노동자들의 기계 파괴 운동——옮긴이)과 사보타주(프랑스 노동자들이 쟁의 중 사보, 즉 나막신으로 기계를 파괴한 데서 유래한 말로, 노동쟁의 중 노동자들이 기계나 제품 등을 고의로 손상시키는 일을 가리킴. 흔히 쓰이는 것처럼 태업만을 뜻하는 것이 아니다.——옮긴이)는 인간 행동학의 가장 기본적인 특징에서 힘을 얻을 것이다. 19세기 유럽에서는 이런 특징이 거의 제 역할을 하지 못했다. 이 특징은 바로 모든 집단이 스스로를 다른 집단과 구별하려 한다는 것이다. 공통 언어의 수많은 이점에도 불구하고, 역사적으로 대부분의 종족은 이웃 종족과의 언어적인 차이를 지나치게 강조했다. 적과 아군을 구별하기 위해서였다. 따라서 사람들은 전화선의 반대편에 있는 것이 정말 사람인지 알아보기 위해 정기적으로 튜링 테스트(영국의 앨런 튜링이 제안한, 컴퓨터의 지능 보유 여부를 검사하는 시험 방법——옮긴이)를 이용할 것이다. 이런 우려를 줄이기 위해 기계가 특수한 발성을 하도록 할 수 있다. 그러나 이런 일만으로는 '우리와 그들' 사이의 긴장을 완전히 예방할 수 없을 것이다.

사람을 본뜬 기계와 초인은 특수한 직업만 갖도록 제한받을 수도 있다. 그들이 다른 영역으로 진입하기 위해서는 실제 인간 사회의 표본에 대한 새로운 모형을 조심스럽게 시험 평가하는 과정이 필요할 것이다. 심한 부작용을 낳을 가능성이 너무 크거나 도입 속도가 너무 빠를 가능성이 있으면, 미국 식품 의약국(FDA)이 새로운 약과 의료 기구에 대해 효능과 안정성, 부작용을 검사하는 것과 비슷한 과정을 채택하는 것이 좋을 것이다. 이 일은 기술의 발전을 늦추는 것이 아니라 그 광범위한 사용을 늦출 것이다. 따라서 어떤 기술에 대한 의존성이 너무 커지기 전에 후퇴할 수도 있을 것이다.

사람을 본뜬 기계는 대인 관계에서도 일정한 범위로 제한받을 것이다. 그들은 인터넷이나 통신망을 사용할 때에도 엄격한 승인을 받아야 할 것이다. 초인은 초보 면허만 취득할 수 있으며, 그들의 출력 내용을 유통시킬 때에는 1일 지연 규칙이 적용될 수 있다. '프로그램 악용'의 위험을 막기 위해서다. 몇몇 초보적인 사람을 본뜬 기계에 대해서는 치명적인 바이러스에 대한 생물학적 위험 억제 장치에 맞먹는 컴퓨터가 필요할 수도 있다.

진리 추구는 약탈적이다. 그것은 문자 그대로 사냥이며 정복이다. 『국가론』(플라톤의 대화편 중 하나—옮긴이) 제4권에는 그 전형적인 순간이 나온다. 대화를 나누던 소크라테스와 동료들은 추상적인 진리를 구석으로 몰아 넣는다. 그들은 사냥개를 부추겨 사냥감을 모는 사냥꾼들처럼 소리친다. …… 과학을 추구하는 것이 전면적으로 금지된다고 해도, 어느 순간 어딘가에서는 절대적인 사고라는 마약에 중독된 한 사람 또는 몇 사람의 무리가 유기적인 조직을 만들고, 유전의 본질을 확인하고, 안개상자(방사선이 지난 자리를 관찰하고 기록하는 장치 ― 옮긴이)에 쿼크(소립자를 구성하는 것으로 생각되는 기본적인 입자 ― 옮긴이)의 자취를 만들기 위해 탐구를 계속하고 있을 것이다. 이는 명성이나 인류의 이익, 사회 정의나 유익을 위한 것이 아니라, 사랑보다 강하며 미움보다도 강렬한 무엇인가에 호기심을 느끼는 동인 때문이다. 알 수 없는 그것 자체가 목적이 된다. 그것이 거기 존재하기 때문이다.

― 조지 슈타이너, 1978

이런 고려는 다음과 같은 질문을 제기한다. '우리 사회 고유의 과제는 무엇인가?' 족쇄들을 제거하고 교육을 최고조로 활용함으로써 사람들을 '그들이 될 수 있는 모든 것'으로 만드는 일인가? 아니면 컴퓨터를 사람보다 낫게 만드는 일인가? 우리는 이 두 가지 일을 모두 할 수 있을 것이다(교사를 보조하는 교습 기계에서 보듯이). 그러나 허둥지둥 초인의 생산으로 돌진하는 동안(임시적인 땜질의 주요 형태) 우리는 인류를 보호할 필요가 있다.

그러나 우리가 경고를 발령하는 방법은 우리를 이런 지능의 전환으로 인도하는 여러 가지 동인에 의해 억제된다.

- 나 자신의 첫째가는 동기는, '지능은 어떻게 출현하는가'에 대한 호기심이다. 이것은 많은 컴퓨터 과학자들의 동기이기도 하다. 그러나 '그것이 거기 존재하기 때문'이라고 단언하는 호기심이 방해를 받는다고 해도(지금까지 다양한 종교에서 시도했듯이), 다른 동인이 우리를 같은 방향으로 이끌 것이다.
- '붉은 여왕 효과'의 과학기술적 변형판으로, 우리가 과학기술을 발전시키지 않는다면 다른 누군가가 할 것이라는 이론이다. 역사적으로 과학기술의 경쟁력을 잃는 것은 경쟁자에 비해 열세에 놓이는(또는 제거당하는) 것을 의미하고는 했다. 회사뿐만 아니라 국가 규모에서도 그렇다. 디지털 컴퓨터의 속도와 용량이 8개월마다 두 배의 성장 곡선을 그리는 이런 추세대로라면, 세계적으로 대다수가 속도를 떨어뜨리기로 결정한다고 해도 나머지는 그렇게 하지 않을 것이다. 생물공학과 관련

해서 '바다 건너편에서는 그냥 그렇게 할 것이다.'라는 경구가 시사하는 바와 같다.

- 인류 문명에 대한 심각한 환경 위협은 엄청난 계산 능력을 요구할 것이다. 해류의 재편성이 일어날 때 세계 기후는 몇 년 안에 '기어를 바꿀' 수 있다. 이런 격변은(지구 온난화는 이 격변을 더욱 심화하는 것 같다.) 제3차 세계 대전을 일으킬 수도 있다. 모든 사람들(유럽 사람들뿐만 아니라)이 '생활권(生活圈)'을 놓고 싸울 것이기 때문이다. 우리의 생존을 위해서는 이런 기후의 격변을 지연할 방법을 찾는 것이 무엇보다도 절박한 문제다. 세계 기후 모형을 만드는 데에 필요한 컴퓨터는 뇌의 처리 과정을 시뮬레이션하는 데에 필요한 것과 매우 비슷하다.

나는 보다 신중한 발걸음으로 초인적 존재로 전환할 수 있는 시간을 벌 수 있는 현실적인 방법에 대해서는 알지 못한다. 초인적 지능을 가진 기계의 문제는 앞으로 수십 년 안에 전면에 등장한 것이므로, 기술의 발전을 늦추어서 어떻게든 연기할 수 있는 것은 아니라고 본다.

우리 문명은 말 그대로 '신의 역할'을 하게 될 것이다. 현재 지구에 존재하는 것보다 높은 수준의 지적 존재를 진화시킬 것이기 때문이다. 우리는 마땅히 신중한 창조자로서, 이 세계의 파괴되기 쉬운 본성에 슬기롭게 대처하고, 퇴보를 예방할 안정적인 기초의 필요성을 인식해야 할 것이다. 우리가 문명이라고 일컫는 카드로 만든 이 집이 무너지지 않도록……

불과 두 세기 전만 해도 우리는 순수한 이성을 통해서 모든 것에 대해 모든 것을 설명할 수 있었다. 이제 그 정교하고 조화로운 구조는 대부분 우리 눈앞에서 산산이 흩어져 버렸다. …… 우리는 중요한 질문을 던질 수 있는 방법을 발견했고, 이제 몇 가지 답을 절실히 필요로 한다. 지금 우리는 우리 마음속을 살피는 방법으로는 더 이상 이 일을 할 수 없다는 것을 안다. 그곳에는 추구할 것이 충분치 않으며, 그것에 대해 추측하거나 스스로 이야기를 지어냄으로써 진실을 발견할 수는 없기 때문이다. 우리는 현재 수준의 이해에 머물러 지금 서 있는 곳에서 멈출 수도 뒤로 물러설 수도 없다. 우리가 여기서 어떤 현실적인 선택권을 갖고 있는지는 알 수 없다. 앞으로 뻗어 있는 하나의 길밖에 볼 수 없기 때문이다. 우리는 과학을, 더 크고 더 나은 과학을 필요로 한다. 기술이나 여가 또는 건강이나 장수를 위해서가 아니라, 현재 우리가 갖고 있는 것과 같은 문명이 살아남기 위해서는 반드시 획득해야 할 지혜에 대한 소망 때문이다.

―루이스 토머스, 1979

참고 문헌

추천 도서

Bickerton, Derek, *Language and species* (University of Chicago Press, 1990).

Bickerton, Derek, *Language and Human Behavior* (University of Washington Press, 1995).

Calvin, William H., *The Ascent of Mind: Ice Age Climates and the Evolution of Intelligence* (Bantam, 1990). World Wide Web links to most of the author's books can be found at http://weber.u.washington.edu/~wcalvin/.

Calvin, William H., *The Cerbral Code* (MIT Press, 1996).

Calvin, William H., and Ojemann, George A., *Conversations with Neil's Brain: The Neural Nature of Thought and Language* (Addisonwesley, 1994).

Churchland, Paul M., *The Engine of Reason, the Seat of the Soul* (MIT Press, 1995).

Dennett, Daniel C., *Consciousness Explanined* (Little, Brown, 1991).

Dennett, Daniel C., *Darwin's Dangerous Idea* (Simon & Schuster, 1995).

Donald, Merlin, *Origins of the Modern Mind* (Harvard University Press, 1991).

Flanagan, Owen, *Consciousness Reconsidered* (MIT Press, 1992).

Freeman, Walter J., *Societies of Brains* (Erlbaum, 1995).

Gould, James L. and Gould, Carol Grant, *The Animal Mind* (Scientific American Library, 1994).

Hobson, J. Allan, *The Chemistry of Conscious States: How the Brain Changes Its Mind* (Little, Brown, 1994).

Humphrey, Nicholas K., *Consciousness Regained* (Oxford University Press, 1984).

Jackendoff, Ray, *Patterns in the Mind: Language and Human Nature* (Basic Books, 1994).

Minsky, Marvin, *The Society of Mind* (Simon & Schuster, 1986).

Pinker, Steven, *The Language Instinct* (Morrow, 1994).

Richards, Robert J., *Darwin and the Emergence of Evolutionary Theories of Mind and Behavior* (University of Chicago Press, 1987).

Savage-Rumbaugh, Sue and Lewin, Roger, *Kanzi: The Ape at the Brink of the Human Mind* (Wiley, 1994).

Scientific American, special issues on the brain (September 1979 and September 1992). "Life in the Universe" (October 1994).

참고 도서

Churchland, Patricia S. and Sejnowski, Terrance J., *The Computational Brain* (MIT Press, 1992).

Corsi, Pietro, editor, *The Enchanted Loom: Chapters in the History of Neuroscience* (Oxford University Press, 1991).

Finger, Stanley, *Origins of Neuroscience: A History of Explorations into Brain Function* (Oxford University Press, 1994).

Gregory, Richard, editor, *The Oxford Companion to the Mind* (Oxford University Press,

1987).

MacPhail, Euan M., *The Neurosicence of Animal Intelligence* (Columbia University Press, 1993). Intelligence, in the sense used in the present book, is only briefly addressed in the closing pages: it's mostly about associative learning in simple systems, memory research, and other foundations for intelligence.

주(註)

1장 다음에는 무엇을 할까

11 SÖREN KIERKEGAARD, *Collected Works* (1843/1901).
11 SUE SAVAGE-RUMBAUGH and ROGER LEWIN, *Kanzi: The Ape at the Brink of the Human Mind* (Wiley, 1994), 255쪽.
12 ANTONIO DAMASIO, DANIEL TRANEL, "Nouns and verbs are retrieved with differently distributed neural systems," *Proceedings of the National Academy of Sciences (U.S.A.)* 90:4757~4760 (1993).
13 '의식'이라는 단어를 비켜 간다.: *Handbook of Human Intelligence*(1982)의 여러 저자 중에서 단 한 명의 저자만이 의식을, 그것도 부수적으로 언급했을 뿐이다.
16 라메트리와 데카르트 이야기: *The Enchanted Loom: Chapters in the History of Neuroscience* 145쪽에 수록된 Claudio Pogliano의 "Between form and function: a new science of man"에서 인용함

19 인용문: 1870년대 윌리엄 제임스의 견해, Robert J. Richards의 *Darwin and the Emergence of Evolutionary Theories of Mind and Behavior* 433쪽에서 인용함

23 피그미침팬지라고도 하는 보노보는 샌디에이고, 신시내티, 워싱턴DC, 프랑크푸르트, 하노버, 안트베르펜의 동물원에서 볼 수 있다. 야생 보노보는 콩고(옛 자이르)의 자이르 강 유역, 동경 21도에서 22도 사이 적도 우림 지대에서 살고 있다. 보노보는 인류와 유연관계가 가장 가까운 유인원임에도 서식지가 보호 구역으로 지정되지 않은 멸종 위기종이다. Savage-Rumbaugh and Lewin(1995) 4장과 Frans B. M. de Waal의 "Bonobo sex and society", *Scietific American*(1995년 3월 호) 272쪽을 참고하라. (이 책에서는 보노보를 흔히 하듯이 침팬지로 부르는 경우가 있으나, 보노보와 침팬지는 서로 다른 종이다. ── 옮긴이)

2장 만족스러운 추측의 전개

27 JAMES L. GOULD and CAROL GRANT GOULD, *The Animal Mind* (Scientific American Library, 1994), 68~70쪽.

28 T. EDWARD REED, ARTHUR R. JENSEN, "Conduction velocity in a brain nerve pathway of normal adults correlates with intelligence level," *Intelligence* 16:14 (1992).

28 지능과 인종간의 격차를 다룬 여러 유수 연구자의 진술을 간단히 요약한 것은 (하필이면) *Wall Street Journal*(1994년 12월 13일자 A면 18쪽)에서 찾아볼 수 있다. *American Scientist* 83:356~368 (July-August 1995)에 실린 Earl Hunt의 "The role of intelligence in modern society"를 참고하라.

33 Barbara L. Finlay와 Richard B. Darlington은 "Linked regularities in the

development and evolution of mammalian brains", *Scinece*(1995년 6월 16일자)에서 인류의 조상에서 더 큰 뇌의 공간을 필요로 하는 '후각 이외의 그 어떤 기능'이 선택되었다고 해도 다른 모든 기능에 대해 똑같이 더 큰 뇌의 공간을 낳았을 것이라고 주장한다.

33 A. J. ROCKEL, R. W. HIORNS, T. P. S. POWELL, "The basic uniformity in structure of the neocortex," *Brain* 103:221~244 (1980).

34 BERTRAND RUSSELL, *Philosophy* (Norton, 1927).

34 DONALD N. MICHAEL, "Forecasting and planning in an incoherent context." *Technological Forecasting and Social Change* 36:79~87 (1989).

35 FRANS DE WAAL, *Peacemaking Among Primates* (Harvard University Press, 1989).

35 GOULD and GOULD (1994), 149쪽.

36 지능이란 무엇을 해야 할지 모를 때 사용하는 것: Jean Piaget, *La naissance de l'intelligence chez l'enfant*(1923)의 마지막 장을 참고하라.

37 신경 생물학자 호러스 발로의 지적: *Oxford Companion to the Mind*(1987)의 H. B. Barlow편과 Hanecf A. Fatmi와 R. W. Young의 "A definition of intelligence", *Nature* 228:97(1970)도 참고하라. "지능은 이전에 무질서하다고 생각되던 상황에서 질서를 깨닫는 정신 능력"이라는 말이 수학자의 카오스 이론에 대한 정의(무질서, 즉 불규칙한 것처럼 보이는 것 속에서 질서, 즉 규칙성을 찾는 일)와 얼마나 비슷한지 주목하라.

37 아이를 달래는 방법: Sandra E. Trehub, 토론토 대학교, 개인적 언급 (1995)

41 Gould and Gould(1994) 70쪽.

43 J. P. GUILFORD, "Traits of creativity," in *Creativity and Its Cultivation*, edited by H. H. ANDERSON (Harper, 1959), 142~161쪽.

44 침팬지가 이해하는 것이 말인가, 아니면 시각적 상징인가.: 수 새비지 럼

보의 연구를 촬영한 1993년 영상은 이 문제를 제기한다. 보통 「칸지」라는 제목으로, 현재 구할 수 있는 NHK 원작 BBC/NOVA 편집판에서 관련 장면을 볼 수 있다. 연구자들은 연구 기법과 부정적인 결과를 다룬 비디오테이프도 비공식적으로 돌려보고 있다.

45 STANLEY COREN, *The Intelligence of Dogs: Canine Consciousness and Capabilities*(Fress Press, 1994), 114~115쪽.

46 Richard Byrne, Andrew Whiten, editors, *Machiavellian Intelligence: Social Expertise and the Evolution of Intellect in Monkeys, Apes, and Humans*(Oxford University Press, 1988)

47 KENNETH J. W. CRAIK, *The Nature of Explanation* (Cambridge University Press, 1943).

48 새 와 매: See IRENÄUS EIBL-EIBESFELDT, *Ethology* (Holt, Rinehart, & Winston, 1975), 87~88쪽.

51 고르지 못한 음조: Brian Eno와의 사신(1995년)에서 인용, 같은 쪽 "신경 손상으로 혼란에 빠진 감각": William H. Calvin, *The Throwing Madonna*(Mcgraw-Hill, 1983), 다발성 경화증이나 환지증(幻肢症) 환자가 헤비메탈 음악에 익숙해진다면, 자신의 혼란에 빠진 감각을 사랑하는 법을 배울 수도 있을 것이다. 아니면 적어도 그것을 정말 위협적인 것으로 받아들이지는 않을 것이다.

54 진화의 경향성: 유형 성숙(幼形成熟)은 Stephen Jay Gould의 *Ontogeny and Phylogeny*(Harvard University Press, 1977), 177쪽과 Barry Bogin의 *Patterns of Human Growth*(Cambridge University Press, 1988) 71쪽, Ashley Montagu의 *Growing Young*(McGraw-Hill, 1981) 그리고 F. Harvey Pough, John B. Heiser, William N. McFarland의 *Vertebrate Life*, 3rd edition(Macmillan, 1989), 68쪽에서 다루어졌다. 동물 길들이기에서 나타나는 이런 변화는 Coren(1994), 37~41쪽에 나와 있다.

54 일본원숭이 이야기는 내 에세이집 *The Throwing Madonna*(McGraw-Hill, 1983) 3장을 보라.

56 벌 이야기는 Gould and Gould(1994)에 나온다.

57 LOREN EISELEY, *The Star Thrower*(Times Books, 1978).

58 PATRIGIA S. GOLDMAN-RAKIG, "Working memory and the mins," *Scientific American* 267(3):73~79 (September 1992).

58 JACOB BRONOWSKI, *The Origins of Knowledge and Imagination* (Yale University Press, 1978, transcribed from 1967 lectures), 33쪽.

59 사슴을 잡기 위해 생각하는 사냥꾼 : 육식동물의 사냥은 '사냥감 에워싸기'와 같은 단순한 본능 행동에 의해 결정되는 경우가 많다(가축을 모으는 개들도 같은 본능을 따른다.). 몸집이 큰 고양잇과 동물은 '바람 부는 방향에 위치하기'와 같은 주요 원칙을 이해하지는 못하며, 사람 사냥꾼이 회피하는 방식으로 사냥감을 위협하곤 한다. Coren(1994)을 참고하라.

59 '세 가지 시나리오를 구상하는 미래학자': Peter Schwartz, *The Art of the Long View*(Doubleday, 1991)이나 *WIRED* 2.11(November 1994)에 실린 Joel Garreau의 글로벌 비즈니스 네트워크에 관한 기고문을 참고하라.

61 계산자를 사용하던 시대의 학생들은 사실상 계산자를 움직이기 전에 답을 추측하라고 배웠다. 계산자는 자릿수에 대한 내용을 알려주지 않기 때문이다. 지침의 2.044라는 값은 0.2, 2, 20이나 204 따위로 해석할 수 있었으므로, 학생들은 방정식을 보고 답이 두 자릿수인지, 아니면 세 자리나 네 자릿수인지 어림해야 했다. 휴대용 계산기의 출현은 이런 필요성을 줄였지만, 그 일은 아직도 오류를 파악하기에 좋은 방법이다. 그 일의 현대적인 용례는 외국 여행을 하는 동안 환율을 통해 가격을 추정하는 일이다.

61 GOULD and GOULD (1994), 163쪽.

3장 문지기의 꿈

63 DANIEL C. DENNETT, *Consciousness Explained* (Little, Brown, 1991), 21~22 쪽.

65 오언 플래너건의 "새로운 신비론자"에 대한 설명: Owen Flanagan, Consciousness Explained(Little Brown, 1992). 새로운 신비론자들은 뇌에서 일어나는 자연 현상이 의식을 설명할 수는 있지만, 그 주제는 우리의 인식 능력 밖의 일이므로 결국은 신비로운 것일 수밖에 없다고 믿는다. 어떤 더 큰 지성은 그것을 모두 이해할 수 있겠지만, 우리는 언젠가 죽어야 할 인간에 지나지 않는다는 것이다. 일부에서 하듯이, 의식을 우리가 자유 의지와 '마음'으로서 경험하는 양자역학의 장에 두는 일은 하나의 신비를 또 하나의 신비로 대체하는 것일 뿐이다. 이런 설명에는 우리가 의식적인 경험의 여러 현상(특징적인 착오를 포함해서)을 예언하기 위해 재결합할 수 있는 그 어떤 부분도 없다.

66 '주목할 만한 예외': John C. Eccles, *How the Self Controls Its Brain*(Spring-Verlag, 1994)

68 William H. Calvin, *The Cerebral Symphony: Seashore Reflections on the Structure of Consciousness*(Bantam, 1989)

69 Paul M. Churchland, *The Engine of Reason, the Seat of the Soul*(MIT Press, 1995)

71 FRANCIS CRICK AND CHRISTOF KOCH, "The problem of consciousness," *Scientific American* 267(3):152~159 (September 1992).

71 FRANCIS CRICK, *The Astonishing Hypothesis*(Simon & Schuster, 1994).

73 E. H. GOMBRICH, *Art and Illusion: A Study in the Psychology of Pictorial Representation* (Princeton University Press, 1960), 172쪽.

76 갓 태어난 아기의 표정 흉내: A. N. Meltzoff, M. K. Moore, *Science*,

198:75~78(1977). 물론, 흉내 내기처럼 보이지만 실은 타고난 행동 패턴을 유발하는 자극에 대한 반응일 뿐이라는 주장도 있다. 그 예는 R. W. Byrne, "The evolution of intelligence," *Behavior and Evolution*, edited by P. J. B. Slater and T. R. Halliday(Cambridge University Press)를 참고하라.

76 ELISABETTA VISALBERGHI, M. C. RIVIELLO, A. BLASETTI, "Mirror responses in tufted capuchin monkeys (Cebus apella)," *Monitore Zoologico Italiano* 22:487~556(1988).

77 DOUGLAS R. HOFSTADTER, *Metamagical Themas* (Basic Books, 1985), 787쪽.

80 층을 이룬 안정성: Jacob Bronowski, *The Origins of Knowledge and Imagination*(Yale University Press, 1978, transcribed from 1967 lectures), 33쪽을 참고하라.

84 WILLIAM JAMES, *Talks to Teachers on Psychology and to Students on Some of Life's Ideals*(H. Holt, 1899), 159쪽.

85 GILBERT RYLE, *The Concept of Mind*(Hutchinson, 1949).

93 수동적 관찰자의 관점: 행동의 준비를 감각의 목적으로 보는 일은 오래 전부터 신경 생리학의 연구 주제가 되어 있었다. Marc Jennerod, *The Brain Machine: The Development of Neurophysiological Thought*(Harvard University Press, 1985: translation from *Le cerveau-machine: physiologie de la volonte*, 1983)을 참고하라.

95 DEREK BICKERTON, *Language and Species* (University of Chicago Press, 1990), 86쪽.

4장 지능을 갖춘 동물의 진화

99 SUE SAVAGE-RUMBAUGH and ROGER LEWIN, *Kanzi: The Ape at the Brink of the Human Mind* (Wiley, 1994), 260쪽.

100 근인과 궁극 원인: Ernest Mayr, *The Growth of Biological Thought* (Harvard University Press, 1984)를 참고하라.

102 DONALD R. GRIFFIN, *Animal Thinking* (Harvard University Press, 1984).

105 니콜라스 험프리의 생각: 니콜라스 험프리의 책 *The Inner Eye* (Faber and Faber, 1986)는 지능의 형성에서 사회생활이 맡은 구실을 잘 설명하고 있다.

106 BIRUTE M. F. GALDIKAS, *Reflections of Eden: My Years with the Orangutans of Borneo* (Little, Brown, 1995).

107 언어 능력에 대한 자웅 선택은 William H. Calvin, "The unitary hypothesis: a common neural circuitry for novel manipulations, language, plan-ahead, and throwing?" in *Human Evolution*, edited by Kathleen R. Gibson and Tim Ingold (Cambridge University Press, 1993), 230~250쪽을 참고하라.

107 NICHOLAS HUMPHREY, *Consciousness Regained* (Oxford University Press, 1984), chapter 2.

108 WILLIAM H. CALVIN, *The Ascent of Mind: Ice Age Climates and the Evolution of Intelligence* (Bantam, 1990), chapter 5.

109 JOHN ELIOT ALLEN and MARJORIE BURNS, *Cataclysms of the Columbia* (Portland: Timber Press, 1986).

110 MICHAEL H. FIELD, BRIAN HUNTLEY, HELMUT MÜLLER, "Eemian climate fluctuations observed in a European pollen record," *Nature* 371:779~783 (27 October 1994).

110 WALLACE S. BROECKER, "Massive iceberg discharges as triggers for global

climate change," Nature 372:421~424 (1 December 1994), and his "Chaotic climate," *Scientific American* 273(5):62~69 (November 1995).

110 W. DANSGAARD, S. J. JOHNSEN, H. B. CLAUSEN, D, DAHL-JENSEN, N. S. GUNDESTRUP, C. U. HAMMER, C. S. HVIDBERG, J. P. STEFFENSEN, A. E. SVEINBJORNSDOTTIR, J. JOUZEL, G. BOND, "Evidence for general instability of past climate from a 250-kyr ice-core record," *Nature* 364:218~221 (15 July 1993).

111 W. DANSGAARD, W. J. C. WHITE, S. J. JOHNSEN, "The abrupt termination of the Younger Dryas climate event," *Nature* 339:532~535 (15 July 1989).

112 RICHARD J. BEHL, JAMES P. KENNETT, "Brief interstadial events in the Santa Barbara basin, NE Pacific, during the past 60 kyr," *Nature* 379:243~246 (18 January 1996).

115 The beginning of the ice age at 2.51 million years ago is dated by N. J. SHACKLETON, J. BACKMAN, H. ZIMMERMAN, D. V. KENT, M. A. HALL, D. G. ROBERTS, D. SCHNITKER, J. G. BALDAUF, A. DESPRAIRIES, R. HOMRIGHAUSEN, P. HUDDLESTUN, J. B. KEENE, A. J. KALTENBACK, K. A. O. KRUMSIEK, A. C. MORTON, J. W. MURRAY, and J. WESTBERG-SMITH, "Oxygen isotope calibration of the onset of ice-rafting and history of glaciation in the North Atlantic region," *Nature* 307:620~623 (1984).

117 고위도 지방의 일조량 변화를 일으키는 빙하 시대의 천문학적 리듬에 대해서는 John Imbrie와 Katherine P. Imbrie, *Ice Ages*(Harvard University Press, 1986)을 참고하라.

118 STEVEN PINKER, *The Language Instinct*(Morrow, 1994), p. 363.

119 GORDON H. BOWER, DANIEL G. MORROW, "Mental models in narrative comprehension," *Science* 247:44~48 (1990).

119 SVEN BIRKERTS, The Gutenberg Elegies: *The Fate of Reading in an*

Electronic Age(Faber and Faber, 1994), 84쪽.

5장 지능의 토대로서의 통사론

127 DEREK BICKERTON, *Language and Species*(University of Chicago Press, 1990), 157쪽.
128 OLIVER SACKS, *Seeing Voices*(University of California Press, 1989), 40~44쪽.
129 PATRICIA K. KUHL, KAREN A. WILLIAMS, FRANCISCO LACERDA, KENNETH N. STEVENS, BJORN LINDBLOM, "Linguistic experience alters phonetic perception in infants by 6 months of age," *Science* 255:606~608 (31 January 1992).
129 Vervet vocalizations, see ROBERT M. SEYFARTH, "Vocal communication and its relation to language," in *Primate Societies*, edited by Barbara M. Smuts et al. (University of Chicago Press, 1986), 440~451쪽.
130 Bee dance as language: compare JAMES L. GOULD and CAROL GRANT GOULD, *The Animal Mind* (Scientific American Library, 1994), with ADRIAN M. WENNER, D. MEADE, and L. J. FRIESEN, "Recruitment, search behavior, and flight ranges of honey bees," *American Zoologist* 31(6):768~782 (1991).
135 Bickerton(1990) 15~16쪽에서 발췌함.
136 STANLEY COREN, *The Intelligence of Dogs: Canine Consciousness and Capabilities*(Free Press, 1994), 114~115쪽.
136 유인원의 언어 연구: E. Sue Savage-Rumbaugh, Jeannine Murphy, Rose A. Sevcik, Karen E. Brakke, Shelley L. Williams, and Duane Rumbaugh, *Language Comprehension in Ape and Child*(University of Chicago Press,

1993). Monographs of the Society for Research on Child Development 58(3).

137 SUE SAVAGE-RUMBAUGH and ROGER LEWIN, *Kanzi: The Ape at the Brink of the Human Mind* (Wiley, 1994), 60쪽.

138 RAY JACKENDOFF, *Patterns in the Mind: Language and Human Nature* (Basic Books, 1994), 138쪽.

140 보노보들이 만들어 내는 규칙: Savage-Rumbaugh and Lewin(1994), 162쪽을 참고하라.

141 JACKENDOFF (1994), 14쪽.

143 DUANE M. RUMBAUGH, personal communication (1995).

145 이민자들이 겪는 어려움에 대한 연구는 Jacqueline S. Johnson and Elissa L. Newport, "Critical period effects in second language learning: the influence of maturational state on the acquisition of English as a second language," *Cognitive Psychology* 21:60~99(1989)를 참고하라.

145 BICKERTON (1990), 55~56쪽.

146 BICKERTON (1990), 60~61쪽.

147 BICKERTON (1990), 66쪽.

148 SAVAGE-RUMBAUGH and LEWIN (1994), 174쪽.

158 KATHRYN MORTON, "The story-telling animal," *New York Times Book Review*, pp. 1-2 (23 December 1984).

159 SAVAGE-RUMBAUGH and LEWIN (1994), 264쪽.

159 BICKERTON (1990), 257쪽.

6장 끊임없이 진행되는 진화

179 JOHN STUART MILL, Auguste Comte and Positivism (1865).

179 Chunking: HERBERT A. SIMON, *Models of Thought* (Yale University Press, 1979), 41쪽.

180 GEORGE A. MILLER, "The magical number seven, plus or minus two: some limits on our capacity for processing information," *Psychological Reviews* 63:81~97 (1956).

182 덩어리 짓기와 단기 기억에 대해서는, Philip Lieberman, *Unique Human: The Evolution of Speech, Tought, and Selfless Behavior*(Harvard University Press, 1991), 81쪽을 참고하라.

185 CHARLES DARWIN, *The Origin of Species*(John Murray, 1859), 137쪽.

190 내뱉듯이 말하는 것도 탄도 운동이다. 많은 짧은 단어의 시간대에서는 언어에도 똑같이 느린 되먹임의 문제가 발생한다. 혀가 첫 음절을 잘못 발음하면 단어의 끝에서 수정할 수 없다는 것이다. 천천히 내보내지 않으면 보통 말도 탄도 운동이 될 수 있다. 입술의 자기 수용기에서 돌아오는 되먹임 회로의 속도는 초당 약 70미터이다.

191 발사 가능 시간대는 본질적으로 최고 각속도에 도달하는 시간(그 뒤, 투사물은 쥐고 있는 손을 빠져나가 날아간다.)에 대한 오차 허용 범위이다.

192 얼마간의 잡음은 결국 평균에 이른다.: 이때의 평균은 통상적인 시간의 평균이 아니라 합창곡을 연주할 때처럼 전체적인 평균에 이른다는 뜻이다. 속박을 받지 않는다는 것은 각 뉴런의 잡음이 다른 것의 잡음에 대해 통계적으로 독립적인 한, 그것이 독립적이고 무작위적인 근원임을 뜻한다. 우리는 '큰 수의 법칙'으로 알려진 것의 주변을 맴돌고 있다. 사례는 William H. Calvin, "A stone's throw and its launch window: timimg precision and its implications for language and hominid brains," *Journal of Theoretical Biology* 104:121~135(1983)을 참고하라. 그 뒤 1990년에 내놓은 내 책 *The ascent of Mind*는 7장과 8장에서 다룰 가설에 대한 최근의 논의를 담고 있다.

194 CHARLES DARWIN, The Expression of the Emotions in Man and Animals

(John Murray, 1872). Quted at 177쪽 in *The Darwin Reader*, edited by MARK RIDLEY (Norton, 1987).

195 '전전두엽'은 끔찍한 말이다. 대체적으로 그 뜻은 전운동 피질 앞에 있는 전두엽 부분, 즉 전전운동 피질이라는 것이다.

196 DOREEN KIMURA, "Sex differences in the brain," *Scientific American* 267(3):118~125 (September 1992).

201 인용문은 이탈리아의 시사 주간지 *Espresso*(September 30, 1994)에 실린 움베르토 에코의 칼럼 「La bustina di Minerva」를 번역, 발췌한 글이다.

201 GEORGE A. OJEMANN, "Electrical stimulation and the neurobiology of language," *Behavioral and Brain Science* 6:221~226 (1983). 또한 WILLIAM H. CALVIN and GEORGE A. OJEMANN, *Conversations with Neil's Brain: The Neural Nature of Thought and Language*(Addison-Wesley, 1994).

202 ROBERT FROST, in *Selected Prose of Robert Frost*, edited by H. Cox and E. C. LATHEM (Collier, 1986), 33~46쪽.

203 KENNETH J. W. CRAIK, *The Nature of Explanation* (Cambridge University Press, 1943), 61쪽.

204 The Darwin Machine terminology actually preceded the list of six essentials: WILLIAM H. CALVIN, "The brain as a Darwin Machine," *Nature* 330:33~34 (5 November 1987).

206 여섯 가지 필수 요소는 1875년 앨프레드 러셀 월리스가 언급한 세 가지 요소와 크게 다르지 않다('이미 알려진 변이, 증식, 유전의 법칙이면……아마 충분했을 것이다……'). 그것이 내가 명시한 패턴, 공간을 둘러싼 경쟁 그리고 환경적 편향이다. 월리스의 책 *Contributions to the Theory of Natural Selection*(Macmillan, 1875) 10장「The limits of natural selection as applied to man」을 참고하라. 연산에서의 다윈론 활용도 참고하라. John H. Holland, *Adosptation in Natural and Artificial Systems*(MIT Press, 1992)〉에

서는 '유전자 알고리즘'을 확인할 수 있다.

212 음계의 비유 : 뉴런은 피아노 건처럼 한 줄로 늘어서 있지 않으므로 음계의 비유가 전적으로 옳은 것은 아니다. 그보다는 리더보드(또는 화소 약 14×14의 컴퓨터 디스플레이)가 더 비슷할 것이다. 이 때 '선율'은 작은 스크린 위에서 움직이는 추상적 화상으로 파악된다.

213 DONALD O. HEBB, The Organization of Behavior (Wiley, 1949), See PETER M. MILNER, "The mind and Donald O. Hebb," *Scientific American* 268(1):124~129 (January 1993).

214 LEWINS THOMAS, *The Medusa and the Snail* (Viking, 1979), 154쪽.

215 장기 증강(LTP)은 해마에서 여러 날 동안 지속되는 변형에 붙여진 이름이지만, 신피질에서의 처리는 약 5분 동안만 지속되는 것으로 보이므로(7장의 참고 문헌, Iriki 등의 1991년 책을 참고하라.), 장기 시냅스 강화는 단기 기억의 처리 과정으로 보아야 할 것이다. 물론 그것은 오랫동안 남아서, 시냅스 말단부 덩어리의 수와 접촉 범위의 해부학적 변화를 통해 시냅스 세기에 보다 영속적인 변화를 일으키는 요소들을 갖고 있다.

216 ISRAEL ROSENFIELD, *The Strange, Familiar, and Forgotten: An Anatomy of Consciousness* (Knopf, 1992), 87쪽.

217 가장 인상적인 대뇌 피질의 시공 패턴은 E. Vaadia, I. Haalman, M. Abeles, H. Bergman, Y. Prut, H. Slovin, and A. Aertsen의 "Dyanamic of neuronal interactions in monkey cortex in relation to behavioural events," *Nature* 373:515~518(1995년 2월 9일자)에서 확인할 수 있다. 신경계의 양자 작용설(量作用說)과 시공 패턴 형성에 대한 해설은 Walter J. Freeman, *Societies of Brains* (Erlbaum, 1995)를 참고하라.

218 J. ALLAN HOBSON, *The Chemistry of Conscious States: How the Brain Changes Its Mind* (Little, Brown, 1994).

219 GORDON H. BOWER, DANIEL G. MORROW, "Mental models in narrative

comprehension," *Science* 247:44~48 (1990).
219 DEREK BICKERTON, *Language and Species* (University of Chicago, 1990), 249쪽.

7장 지적 행동의 진화

223 IMMANUEL KANT, *Kritik der reinen Vernunft* (1787).
223 LEWIS CARROLL, *Alice's Adventures in Wonderland* (Macmillan, 1865).
225 신경 생리학, 대뇌 회로와 같은 내용을 막힘없이 이해하는 독자는 내가 펴낸 학술서 『대뇌 코드(*The Cerebral Code*)』를 읽을 수 있을 것이다. 그 배경 지식은 William H. Calvin, "Islands in the mind: dynamic subdivisions of association cortex and the emergence of a Darwin machine," *Seminars in the Neurosciences* 3(5):423~433(1993), William H. Calvin, "The emergence of intelligence," 271(4):100~107(October 1994; 이 논문은 《사이언티픽 아메리칸》에서 1995년에 펴낸 책 *Life in the Universe*에도 실려 있다. —— 주의, 육각형은 편집상의 실수이므로 무시할 것)에 들어 있다.
226 대뇌 신경 해부학의 설명은 부득이하게 간단히 줄였다. 세포, 회로, 신경 전달 물질 그리고 연산 과정에 대한 광범한 해설은 William H. Calvin과 Geoge A. Ojemann, *Conversation with Neil's Brain: The Neural Nature of Thought and Language* (Addison-Wesley, 1994) 6장에 나와 있다.
231 수렴 영역에 대해서는 Antonio R. Damazio, "Time-locked multiregional retroactivation: a system-level propsal for the neural substrates of recall and recogition," *Cognition*을 참고하라.
233 이 부분의 내용은 피질의 칼럼 이야기를 간단히 줄인 것이다. William H. Calvin, "Cortocal columns, modules, and Hebbian cell assemblies,"

*Handbook of Brain Theory and Neural Networks*을 참고하라.

240 어떤 패턴이 이동하면서도 계속 같은 뜻을 나타낸다는 것은, 그것이 결국 어떤 명사를 발음하는 것과 같은 특징적인 출력 패턴을 낳는 다른 처리 과정들에서도 여전히 복제되고 관여할 수 있다는 것이다.

245 NMDA는 N-메틸-D-아스파르트산이다. 시냅스의 신경 전달 과정에서 사용되는 것은 글루탐산이지만, NMDA는 글루탐산보다 이런 이온 채널을 훨씬 더 잘 열어준다. NMDA라는 이름은 수용체의 종류가 매우 적다고 생각하던 시대에 붙여졌다. 지금은 수용체가 너무 많이 알려져 일련번호를 붙인다.

245 기억의 분류, 그리고 혼동을 일으키는 용어 사용에 관한 내용은 Calvin and Ojemann(1994) 7장에서 설명하고 있다.

251 이웃한 것들로부터 자극적인 입력 신호를 받고 있기 때문: 사실은 모든 방향에서, 바로 이웃해 있지 않고 어느 정도 떨어져 있는 약 16명의 합창단원이 내는 소리의 입력 신호이다. 적당히 선을 연결한 통화 장치를 이용해서 커다란 합창단을 관찰한다면 흥미로운 결과가 나올 것이다. 예를 들어, 여러분의 이어폰은 여섯 개의 입력 신호를 다른 모든 신호와 뒤섞인 상태로 들려줄 수 있다.

252 JENNIFER S. LUND, TAKASHI YOSHIOKA, JONATHAN B. LEVITT, "Comparison of intrinsic connectivity in different areas of macaque monkey carebral cortex," *Cerebral Cortex* 3:148~162 (March/April 1993).

255 DAVID SOMERS, NANCY KOPELL, "Rapid synchronization through fast threshold modulation," Biological Cybernetics 68:393-407 (1993). see also J. T. ENRIGHT, "Temporal precision in circadian systems: a reliable neuronal clock from unreliable components?" *Science* 209:1542~1544 (1980).

258 BARBARA A. MCGUIRE, CHARLES D. GILBERT, PATRICIA K. RIVLIN, TORSTEN N. WIESEL, "Targets of horizontal connections in macaque primary

visual cortex," *Journal of Comparative Neurology* 305:370~392 (1991). Also CHARLES D. GILBERT, "Circuitry, architecture, and functional dynamics of visual cortex," *Cerebral Cortex* 3:373~386 (1993).

264 모든 삼각형 배열로 육각형 단위 패턴 만들기: 이 일은 요소가 되는 삼각형 배열이 서로에 대해 평행을 이룰 때에만 가능하다. 색을 나타내는 것들은 다행히, 색깔 블롭에 자리 잡아 임의의 방향으로 흩어지지 못했다.

266 WILLIAM H. CALVIN, "Error-correcting codes: coherent hexagonal copying from fuzzy neuroanatomy," *World Congress on Neural Networks* 1:101~104 (1993).

270 EUGEN HERRIGEL, *Zen in the Art of Archery* (Pantheon, 1953), 57~58쪽.

278 MELVIN KONNER in *On Doctoring: Stories, Poems, Essays*, edited by RICHARD REYNOLDS and JOHN STONE (Simon & Schuster, 1991).

8장 지능의 미래

283 CHARLES E. RAVEN, *The Creator Spirit* (Harvard University Press, 1928).

285 SAMUEL TAYLOR COLERIDGE, *Biographia Literaria* (1817), chapter 14.

290 낭만적 실존주의의 논객: George Steiner, "Has truth a future?" Bronowski Memorial Lecture (1978), reprinted in *From Creation to Chaos*, edited by Bernard Dixon (Basil Blackwell Ltd., 1989)에서 전재함

292 인용문: Roger Penrose, *Shadows of the Mind: A Search for the Missing Science of Consciousness* (Oxford University Press, 1994), 마지막 쪽. *American Scientist* (May-June 1995), 269~270쪽에 실린 데이비드 L. 윌슨의 서평을 참고하라. 더 많은 과학자와 철학자의 논평은 John Brockman이 편집한 *The Third Culture* (Simon & Schuster, 1995) 14장을 참고하라.

292 뇌 속의 대상을 분석하는 일의 흩어진 관점들을 결합하기 위한 동시성의 개념을 파악하는 과정에서, 일부에서는 결합에 대한 설명으로 양자장의 개념을 불러냈다. 의식 물리학자들이 진지하게 이런 제안을 하는 거라면 동시성을 획득하는 다른 (많은) 방법도 조사하고, 어째서 그들의 설명이 더 단순한 설명으로 적합한가를 설명해야 할 것이다.

293 단일성에 대한 논의들은 William H. Calvin and Katherine Graubard, "Styles of neuronal computation," *The Neurosciences, Fourth Study Program* 29장 513~524쪽에서 찾아볼 수 있다.

293 CHRISTOPHER LEHMANN-HAUPT, "Can quantum mechanics explain consciousness?" *New York Times*, B2쪽(31 October 1994).

294 나는 복잡성을 구현하는 다원적 과정에 대한 일반 역학의 은유로서 '다윈 기계'라는 용어를 만들었다(Nature, 5 November 1987). 그리고 실제로 헨리 플롯킨은 진화론적 인식론에 관한 저서 *Darwin Machines*(Harvard University Press, 1994)에서 같은 의미로 그 용어를 사용했다. 내가 제안한 신피질에서의 복제 경쟁은 다윈 기계의 특수한 사례일 뿐이다.

296 WILLIAM H. CALVIN (1991). "The antecedents of consciousness: evolving the 'intelligent' ability to simulate situations and contemplate the consequences of novel courses of action," in *Bioastronomy: The Exploration Broadens*, edited by JEAN HEIDMANN and MICHAEL J. KLEIN (Springer-Verlag's Lecture Notes in Physics series), pp. 311-319.

300 움직임으로부터 더 높은 수준을 이루는 일을 강조: Marc Jennerod의 *The Brain Machine: The Development of Neurophysiological Thought*(Harvard University Press, 1985; translation from *Le cerveau-machine: physiologie de la volonte*, 1983)을 참고하라. 다른 뇌와 몸의 상호 관계에 대해서는 Damasio(1994)를 참고하라.

304 내가 '위험한 혁신'이라는 표현으로 나타내려고 하는 것의 사례는 Kay

Redfield Jamison, *Touched with Fire: Manic-Depressive Illness and the Artistic Temperament*(Free Press, 1993)과 그의 자서전 *An Unquiet Mind: A Memoir of Moods and Madness*(Knopf, 1995)에 나오는 조울병에 대한 논의를 참고하라.

305 STEPHEN JAY GOULD, *The Flamingo's Smile*(Norton, 1985), 431쪽.

307 MARVIN MINSKY, "Will robots inherit the earth?" *Scientific American* 271(4):108-113 (October 1994).

310 NORBERT WIENER, *The Human Use of Human Beings: Cybernetics and Society*(Houghton Mifflin, 1950).

312 ALDO LEOPOLD, *Sand County Almanac* (Oxford University Press, 1949), p. 190.

312 PETER F. DRUCKER, "The age of social transformation," *The Atlantic Monthly* 274(5):53 (November 1994).

316 PAUL COLINVAUX, *The Fates of Nations* (Penguin, 1982).

318 LEWIS THOMAS, The Medusa and the Snail (Viking, 1979), 175쪽.

찾아보기

ㄱ

가마우지 50
각성의 수준 71
간빙기 114
감각적 유입에 대한 기대 77
감수 분열 207
개체 발생 161
거울 원숭이 76
경향성 40
계통 발생 161
골드버그, 루브 172
곰브리치, 에른스트 75
공간 운동 56
구문론 193
구애 행동 40
구의 구조 153

군사 정보 60
굴드, 스티븐 제이 305
굴드, 제임스 28, 41, 60
굴드, 캐럴 그랜트 28, 41, 60
그레고리, 리처드 158
근일점 117
글루탐산 245
기억의 시냅스 구조 60
기후 변동 114
길퍼드, 조이 폴 42

ㄴ

논지의 구조 153
뇌량 232
뉴런 191~192, 228~230,

236~240, 250, 255~259
뉴포트, 엘리자 149

ㄷ

다윈 기계 206, 225, 296, 298
다윈, 찰스 19~21, 23, 64, 187, 194, 205, 208, 295~299
단기 기억 69
단어의 위치 151
대뇌 코드 212~213, 219, 231, 239, 266, 288
대뇌 피질 32~33, 82, 189, 195~196, 219, 231~241, 244, 259~262, 273~279
데닛, 대니얼 64
데카르트, 르네 16~18
도킨스, 리처드 206, 307
돌연변이 207
동물 심리학 42
동물 행동학 42
동물의 지능 45
두정엽 198

ㄹ

라메트리, 쥘리앵 오프루아 드 15~16
라일, 길버트 90
러다이트 운동 316
러셀, 버트런드 36
럼보, 듀안 145
럼보, 수 새비지 11, 100, 136, 138, 157, 177
레오폴드, 앨도 311
레이번, 찰스 286
로젠필드, 이스라엘 214
루리아, 알렉산데르 196

ㅁ

마이클, 돈 267
만트라 267
말장난 67
매크로 칼럼 238
맨델, 토머스 307
멜라토닌 55

명령 클론 206
모로, 대니얼 126
모턴, 캐서린 175
미니 칼럼 231, 238, 249
미래학자 59
밀, 존 스튜어트 179

ㅂ
바나나 위원회 253, 263
바다사자 135~136
바우어, 고든 126
바이오프로그램 129, 149
발로, 호러스 37, 61, 77
발생 과정 161
발성 단위 133
발정기 107
버크, 에드먼드 59
범주적 지각 88, 145
베인, 알렉산더 207
베케시, 게오르크 폰 249
보노보 23, 40, 76, 130, 137, 160, 180

보편 문법 129, 149
복잡성 이론 66
복제 243
복합 지능 28
불사의 기계 306
붉은 여왕 319
붉은꼬리회색앵무 135
브로노프스키, 제이콥 57~58
브로드만 영역 237, 262
브로카 영역 198
블롭 236
비언어적 연속성 198
비커턴, 데릭 98, 127, 134, 142, 150, 154, 178, 222
비트겐슈타인, 루트비히 179
빙기 114

ㅅ
사과의 예 73
사바나원숭이 132
사보타주 316
사회생활 105~107

색스, 올리버 128
성적 충동 52
셸리, 퍼시 비시 83
소로, 헨리 데이비드 274
송과체 17, 55
수동적 관찰자 94
수렴적 사고 41
수상 돌기 228
슈타이너, 조지 290, 318
스트레스 88
시각 피질 237
시냅스 20~21, 65, 82, 216, 245~247, 255
신경 생물학 37, 66
신경 세포체 228, 235
신경 손상 51
신경 전달 물질 82
신경 충격 230
신피질 277, 296
실독증 312
실비우스 구 199

ㅇ

아시모프, 아이작 314
아이슬리, 로렌 53
알츠하이머병 89
양면 가치 183
양자 물리학 65~66, 80
언어 기계 143, 166~167, 173, 274
언어 능력 165
언어 영역 198
언어의 본질 138
언어의 이해력 125
에코, 움베르트 201
NMDA 245, 255~258, 260, 272~275
연역적 논리 61
영거 드라이어스 118
오랑우탄 106
오즈먼, 조지 198~199
오차 보정 258, 280~281
오프라인 226
왓킨스, J. W. N. 26
우아르테, 후안 35

운동 계획 194
운동의 결정 190
원심성 모사 77
위너, 노버트 310
유년기 54
유령 84~85
유인원의 언어 연구 137
유전 원리 208
유추 질문 29
음운론 150
의사 일정 196
의식 68~72
의식의 내래이터 73
의식의 중추 287
의식의 패러독스 98
이디오 사방 39
인간의 지능 32
인공 지능 299, 308
일반 인자 g 29
일본원숭이 54

ㅈ

자기 인식 77
자연선택 19
자웅 선택 105
잠재의식 37~38, 225~226, 287
장기 증강 245
재컨도프, 레이 139, 142
전두엽 13
전운동 피질 195, 197
전전두 피질 195
전전두엽 197
절연체 32
정보화 설계 62
정신 질환 85, 296
정신세계 64, 67, 78, 94, 97
정신적 문법 181
제임스, 윌리엄 20, 67, 205
젠슨, 아서 29
존슨, 재클린 146
종의 기원 60, 187, 205
지능지수(IQ) 13, 30, 47, 185
지능의 문제 39
진정한 언어 140

진화 과정 161

ㅊ

창조적인 영리함 47
처치랜드, 폴 69
체스 게임 149
촘스키, 놈 159, 174
추측 87
축삭 228, 248, 254, 260, 280
측두엽 13
침팬지 23, 32, 40, 46~47, 76, 104, 130, 160, 203

ㅋ

카드 게임 164
카오스 66, 79
칸트, 이마누엘 223
캐럴, 루이스 223, 305
코너, 멜빈 283
코렌, 스탠리 44, 50
코흐, 크리스토프 70

크레이크, 케네스 49, 203, 288
크릭, 프랜시스 70
큰까마귀 102
클론 만들기 경쟁 270
키르케고르, 쇠렌 11

ㅌ

탄도 운동 189
토머스, 루이스 214, 322
통사론 22, 137, 149, 162
튜링 테스트 316
트웨인, 마크 122

ㅍ

파블로프의 개 180
패턴 95~96, 142, 241, 207, 209~210, 215, 265, 281
펜로즈, 로저 292
포퍼, 칼 204
프랙털 92
프로스트, 로버트 201

프로이트, 지그문트 183, 269
플라톤의 동굴 93
플래너건, 오언 65
피아제, 장 11, 36, 46, 62
피암시성 88
피오르 111~112
피진 142
핑커, 스티븐 123

ㅎ

학습 속도 45
핫 스폿 254
허바드 빙하 111
험프리, 니콜라스 107, 108, 125
헤리겔, 오이겐 268
헵, 도널드 214
현대적 종합 이론 291
형태론 149
호르몬 61
호모 사피엔스 282
호미니드 22~23, 34, 99, 116
호프스태터, 더글라스 78

화이트아웃 241
환각 증세 48, 85
환경의 부조화 38
환원주의 60
활성 뉴런 239
회백질 226~227
히포크라테스 315

옮긴이 **윤소영**

1961년 서울에서 태어나 서울 대학교 사범 대학 생물교육학과를 졸업하였다. 현재 중학교에서 학생들을 가르치고 있으며 과학 저술가이자 번역가로 활동하고 있다. 저서로는 『윤소영 선생님의 생물 에세이』, 『종의 기원, 자연선택의 신비를 밝히다』 등이 있고, 번역서로는 『판스워스 교수의 생물학 강의』, 『빌 아저씨의 과학 교실』 등이 있다.

사이언스 마스터스 12

생각의 탄생 | 윌리엄 캘빈이 들려주는 인간 지능의 진화사

1판 1쇄 펴냄 2006년 10월 10일
1판 5쇄 펴냄 2025년 3월 15일

지은이 윌리엄 캘빈
옮긴이 윤소영
펴낸이 박상준
펴낸곳 (주)사이언스북스

출판등록 1997. 3. 24.(제16-1444호)
주소 (06027) 서울특별시 강남구 도산대로1길 62
대표전화 515-2000 팩시밀리 515-2007
편집부 517-4263 팩시밀리 514-2329
www.sciencebooks.co.kr

한국어판 ⓒ (주)사이언스북스, 2006. Printed in Seoul, Korea.

ISBN 978-89-8371-940-9 (세트)
ISBN 978-89-8371-952-2 03400
